职业教育机械类专业"互联网+"新形态教材

车工工艺与技能训练

（理实一体化）

第 2 版

主　编　薛　翰　金正宾　陈德顺
副主编　陈建辉
参　编　冯志强　吴琼锋　张长卢　向前锋
主　审　丘建雄　黄建平

机械工业出版社

本书根据车工职业标准，结合车工岗位要求和技能要求编写而成，分为12个模块，共45个学习任务，涵盖了普通车工技能训练的初、中、高级所涉及的技能知识。采用由浅入深、循序渐进的模式，将专业理论知识和技能要点综合融入各个学习任务中。通过工艺分析，使学生在实训过程中能够反复学习、理解、熟悉基本工艺和实际操作技能，变枯燥学习为兴趣训练，变被动接受知识为主动求知，最终达到掌握本专业知识和技能的目的。

本书主要任务有：认知车工安全文明生产守则，车床结构与车床操作，车床润滑与维护保养，车刀安装训练，车刀的刃磨，车光轴、台阶轴、花键轴、细长轴、导套、V带轮、薄壁套、齿轮套、外圆锥、内圆锥、锥齿轮坯、圆球、手摇柄、三球手柄、三角形螺纹、梯形螺纹、梯形螺母、蜗杆、偏心轴、单拐曲轴、双拐曲轴、小横梁丝杠（C6132A车床）、中滑板丝杠、细长丝杠、轴头螺母、十字孔、双孔连杆、梯形螺纹偏心组合件、偏心四件套组合件以及车床的维护保养维修等。

本书编写严格遵循工学一体化要求，旨在培养学生的岗位技能、工艺分析能力、团队协作能力、设备操作能力、职业素养、知识应用能力和心理适应能力等，培养学生良好的心理素质和专业的岗位综合能力。

本书可作为中等职业学校机械类相关专业教材，也可作为企业培训部门、职业技能鉴定培训机构的岗位培训教材。

为便于教学，本书配套有电子课件、微课视频、习题答案等教学资源，凡选用本书作为授课教材的教师可登录www.cmpedu.com注册后免费下载。

图书在版编目（CIP）数据

车工工艺与技能训练：理实一体化/薛翰，金正宾，陈德顺主编. —2版. —北京：机械工业出版社，2023.2（2023.12重印）
职业教育机械类专业"互联网+"新形态教材
ISBN 978-7-111-72469-8

Ⅰ.①车⋯ Ⅱ.①薛⋯ ②金⋯ ③陈⋯ Ⅲ.①车削-职业教育-教材 Ⅳ.①TG510.6

中国版本图书馆CIP数据核字（2022）第255622号

机械工业出版社（北京市百万庄大街22号　邮政编码100037）
策划编辑：黎　艳　　　　　责任编辑：黎　艳
责任校对：郑　婕　梁　静　封面设计：张　静
责任印制：常天培
北京铭成印刷有限公司印刷
2023年12月第2版第2次印刷
210mm×285mm・13.5印张・408千字
标准书号：ISBN 978-7-111-72469-8
定价：49.00元

电话服务	网络服务
客服电话：010-88361066	机　工　官　网：www.cmpbook.com
010-88379833	机　工　官　博：weibo.com/cmp1952
010-68326294	金　书　网：www.golden-book.com
封底无防伪标均为盗版	机工教育服务网：www.cmpedu.com

前言

在实际生产中，要完成某一零件的切削加工，通常需要铸、锻、车、铣、刨、磨、钳、热处理等诸多工种的协同配合，而其中最基本、应用最为广泛的工种就是车工。车削是指操作工人在车床上根据图样的要求，利用工件的旋转运动和刀具的相对切削运动来改变毛坯的尺寸和形状，使其成为合格产品的一种金属切削方法。

本书突出技能训练，注重将理论学习和实践学习相结合，将岗位技能提炼至各学习任务，促进学生综合技能的发展和提升他们的职业认同感，根据教学大纲要求和学生实训的实际接受能力编写而成。本书参考了我国大型企业中一些零件加工的较先进的成熟工艺和企业技能人才的实际经验，尽可能多地融入新技术、新工艺、新方法、新材料；同时，采用现行国家技术标准、职业标准、安全生产规范，使教材更具有科学性、实用性和指导性，为一体化学习的发展铺路架桥，为培训考证提供真实有效的技术指导。

按照一体化的主体思想，将学习目标分为素养目标、知识目标和技能目标，旨在培养学生的认知能力、分析能力、团队协作能力、知识应用能力、危机处理能力和心理适应能力等。学习的场地是一体化教室，配备砂轮房、工具房等，采用的学习手段是短视频学习、工艺分析、现场操作示范、综合劳动实践、巡回指导、技能竞赛、成果互评和网络学习的综合应用。

1. 编写中心思想

以职业行动为导向，突出技能训练；以校企合作为基础；以综合职业能力培养为核心；以典型工作任务为载体；以学生为中心。

2. 主要特点

（1）具有完整、规范的零件图样，统一、成熟的工艺，详细的切削用量参数，配套的拓展任务，突出实用性和针对性。

（2）配备完整的辅助教学资源，如微课视频、PPT、工作页等电子资源包。

（3）针对性较强，贯彻先进的学习理念，突出技能训练，传授岗位所需知识和技能，贯彻一体化学习的思想理念。

（4）课程评价与岗位工作要求一致，具有参考性和指导性。

（5）使用范围广，既可作为车工一体化学习用书，也可作为任课教师的参考用书及培训用书。

3. 学习目标

（1）掌握常用车床的主要结构、传动系统、日常操作和维护保养方法。

（2）能合理地选用加工用刀具及熟练地刃磨刀具。

（3）熟练地掌握车工初、中、高级应掌握的各种操作技能并能熟练地加工工件。

（4）能正确地选择工件的定位基准，掌握工件定位、夹紧的基本原理和方法，熟练地使用各种夹具。

（5）对工件加工进行有效的工艺编排，选用合适的切削用量，并根据实际情况尽可能采用先进的工艺。

（6）熟知有关车削新工艺、新技术、新材料、新设备的知识，熟悉并践行提高产品质量和劳动生产率的途径。

（7）熟知安全、文明生产的岗位要求，并能融入日常的学习和工作当中，做到安全文明生产。

（8）熟知机械工业和车工车床的发展史，在提升自身技能水平的同时，提升个人素养，践行社会主义核心价值观，合理地规划自己的职业生涯，做有信仰、有理想、有能力的职业人。

本书具体编写分工如下：薛翰编写模块九、模块十一、模块十二；金正宾编写模块一、模块二、模块五；陈德顺编写模块六、模块七、模块八、模块十；陈建辉编写模块三、模块四；冯志强、吴琼锋、张长卢、向前锋参与了相关任务的编写。本书由薛翰、金正宾、陈德顺主编，丘建雄和黄建平主审。

本书在编写过程中参阅了国内外出版的有关教材和资料，在此谨向相关作者表示衷心感谢！

由于编者水平有限，书中不妥之处在所难免，恳请读者批评指正。

编　者

二维码索引

序号	名称	二维码	页码	序号	名称	二维码	页码
1	车台阶轴		27	5	车手摇柄		85
2	车台阶孔		43	6	车三角形螺纹		96
3	车V带轮		49	7	车蜗杆		112
4	车外圆锥		65	8	车单拐曲轴		123

目 录

前言
二维码索引
模块一　车削基础知识 ··················· 1
　任务一　认知车工安全文明生产守则 ··········· 1
　任务二　车床结构与车床操作 ··············· 3
　任务三　车床润滑与维护保养 ··············· 5
　任务四　车刀安装训练 ··················· 7
模块二　车刀的刃磨 ····················· 9
　任务一　90°外圆车刀的刃磨 ················ 9
　任务二　切断刀的刃磨 ·················· 13
模块三　轴类零件车削 ·················· 17
　任务一　手动车端面 ··················· 17
　任务二　手动车外圆 ··················· 21
　任务三　机动车光轴 ··················· 23
　任务四　车台阶轴 ···················· 27
　任务五　车花键轴 ···················· 30
　任务六　车细长轴 ···················· 34
模块四　套类零件车削 ·················· 38
　任务一　车导套 ····················· 39
　任务二　车台阶孔 ···················· 43
　任务三　车V带轮 ···················· 49
　任务四　车薄壁套 ···················· 54
　任务五　车齿轮套 ···················· 57
　任务六　车深孔锥齿轮套 ················ 60
模块五　圆锥面车削 ··················· 65
　任务一　车外圆锥 ···················· 65
　任务二　车内圆锥 ···················· 70
　任务三　车锥齿轮坯 ··················· 74
模块六　成形面车削 ··················· 80
　任务一　车圆球 ····················· 80
　任务二　车手摇柄 ···················· 85
　任务三　车三球手柄 ··················· 91
模块七　螺纹车削 ···················· 95
　任务一　车三角形螺纹 ·················· 96

　任务二　车三角形内螺纹 ················ 100
　任务三　车梯形螺纹 ·················· 103
　任务四　车梯形螺母 ·················· 109
模块八　蜗杆车削 ··················· 112
　任务　车蜗杆 ····················· 112
模块九　复杂零件车削 ················· 119
　任务一　车偏心轴 ··················· 120
　任务二　车单拐曲轴 ·················· 123
　任务三　车双拐曲轴 ·················· 128
　任务四　车细长丝杠 ·················· 132
　任务五　车小横梁丝杠（C6132A 车床） ········ 136
　任务六　车中滑板丝杠 ················· 140
模块十　异型零件车削 ················· 145
　任务一　车轴头螺母 ·················· 146
　任务二　车十字孔 ··················· 148
　任务三　车双孔连杆 ·················· 151
模块十一　多件组合车削 ················ 155
　任务一　车梯形螺纹偏心组合件 ············ 156
　任务二　车偏心四件套组合件 ············· 163
模块十二　加工质量及工艺效率综合分析 ······ 169
　任务一　切削用量的基本内容及选择 ·········· 170
　任务二　卧式车床精度对加工质量的影响 ······· 171
　任务三　车工工艺常识 ················· 173
　任务四　工艺路线的拟定 ················ 176
　任务五　车床的维护保养 ················ 178
附录 ························· 180
　附录 A　车削中常用数据 ················ 180
　附录 B　一般公差、未注公差的线性和角度尺寸的
　　　　　公差 ····················· 181
　附录 C　梯形螺纹直径与螺距系列 ············ 183
　附录 D　车工国家职业标准 ··············· 183
　附录 E　职业技能鉴定国家题库 ············· 187
　附录 F　一体化教学常用工作页 ············· 204
参考文献 ······················ 207

模块一

车削基础知识

【教学目标】

序号	教学目标	具体内容
1	素养目标	1）培养学生分析问题、解决问题的能力 2）培养学生勤实践、多动手、爱动脑的好习惯 3）培养学生的团队协作能力，能团结互助完成教学任务
2	知识目标	1）了解车工安全文明操作的重要性 2）了解车刀安装对车削加工的影响 3）了解和熟悉车床上各个部件的作用
3	技能目标	1）熟知车工安全生产、文明生产的相关内容 2）能进行简单的机床操作 3）能熟练地进行刀具和工件的安装

【任务要求】

1）注重集体协作，严格按照指导教师的安排进行机床操作训练。
2）以小组为单位，分组进行机床操作训练。

【任务实施】

以任务驱动法和基于工作过程导向贯穿整个单元的教学过程，在任务实施过程中灵活运用讲授、提问、讨论、演示、巡回指导等教学方法。

【任务耗材】

90°正偏刀（YT15）。

【工时安排】

任　　务	内　　容	工时安排
一	认知车工安全文明生产守则	4
二	车床结构与车床操作	4
三	车床润滑与维护保养	2
四	车刀安装训练	2

任务一　认知车工安全文明生产守则

在我国的机械制造行业中，车床在金属切削机床的配置中约占50%。在实际生产中，大多数机械零件是通过车床加工生产的。车工加工工艺守则是车工在车削加工零件的过程中应遵守的基本规则，是教师指导学生进行技能训练的重要依据，是实际生产中应自觉遵守、认真执行的具有约束性的规定。

坚持安全第一、文明生产是防止工伤和设备事故的重要保证，是教学管理的重要内容之一。安全文明生产的一些具体要求是长期生产活动中经验和教训的总结，必须严格执行。

一、安全文明生产的注意事项

1) 工作时应穿工作服，戴袖套。女生应戴工作帽，辫子或长发应盘起来塞在工作帽内。
2) 禁止穿背心、裙子、短裤拖鞋或高跟鞋以及戴围巾进入实训场地。
3) 严格遵守安全操作规程。
4) 注意防火和安全用电。
5) 车床使用前应进行如下检查：
① 各移动手柄、变速手柄的原始位置是否正确。
② 手摇各进给手柄，检查进给运动是否正常。
③ 进行车床主轴和进给系统的变速检查，使主轴回转和纵向、横向进给由低速到高速运动，检查运动是否正常。
④ 主轴回转时，检查齿轮是否能把润滑油甩出来。
6) 工件和车刀必须装夹牢固，以防飞出伤人。卡盘必须装有保险装置。工件装夹好后，必须随即将卡盘扳手从卡盘上取下。
7) 装卸工件、更换刀具、变换速度、测量加工表面时，必须先停车。
8) 不准戴手套操作车床或测量工件。
9) 操作车床时，必须集中精力，注意身体和衣服不要靠近回转中的工件，头不能离工件太近。
10) 操作车床时，严禁离开工作岗位，不准做与操作内容无关的其他事情。
11) 应使用专用铁钩清除切屑，不准用手直接清除。
12) 操作中若出现异常现象，应及时停车检查；出现故障、事故时应立即切断电源，及时申报，由专业人员维修，车床未修复不得使用。

二、安全文明生产要求

1) 爱护并正确使用刀具、量具、工具，操作后放置稳妥、整齐，并存放在固定位置以便操作时使用，用后应放回原处。
2) 爱护车床和车间的其他设备及设施。车床主轴箱盖上不应放置任何物品。
3) 工具箱内应分类摆放物件。重物放置在下层，轻物放置在上层，精密的物件应放置稳妥，不可随意乱放，以免其损坏和丢失。
4) 量具应经常保持清洁，用后应擦净、涂油，放入盒内，并及时归还工具室。所使用的量具必须定期校验，使用前应检查合格证，确认其在允许使用期限内，以保证其度量准确。
5) 不允许在卡盘及床身导轨上敲击或校直工件，床面上不准放置工具或工件。
6) 装夹较重的工件时，应用木板保护床面。下班时若工件不卸下，应用千斤顶支承住。
7) 车刀磨损后，应及时刃磨，不允许用钝刃车刀继续切削，以免增加车床负荷，损坏车床，影响工件表面的加工质量和生产率。
8) 车削铸铁或气割下料的工件前，应擦去车床导轨面上的润滑油，铸件上的型砂、杂质应尽可能去除干净，以免磨损床身导轨面。
9) 使用切削液时，车床导轨面上应涂润滑油。切削液应定期更换。
10) 毛坯、半成品和成品应分开放置。半成品和成品应堆放整齐、轻拿轻放，严防碰伤已加工表面。
11) 工件图样、工艺卡片应放置在便于阅读的位置，并注意保持其清洁和完整。

12）工作地周围应保持清洁整齐，避免堆放杂物，以防止被绊倒。

13）工作结束后，应认真擦拭机床、工具、量具和其他附件，使各物件归位。车床按规定加注润滑油，将床鞍摇至床尾一端，各手柄放置到空档位置，最后清扫工作地，关闭电源。

三、磨刀室使用注意事项

磨刀室是车工专业安全事故发生率最高的地方，因此，保证磨刀室的安全是重中之重。
1）学生训练磨刀必须在教师的指导和示范下进行。
2）在没有教师指导的情况下，禁止学生在磨刀室训练磨刀。
3）砂轮磨损过大、跳动严重时，必须及时修整以保证安全。
4）严禁学生用砂轮端面磨刀。

四、车床起动的安全提示

1）车床主轴箱变速必须停车进行。
2）进给箱变换进给速度可在低速开机情况下进行。
3）初学者使用车床车削螺纹时不能使用高速。

任务二　车床结构与车床操作

在机械加工行业中，车床被认为是所有设备的工作"母机"。车床主要用于加工轴、盘、套类工件和其他具有回转表面、以圆柱体为主的工件，它是机械制造企业和修配工厂使用最广泛的一类机床。铣床和钻床等机械都是从车床引申出来的。

古代的车床是靠手拉或脚踏，通过绳索使工件旋转，并由操作人员手持刀具切削工件的，如图1-1所示。

1797年，英国机械发明家莫兹利创制了使用丝杠传动刀架的现代车床，并于1800年采用交换齿轮来改变车床进给速度和被加工螺纹的螺距。1817年，另一位英国人罗伯茨采用了四级带轮和背轮机构来改变主轴转速。为了提高机械自动化程度，1845年，美国的菲奇发明转塔车床。1848年，美国又出现了回轮车床。1873年，美国的斯潘塞制成一台单轴自动车床，不久他又制成三轴自动车床。20世纪初出现了由单独电动机驱动的、配有齿轮变速箱的车床。

图1-1　脚踏车床

随着机械工业的发展和需要，各种高效自动车床和专门化车床迅速发展。为了提高制造小批量工件的生产率，20世纪40年代末，带液压仿形装置的车床得到推广，与此同时，多刀车床也得到发展。20世纪50年代中期，发展了带穿孔卡、插销板和拨码盘等的程序控制车床。数控技术于20世纪60年代开始应用于车床，如图1-2所示，20世纪70年代后得到迅速发展。

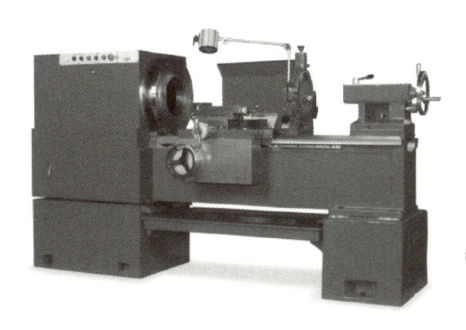

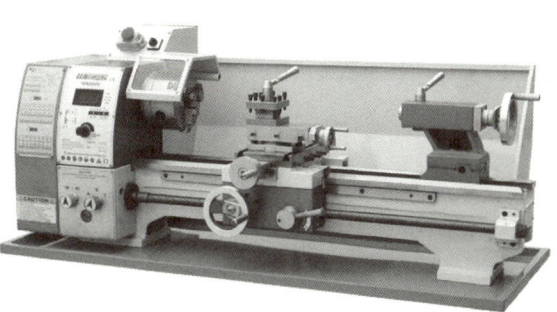

图1-2　数控车床

1. 车床组成

C6136D 型车床是职业院校车工教学的常用设备，如图 1-3 所示。

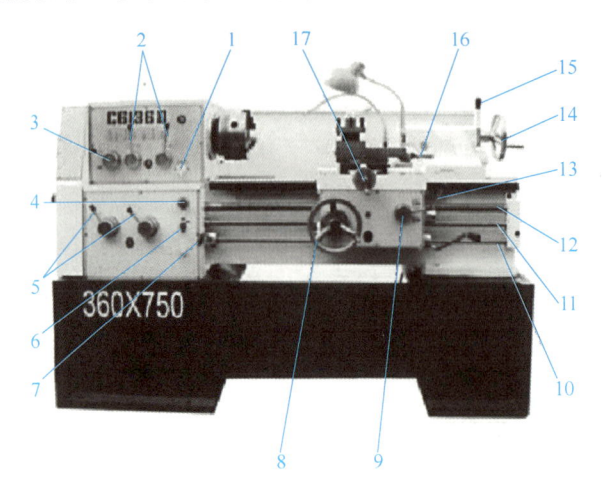

图 1-3 C6136D 型车床

1—变速开关　2—主轴变速手柄　3—左右螺纹转换手柄　4—急停开关　5—螺距进给量选择手柄
6—冷却泵开关　7—正反车手柄　8—床鞍纵向移动手轮　9—开合螺母　10—操纵杆　11—光杠
12—丝杠　13—纵、横向进给选择手柄　14—尾座套筒移动手轮　15—尾座锁紧手柄
16—刀架纵向移动手柄　17—刀架横向移动手柄

2. 车床操作

1) 打开车床电源总开关（通称通电）。
2) 按下起动按钮（绿色），提起右侧操纵手柄，主轴低速正向旋转，训练车床正转、反转、停车。
3) 车床刻度盘的使用见表 1-1。

表 1-1 车床刻度盘的使用

刻度盘	度量移动的距离	手动时操作	机动时操作	整圈格数	车刀移动距离/(mm/格)
床鞍刻度盘	纵向移动距离	床鞍手轮	机动进给手柄及快速移动按钮	200 格	1
中滑板刻度盘	横向移动距离	中滑板手柄		100 格	0.05
小滑板刻度盘	纵向移动距离	小滑板手柄	无机动进给	100 格	0.05

消除刻度盘空行程的方法如图 1-4 所示。

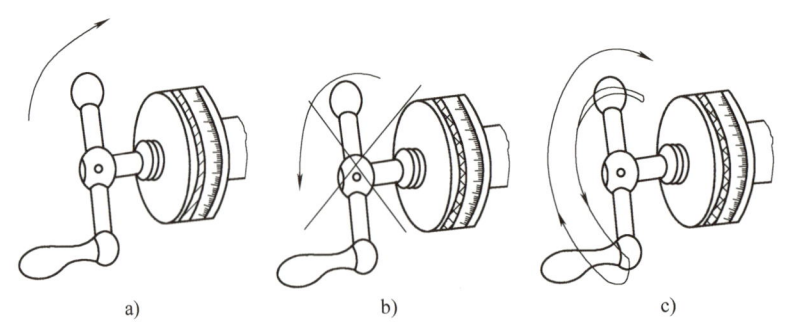

图 1-4 消除刻度盘空行程的方法
a) 摇过头　b) 错误：直接摇回　c) 正确：反转半圈，再摇至所需位置

4) 主轴箱变速训练（要求初学者进行下列类似实际操作练习）如下：
① 调整主轴转速练习。

$$n = 30 \text{r/min} \quad n = 132 \text{r/min} \quad n = 700 \text{r/min}$$

② 调整进给量，见表 1-2。

表 1-2　调整进给量

进给量 $f/(mm/r)$	0.11	0.22	0.44
调整手柄	$\dfrac{2}{A}-\dfrac{\text{II}}{S}$	$\dfrac{3}{A}-\dfrac{\text{III}}{S}$	$\dfrac{2}{A}-\dfrac{\text{IV}}{S}$

注：A、S、Ⅱ、Ⅲ、Ⅳ表示手柄所处位置。

③ 调整螺距，见表 1-3。

表 1-3　调整螺距

螺距 P/mm	2	3	6
调整手柄	$\dfrac{3}{C}-\dfrac{\text{III}}{M}$	$\dfrac{6}{D}-\dfrac{\text{III}}{M}$	$\dfrac{3}{D}-\dfrac{\text{IV}}{M}$

注：C、D、M、Ⅲ、Ⅳ表示手柄所处位置。

5）训练手感。

① 左手握床鞍手柄，从床尾摇到床头，将后尾座推到床头，并要求学生把车床的后半部擦拭干净，导轨加润滑油后，再将尾座和床鞍摇回床尾。

训练目的：熟悉操作床鞍手柄及床鞍纵向移动的过程；养成良好的卫生习惯。

② 右手握中滑板手柄，摇动手柄做横向移动，移动到最前端后，用布将车床中滑板两导轨和床鞍上部清理干净。中滑板导轨加润滑油后摇回原位。

训练目的：熟悉操作中滑板手柄及中滑板手柄横向移动的过程；培养学生养成良好的卫生习惯以及时刻保持工作场地干净整齐的卫生意识。

车床手柄操作及空车运转操作评价见表 1-4。

表 1-4　车床手柄操作及空车运转操作评价

项目	内　　容	配分	评分标准	评价 自评	评价 互评	评价 师评
任务检测	观察车床的外形，说出车床各部分的名称及作用	40				
	主轴箱各手柄变速操作训练	5				
	进给箱各手柄位置变动操作训练	5				
	溜板箱各手柄位置变动操作训练	5				
	手动纵向进给、横向进给操作训练	5				
	小滑板直线进给、转动角度及进给训练	5				
	尾座移动及尾座套筒移动、固定操作训练	5				
	车床手柄操作正确	10				
职业素养	工作态度端正	10				
	着装符合要求	10				
总分	合计	100				
综合评价						

任务三　车床润滑与维护保养

一、车床润滑的作用

为了保证车床的正常运转，减少磨损，延长使用寿命，应对车床的所有摩擦部位进行润滑，并注意日常的维护保养。

二、车床的润滑方式

车床的润滑可采用多种方式，常用的有以下几种：

1. 浇油润滑

它常用于外露的滑动表面，如床身导轨面和滑板导轨面等。

2. 溅油润滑

它常用于密闭的箱体中，如车床主轴箱中的转动齿轮将箱底的润滑油溅射到箱体上部的油槽中，然后经槽内油孔流到各润滑点进行润滑。

3. 油绳导油润滑

它常用于进给箱和溜板箱的油池中。利用毛线既吸油又易渗油的特性，通过毛线把油引入润滑点，间断地滴油润滑。

4. 弹子油杯注油润滑

它常用于尾座、中滑板手摇柄及丝杠、光杠、操纵杆支架的轴承处。定期用油枪端头油嘴压下油杯上的弹子，将油注入。油嘴撤去后，弹子又恢复原位，封住注油口，以防尘屑进入。

5. 润滑脂杯润滑

它常用于交换齿轮箱中交换齿轮架的中间轴润滑或不便于经常润滑处。先在润滑脂杯中加满钙基润滑脂，需要润滑时，拧紧油杯盖，杯中的润滑脂即可被挤压到润滑点中去。

6. 油泵输油润滑

它常用于转速高、需要大量润滑油连续强制润滑的结构，主轴箱内许多润滑点就是采用这种方式。

三、车床日常保养的要求

为了保证车床的加工精度、延长其使用寿命、保证加工质量、提高生产率，车工除了能熟练地操作机床外，还必须学会对车床进行合理的维护与保养。

车床的日常维护、保养要求如下：

1）车床工作结束后切断电源，对车床各表面、导轨面、丝杠、光杠、操作手柄和操纵杆进行擦拭，做到无油污、无铁屑，保证车床外表清洁。

2）每周保养床身导轨面和中、小滑板导轨面，保证转动部位的清洁、润滑；要求油眼通畅、油标清晰，注意清洗油绳和保护车床的油毡，保持车床外表清洁和工作场地整洁。

四、车床一级保养的要求

当机床运行500h后，需要进行一级保养。一级保养工作以操作工人为主，在维修工人的配合下进行，保养时必须先切断电源，然后按下述顺序和要求进行操作。

1. 主轴箱的保养

1）清洗过滤器，使其无杂物。
2）检查主轴锁紧螺母有无松动、紧定螺钉是否拧紧。
3）调整制动器及离合器摩擦片的间隙。

2. 交换齿轮箱的保养

1）清洗齿轮、轴套，并在油杯中注入新油脂。
2）调整齿轮啮合间隙。
3）检查轴套有无晃动现象。

3. 滑板和刀架的保养

拆洗刀架和中、小滑板，洗净擦干后重新组装，并调整中、小滑板与镶条的间隙。

4. 尾座的保养

摇出尾座套筒，并擦净涂油，以保持其内外清洁。

5. 润滑系统的保养

1）清洗切削液泵、滤油器和盛液盘。
2）保证油路通畅，保持油孔、油绳、油毡清洁无铁屑。
3）检查油质，保持油质良好、油杯齐全、油标清晰。

6. 电器的保养
1）清扫电动机、电气箱上的尘屑。
2）保证电气装置固定整齐。

7. 车床外表的保养
1）清洗车床外表面及各罩盖，保持其内外清洁，无锈蚀、无油污。
2）清洗光杠、丝杠、操纵杆。
3）检查并补齐各螺钉、手柄球、手柄。
清洗擦净后，对各部件进行必要的润滑。

任务四　车刀安装训练

车刀是切削加工中应用最广泛的刀具之一。车刀的工作部分是产生、处理切屑的部分，包括切削刃、使切屑断碎或卷曲的结构、排屑或储存切屑的空间、切削液的通道等结构要素。车刀安装是车工应掌握的基本技能之一。

1. 车刀安装要求
1）车刀装夹在刀架上的伸出部分应尽量短，以增大车刀刚度，如图1-5所示。
2）保证车刀的实际主偏角 κ_r。
3）至少用两个螺钉逐个轮流压紧车刀，以防车刀振动。
4）增减车刀下面的垫片厚度，使车刀刀尖与工件轴线等高。

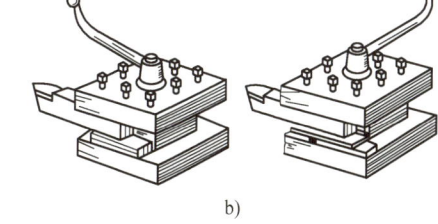

图1-5　车刀的装夹
a）正确　b）不正确

2. 车刀安装
车刀安装图示与要求见表1-5。

表1-5　车刀安装图示与要求

内　容	图　示	要　求
根据车床主轴中心高用钢直尺进行测量装刀		1. 车床主轴中心到平面导轨的距离为180mm（中心高）（参考机床说明书） 2. 用300mm钢直尺测量，从车床导轨平面到刀尖的高度是车床的理论中心高，为180mm（车床牌号中最大回转直径的1/2）
根据尾座顶尖的高度装刀		刀尖与顶尖中心平齐
目测车端面，调整装刀		1. 先目测安装车刀并试车一刀，根据情况微调车刀，使刀尖与中心重合，当车刀刀尖完全到达中心位置时，在中滑板燕尾上划一条辅助标尺标记，这条标尺标记正好等于刀架底面到主轴中心的高度 2. 后续的车刀安装可以此标尺标记为基准

7

(续)

内 容	图 示	要 求
车刀安装伸出长度	1~1.5倍刀柄厚度　刀柄厚度	车刀装夹在刀架上,伸出部分应尽量短,以增加刚性,伸出长度一般为1~1.5倍刀柄厚度

3. 车刀安装中心高度对车削的影响（表1-6）

表1-6　车刀安装中心高度对车削的影响

刀具安装图示	对车削的影响
	车刀刀尖高于工件轴线,会使车刀的实际后角减小、前角增大,车刀后刀面与工件之间的摩擦增大
	车刀刀尖与工件中心等高,前、后角保持不变
	车刀刀尖低于工件轴线,会使车刀的实际前角减小、后角增大,实际切削阻力增大

【考核评价】

指导教师对学生完成的任务逐一进行考核,考核内容有:安全文明守则的抄写、机床的简单操作、刀具的安装等。指导教师分别对学生完成任务的程度进行点评,使学生熟知这些内容,为以后的实训打下基础。

【练习题】

1) 车床由哪些主要部分组成？各部分有何功能？
2) 车床的日常维护、保养有哪些具体要求？
3) 什么是切削三要素？
4) 车床的润滑方式有哪些？
5) 车刀装夹时的注意事项有哪些？

模块二 车刀的刃磨

【教学目标】

序号	教学目标	具体内容
1	素养目标	1）培养学生分析问题、解决问题的能力 2）培养学生勤实践、多动手、爱动脑的好习惯 3）培养学生的团队协作能力，能团结互助地完成教学任务
2	知识目标	1）熟知各种刀具的几何角度 2）掌握各种刀具的刃磨方法
3	技能目标	能熟练刃磨合金车刀和切断刀

【任务要求】

1）注重集体协作，严格按照指导教师的安排进行刀具刃磨。
2）以小组为单位，分组进行刀具刃磨。

【考核内容】

1）对刃磨刀具的姿势、方式、步骤进行考核。
2）对刃磨好的刀具进行点评。

【任务实施】

以任务驱动法和基于工作过程导向贯穿整个单元的教学过程，在任务实施过程中灵活运用讲授、提问、讨论、演示、巡回指导等教学方法。

【任务耗材】

90°外圆车刀（YT15）和高速工具钢切断刀（W18Cr4V）。

【工时安排】

任　　务	内　　容	工时安排
一	90°外圆车刀的刃磨	12
二	切断刀的刃磨	8

任务一　90°外圆车刀的刃磨

车刀是加工机械零件的重要工具。生产实践证明，合理地选用车刀和正确地刃磨车刀，对保证加工质量、提高生产率有极大影响。车刀刃磨是车工的重要技能之一，行业人员常以"三分手艺、七分刀具"来描述车刀的重要性。

一、车刀材料

1. 车刀的材料要求

在车削过程中，车刀的切削部分是在较大的切削抗力、较高的切削温度和剧烈的摩擦条件下工作的。车刀寿命的长短和切削效率的高低，首先取决于车刀切削部分的材料是否具备优良的切削性能。车刀材料具体应满足如下要求：

1）应具有较高的硬度，其硬度要高于工件材料 1.3~1.5 倍。
2）应具有较高的耐磨性。
3）应具有高的耐热性，即在高温下能保持高硬度。
4）应具有足够的抗弯强度和冲击韧性，防止车刀脆性断裂或崩刃。
5）应具有良好的工艺性，即良好的切削加工性、热处理工艺性和焊接性。

2. 车刀切削部分的常用材料

（1）高速工具钢　高速工具钢是一种含钨、铬、钒、钼等元素较多的高合金工具钢。这种材料的强度高、韧性好，能承受较大的冲击力，工艺性好，易磨削成形，刃口锋利，常用于一般切削速度下的精车刀具。但因其耐热性较差，故不适于高速切削。

（2）硬质合金　硬质合金由硬度和熔点均较高的碳化钨、碳化钛和胶结金属钴用粉末冶金方法制成。其硬度、耐磨性均很好，热硬性也很好，故硬质合金车刀的切削速度比高速工具钢车刀高出几倍甚至十几倍，能加工高速工具钢车刀无法加工的难切削材料。但其抗弯强度和抗冲击韧性比高速工具钢车刀差很多；用硬质合金制造形状复杂的刀具时，工艺上要比用高速工具钢制造困难。硬质合金是目前应用最为广泛的车刀材料之一，尤其适合高速切削。

（3）陶瓷　陶瓷车刀是用氧化铝微粉在高温下烧结而成的陶瓷材料刀片，其硬度、耐磨性和耐热性均比硬质合金车刀高。因此，可采用比硬质合金车刀高几倍的切削速度，并能使工件获得较高的表面质量和尺寸稳定性。但陶瓷材料刀片最大的缺点是质地脆，抗弯强度低，易崩刃。陶瓷材料刀片主要用于连续表面的车削加工。

二、90°外圆车刀

90°外圆车刀的几何角度如图 2-1 所示。

三、90°外圆车刀的刃磨

在车床上，主要依靠工件旋转的主运动和刀具的进给运动来完成工件的切削。因此，车刀角度的设置是否合理、车刀刃磨的角度是否正确，都会直接影响工件的加工质量和切削效率。在车削过程中，由于车刀的前刀面和后刀面处于剧烈的摩擦和切削热的作用之下，会使车刀切削刃口

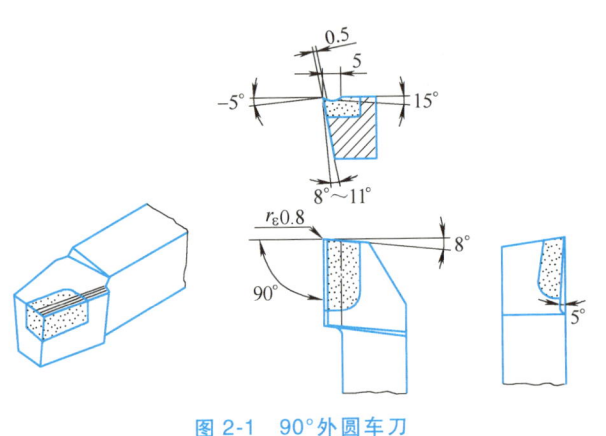

图 2-1　90°外圆车刀

变钝而失去切削能力，只有通过刃磨才能恢复切削刃口的锋利，并获得正确的车刀角度。因此，车工不仅要掌握切削原理和合理选择车刀角度的有关知识，还必须熟练掌握车刀的刃磨技能。

车刀的刃磨分为机械刃磨和手工刃磨两种。机械刃磨效率高、质量好、操作方便，但一些中小型工厂仍普遍使用手工刃磨。因此，车工必须掌握手工刃磨车刀的技术。

说明：初学车刀刃磨时，应选用高速工具钢车刀（材料为 W18Cr4V，尺寸为 16mm×16mm×200mm）作为训练用车刀，如图 2-2 所示。

图 2-2 刃磨用高速工具钢车刀

设定车刀任一平面作为前刀面，具体刃磨步骤及相关知识见表 2-1 和表 2-2。

表 2-1 90°外圆车刀的刃磨步骤

步骤	刃磨内容	图　示	测量图示
1	刃磨副偏角		1面 82°
2	刃磨副后角		2面 82°
3	刃磨主后角		95°~98°
4	刃磨前角		

表 2-2 90°外圆车刀刃磨的相关知识

刃磨内容	相关知识	图　示	备　注
刃磨副偏角	设定车刀基准平面——前刀面（设定1面为前刀面），在前刀面划副切削刃线 1）求出 BC 值。已知 $\tan\kappa_r' = \dfrac{BC}{16}$，求得 $BC = 2.24\text{mm}$ 2）从 B 点向下 2.24mm 做标记 C 点，从 A 点向标记 C 点划线，这条线就是副切削刃		平面4贴平直角尺，测 82°~86°

11

(续)

刃磨内容	相关知识	图示	备注
刃磨副后角	1）求出 BC 值。已知 $\tan\alpha'_o = \dfrac{BC}{16} = \tan 8°$，求得 BC = 2.24mm 2）在平面 4 上划线，从 B 点向下 2.24mm 做标记 C 点，从 A 点向 C 点划线，这条线就是副后角刃磨参照线		
刃磨主后角	以平面 4 与平面 3 交线为基准划线 2.24mm，与交线平行，这条线就是主后角的刃磨参照线		平面 3 与游标万能角度尺下直角贴平、平面 4 水平，测得 96°~98°
刃磨前角			

1. 硬质合金车刀的刃磨

刃磨车刀使用图 2-3 所示的砂轮机。砂轮种类及使用场合见表 2-3。

图 2-3 砂轮机

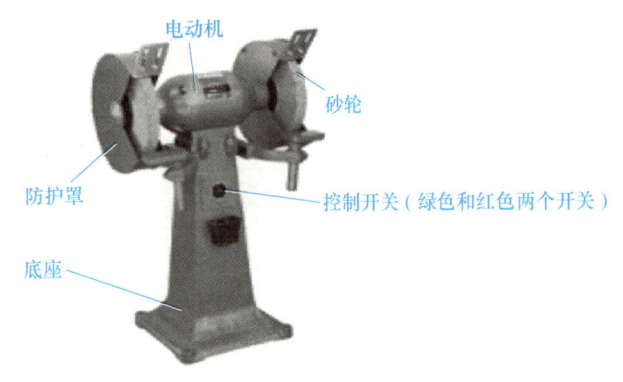

表 2-3 砂轮种类及使用场合

砂轮种类	颜 色	使用场合
氧化铝	白色	刃磨高速工具钢刀具和硬质合金车刀的刀柄部分
碳化硅	绿色	刃磨硬质合金车刀的硬质合金部分

1）首先清理车刀各部分的焊渣点，特别是保证车刀底面的平整。
2）粗磨刀柄的主后面和副后面，刃磨时首先将车刀刀头翘起 2°~8°，保持前高后低的斜面，磨出的刀柄两后角以不影响刀体的后角刃磨为原则。
3）粗磨刀体（即合金部分）的主后角和副后角。
4）粗磨前刀面，磨出断屑槽，其宽窄应根据切削深度和进给量来确定。

2. 硬质合金车刀的性能

硬质合金是由硬度和熔点极高的碳化钨、碳化钛及胶合金属钴（Co）用粉末冶金方法制成的，具有良好的耐磨性，硬度极高。

硬质合金的热硬性（耐热性）也很好，可在 1000℃下保持良好的切削性能，其抗弯强度和抗冲击强度较差。硬质合金车刀的切削速度高达 220m/min，约是高速工具钢车刀的 10 倍，生产率很高。

硬质合金车刀的分类和用途（见表 2-4）。

表 2-4　硬质合金车刀的分类和用途

类别	用　　途	被加工材料	常用代号	适用加工阶段	旧牌号
K类 （钨钴类）	适合加工铸铁、非铁金属等脆性材料或用于冲击较大的场合。但在切削难加工材料或振动较大（断续切削塑性金属）的特殊情况时也较合适	适合加工短切屑的钢铁材料、非铁金属及非金属材料	K01	精加工	YG3
			K10	半精加工	YG6
			K20	粗加工	YG8
P类 （钨钛钴类）	适合加工钢或其他韧性较大的塑性金属，不宜用于加工脆性金属	适合加工长切屑的钢铁材料	P01	精加工	YT30
			P10	半精加工	YT15
			P30	粗加工	YT5
M类 （钨钛铌钴类）	既可加工铸铁、非铁金属材料，又可加工碳素钢、合金钢，也称通用合金	适合加工长切屑或短切屑的钢铁材料和非铁金属	M10	精、半精加工	YW1
			M20	粗、半精加工	YW2

3. 要点提示

1）磨刀时必须戴防护眼镜。
2）磨刀时，操作者应站立于砂轮两侧。
3）磨刀时不能用力过猛，以防打滑伤手。
4）刃磨车刀两侧副偏角，副后角要保证对称。
5）主切削刃要平直、锋利。
6）卷屑槽圆弧长要大于或等于刀头的长度。

4. 车刀的手工研磨

在砂轮上刃磨的车刀，其切削刃有时不够平滑光洁。若用放大镜观察，可以发现其刃口表面上呈凸凹不平的状态。使用这样的车刀加工时，不仅会直接影响工件的表面质量，也会缩短车刀寿命。若是硬质合金车刀，在切削过程中还会发生崩刃现象，所以手工刃磨车刀时，还应用细磨石研磨其切削刃。研磨时，手持磨石在切削刃上来回移动，要求动作平稳、用力均匀。研磨后的车刀，应消除在砂轮上刃磨后的残留痕迹，车刀表面粗糙度值应达到 $Ra0.4\sim0.2\mu m$。

任务二　切断刀的刃磨

切断刀是各种车削刀具中刃磨难度较大的一种刀具，它同时拥有两个副偏角、两个副后角，并且对称度要求严格，加之主切削刃较窄、刀体较长，故刀体强度差。因此，掌握好切断刀几何角度的控制方法是刃磨切断刀的关键。

说明：初学车刀刃磨时，采用高速工具钢切断刀（材料 W18Cr4V，尺寸为 4mm×16mm×200mm）作为训练用车刀，如图 2-4 所示。

图 2-4　刃磨用高速工具钢切断刀

一、切断刀的标准几何角度

硬质合金切断刀和高速工具钢切断刀的标准几何角度如图 2-5 和图 2-6 所示。

二、切断刀的参数

1. 主切削刃的宽度

主切削刃宽度的计算公式为

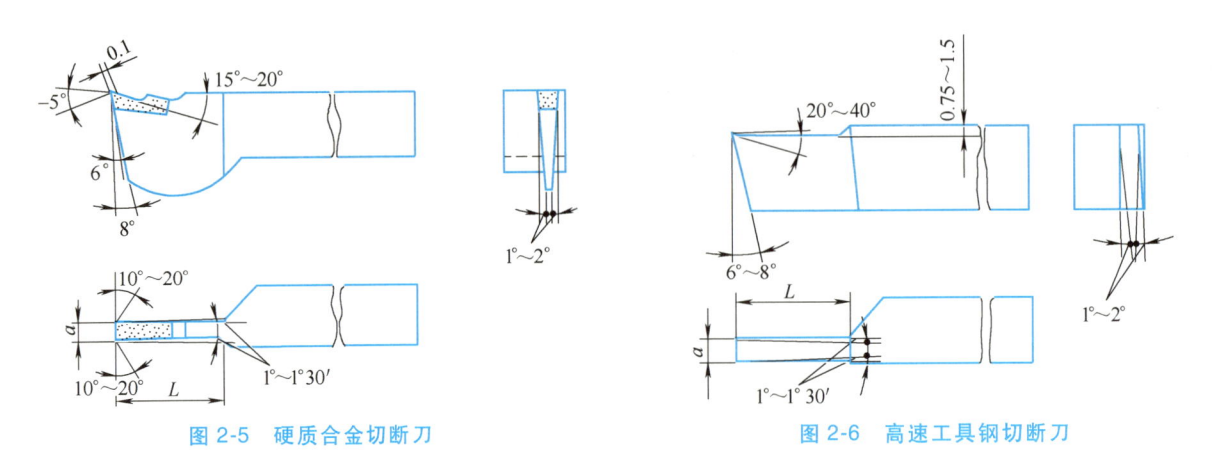

图 2-5 硬质合金切断刀

图 2-6 高速工具钢切断刀

$$a = (0.5 \sim 0.6)\sqrt{d} \tag{2-1}$$

式中　a——主切削刃宽度，单位为 mm；
　　　d——工件待加工表面直径，单位为 mm。

2. 刀头长度

刀头长度的计算公式为

$$L = h + (2 \sim 3) \tag{2-2}$$

式中　L——刀头长度，单位为 mm；
　　　h——切入深度，单位为 mm。

三、刃磨切断刀的一般原则

1）通过刃磨使切断刀具有较好的强度。
2）通过刃磨使切断刀具有良好的排屑效果。
3）切断刀主切削刃的宽度 a 和刀头长度 L 是最重要的几何参数。

切断刀的刃磨步骤与刃磨姿势见表 2-5。

表 2-5　切断刀的刃磨步骤与刃磨姿势

步骤	刃磨内容	图　示	刃磨姿势	备　注
1	先刃磨两侧副后角	高速工具钢切断刀 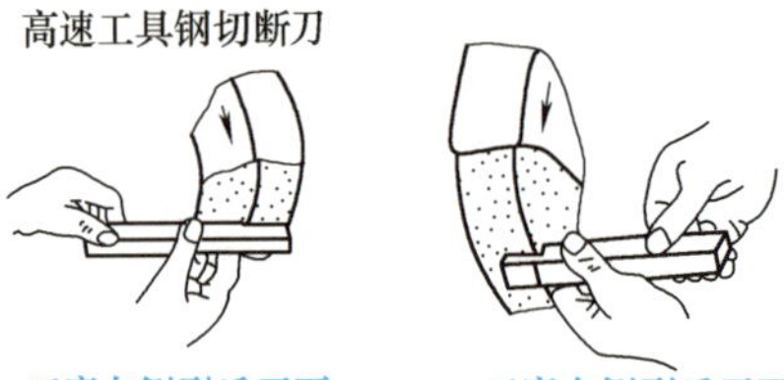 刃磨左侧副后刀面　　刃磨右侧副后刀面	操作者站在砂轮左侧，右手在前、左手在后，前刀面向上，同时完成左侧副偏角和副后角的刃磨	当切断刀的主切削刃宽度和刀体长度确定后，首先在车刀刀体上划长度线标记作为刃磨副偏角时切断刀长度的极限位置
2	磨出主后角	 刃磨主后刀面	右手在前、左右在后，前刀面向上，磨出主后角（前刀面前高后低）	

(续)

步骤	刃磨内容	图示	刃磨姿势	备注
3	磨出前刀面、前角及卷屑槽	刃磨前刀面并开槽		

四、注意事项

1）磨刀时必须戴防护眼镜。
2）磨刀时操作者应站立于砂轮两侧。
3）磨刀时不能用力过猛,以防打滑伤手。
4）刃磨两侧副偏角、两副后角要保证对称。
5）主切削刃要平直、锋利。
6）卷屑槽圆弧长要小于或等于刀头的长度。

【例】 钢料尺寸为 4mm×20mm×100mm,已知切断刀主切削刃 $a=3$mm,刀头长度为 13mm,参考图 2-7 和图 2-8,求前刀面刀体末端宽度 a_1 和副后角底面尺寸 b。

解：如图 2-7 所示,$a_1 = 3 - 2x$

$$x_1 = \tan 1° \times 13\text{mm} = 0.22\text{mm}$$
$$x_2 = \tan 1.3° \times 13\text{mm} = 0.23\text{mm}$$

所以 $a_1 = 2.54 \sim 2.56$mm。

副后角底面如图 2-8 所示,其宽度尺寸为

$$b = 3 - 2x$$
$$x_1 = \tan 1° \times 20\text{mm} = 0.34\text{mm}$$
$$x_2 = \tan 2° \times 20\text{mm} = 0.68\text{mm}$$

所以,副后角底面宽度尺寸 $b = 1.64 \sim 2.32$mm。

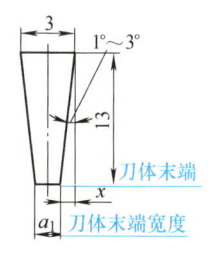

图 2-7 切断刀图示

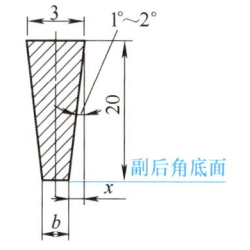

图 2-8 副后角底面图示

【考核评价】

考核：90°外圆刀的刃磨、切断刀的刃磨。
评价：对学生在磨刀过程中的刃磨方法、刃磨姿势、刃磨效果进行点评。让学生按照教师的点评进行互相评价,选出合格的刀具和需要进一步刃磨的刀具,纠正不正确的刃磨姿势。

【知识技能拓展】

车刀的装夹要求如下：

1）装夹刀具前必须清理干净刀柄、刀杆，特别要清理干净焊接点，使刀具底平面平整。

2）端面车刀的装夹必须做到刀尖与轴线等高，方法有以下两种：

① 按理论中心和后尾座顶尖高度对刀。

② 经试车后调整刀具高度，达到与工件中心完全等高。

3）外圆车刀刀杆伸出长度不应超过刀柄高度的 1.5 倍。

4）车刀刀杆中心线应与进给方向垂直。

【练习题】

1）车刀有哪些角度？它们是如何定义的？

2）一般车刀由哪几个刀面、哪几条切削刃组成？

3）前角、主偏角、刃倾角对切削有何影响？如何选择这些角度？

4）如何刃磨车刀主后面？

5）刃磨车刀时的注意事项有哪些？

模块三

轴类零件车削

【教学目标】

序号	教学目标	具 体 内 容
1	素养目标	1）培养学生分析问题、解决问题的能力 2）培养学生勤实践、多动手、爱动脑的好习惯 3）培养学生的团队协作能力，能团结互助地完成教学任务
2	知识目标	1）熟悉轴类零件车削的基本工艺知识 2）理解轴类零件车削时易出现的问题和注意事项 3）能选择合适的切削用量
3	技能目标	1）能合理地选择刀具 2）能熟练地进行刀具和工件的安装 3）能熟练地进行光轴、台阶轴的车削

【任务要求】

1) 注重集体协作，严格按照指导教师的安排进行台阶轴的车削。
2) 以小组为单位，分组进行工件车削。

【任务实施】

以任务驱动法和基于工作过程导向贯穿整个单元的教学过程，在任务实施过程中灵活运用讲授、提问、讨论、演示、巡回指导等教学方法。

【任务耗材】

45 钢，尺寸为 $\phi 40mm \times 160mm$（一料多用）。

【工时安排】

任　　务	内　　容	工 时 安 排
一	手动车端面	4
二	手动车外圆	4
三	机动车光轴	4
四	车台阶轴	8
五	车花键轴	16
六	车细长轴	34

任务一　手动车端面

外圆柱面是常见的轴类、套类零件的基本表面。根据使用要求，在外圆柱面上还可能有端面、台阶

17

及沟槽等表面。每位车工应首先掌握各表面加工的技能。

对于初学者，车端面应从手动车端面开始。手动车端面是轴类零件车削的入门技能，是直观认识车床、车刀和工件加工的初始阶段。

一、任务图样

车端面工件图如图 3-1 所示。

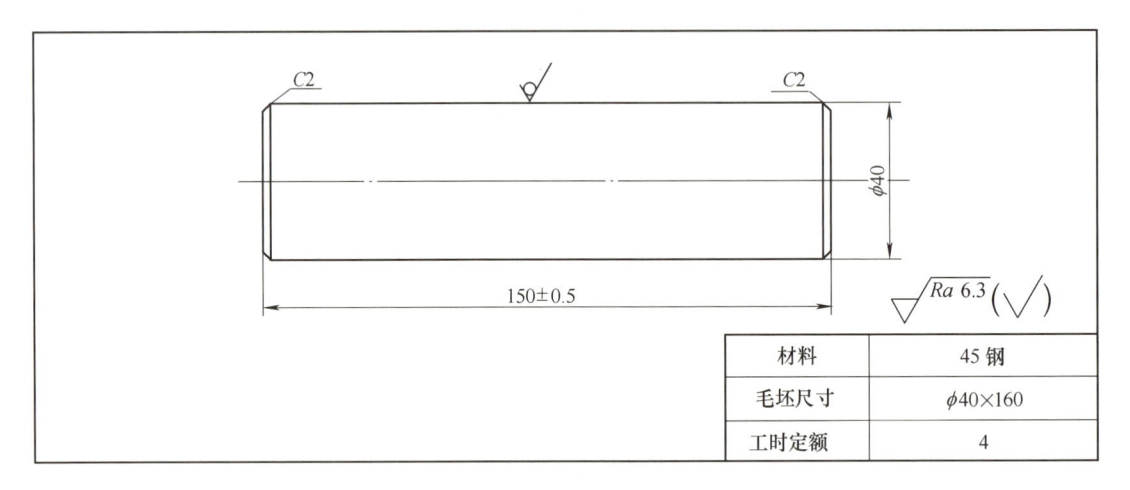

图 3-1　车端面工件图

二、图样分析

1) 工件总长为（150±0.5）mm，有公差要求。
2) 工件外圆为非加工面。
3) 工件端面表面粗糙度值为 $Ra6.3\mu m$。

三、车削加工准备

1) 选用材料为 W18Cr4V 的 45°车刀，75°车刀。
2) 毛坯尺寸为 $\phi 40mm \times 160mm$。
3) 准备钢直尺等测量工具。

四、车削工艺分析

1. 刀具选择

选择 45°车刀车削端面。45°车刀又称端面车刀，分为左、右两种，其刀尖角度为 90°，有很好的刀体强度和良好的散热条件，是车削端面和倒 45°角的理想刀型，如图 3-2 所示。

图 3-2　45°车刀

2. 轴类零件车削的基本步骤

1）车端面，如图 3-3 所示。
2）钻中心孔，如图 3-4 所示。
3）车夹头。夹头是指与中心孔一次装夹中车削完成的 10mm 那一端加工工艺的外圆表面。
4）一夹一顶车外圆。
① 一夹是指自定心卡盘夹持的零件部位是夹头部位。
② 一顶是指顶另一端中心孔。
5）利用 75°车刀车外圆和端面，如图 3-5 所示。

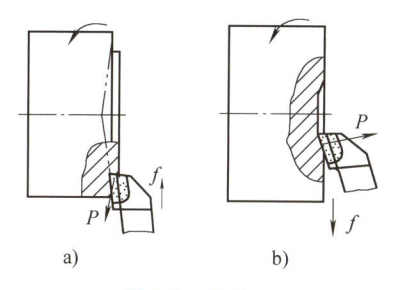

图 3-3 车端面
a）右偏刀由外缘向中心进给产生凹面
b）右偏刀由中心向外缘进给

图 3-4 钻中心孔

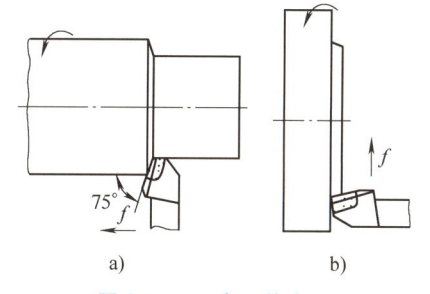

图 3-5 75°车刀的应用
a）用 75°车刀车外圆 b）用 75°车刀车端面

3. 车削的常识

1）车第一个端面时要求以最小背吃刀量车平（齐）端面即可。
2）划线车工件总长。

五、车削工步及切削用量的选择

1）用自定心卡盘装夹毛坯，伸出长度为 50~60mm。选择转速 $n = 235$r/min。
2）选用 45°车刀进行车削。
3）移动床鞍与中滑板手柄，使刀尖与工件端面接触，用小刀架纵向进刀 1mm 车平端面。
4）掉头装夹毛坯外圆，车总长：
① 划线总长（150±0.5）mm 并做标记。
② 将刀尖对准划线标记，起动车床在标记处用刀尖划痕。
③ 车削右端到划痕部分的外圆。通过减少刀尖与毛坯氧化层的接触次数来避免刀尖的磨损。
④ 车削总长端面，每次背吃刀量 $a_p = 1$mm，可用小刀架连续进刀车削到图样要求，最后倒角。

六、常见问题及解决方法

1. 容易出现的问题

1）车削端面中心留有凸头。
2）车削端面出现凹凸不平现象。
3）端面加工粗糙，刀纹明显。

2. 解决方法

1）调整车刀中心高到主轴轴线。
2）减小背吃刀量，手动进给要慢而均匀。
3）增大刀尖圆角，增加车刀修光刃长度。

【考核评价】

指导教师对学生所加工的工件进行考核评分（表3-1），并进行简要的点评。重点是学生要熟练地使用游标卡尺进行测量，以及了解车削基本工艺知识，对粗、精车的概念有一定了解。

表3-1 手动车端面检测评分表

序号	检测项目		分值	评分要求	测评结果	得分	备注
1	主要尺寸	φ40mm	50	超差扣5分			
2	总长	150mm	20	超差扣2分			
3	刀具、工件的安装	符合安全操作规程	10	超差不得分			
4	设备及工具、量具、刃具的使用与维护	工具、量具、刃具的合理使用与保养	5	不符合要求扣分			
		操作车床并能及时发现一般故障	5	不符合要求扣分			
5	安全文明生产	正确执行安全操作规程	5	不符合要求扣分			
		工作服穿戴正确	5	不符合要求扣分			
	总分						

【知识技能拓展】

切削用量是切削加工过程中切削速度、进给量和背吃刀量的总称。

（1）切削速度 v_c　切削速度指切削刃选定点相对于工件待加工表面在主运动方向上的瞬时速度。

$$v_c = \frac{\pi dn}{1000} \approx \frac{dn}{318} \tag{3-1}$$

式中　v_c——车削时的切削速度，单位为 m/min；
　　　n——工件或刀具的转速，单位为 r/min；
　　　d——工件或刀具的旋转直径，单位为 mm。

（2）进给量 f　进给量指工件每转一周，车刀沿进给方向移动的距离，它是衡量进给运动大小的参数。

（3）背吃刀量 a_p　背吃刀量指工件上已加工表面和待加工表面之间的垂直距离。

$$a_p = \frac{d_w - d_m}{2} \tag{3-2}$$

式中　a_p——背吃刀量，单位为 mm；
　　　d_w——工件待加工表面直径，单位为 mm；
　　　d_m——工件已加工表面直径，单位为 mm。

切削用量的选择原则见表3-2。

表3-2 切削用量的选择原则

加工阶段	粗车	半精车和精车
原则	考虑提高生产率并保证合理的刀具寿命。首先要选用较大的背吃刀量，然后再选择较大的进给量，最后根据刀具寿命选用合理的切削速度	必须保证加工精度和表面质量，同时还必须兼顾必要的刀具寿命和生产率
背吃刀量	在保留半精车余量（1~3mm）和精车余量（0.1~0.8mm）后，其他余量应尽量一次车去	由粗加工后留下的余量确定。用硬质合金车刀车削时，最后一刀的背吃刀量不宜太小，以 $a_p > 0.1$mm 为宜
进给量	在工件刚度和强度允许的情况下，可选用较大的进给量	一般采用较小的进给量
切削速度	车削中碳钢时，切削速度为 80~100m/min；切削合金钢时，切削速度为 50~70m/min；切削灰铸铁时，切削速度为 50~70m/min	用硬质合金车刀精车时，一般采用较高的切削速度（80m/min 以上）；用高速工具钢车刀车削时，宜采用较低的切削速度

任务二　手动车外圆

手动车外圆，使初学者对外圆车削有一个直观的了解，为下一步自动进给车外圆做铺垫。

一、任务图样

车外圆工件图如图 3-6 所示。

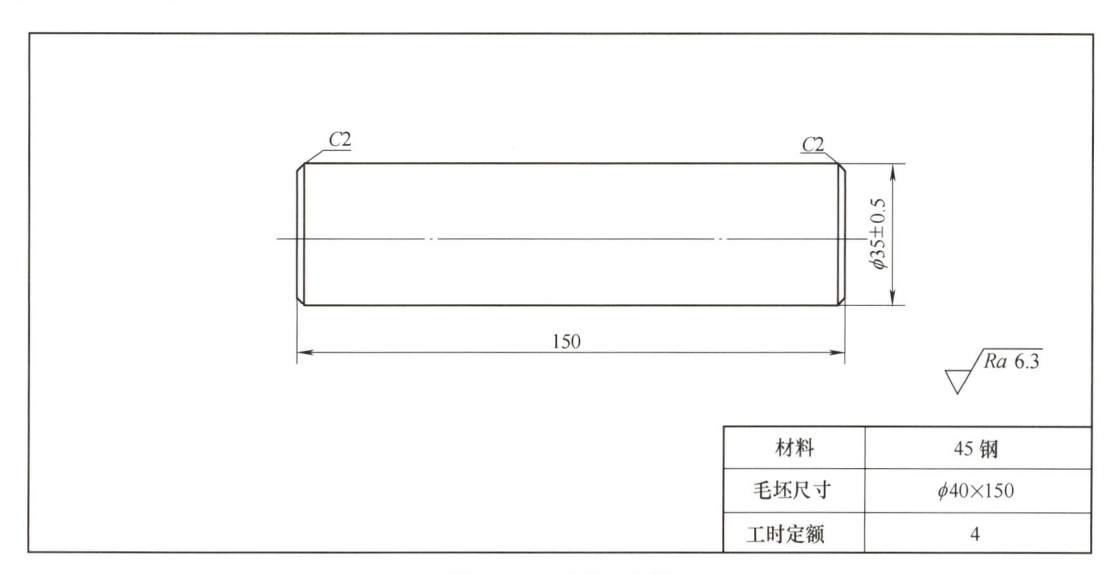

图 3-6　车外圆工件图

二、图样分析

1）工件毛坯外圆 $\phi 40$mm，手动车至（$\phi 35\pm 0.5$）mm。
2）外圆表面粗糙度值为 $Ra6.3\mu$m。
3）倒角 $C2$。

三、车削加工准备

90°外圆车刀（可使用高速工具钢车刀或硬质合金车刀），45°端面车刀，75°车刀，游标卡尺（0～150mm）。

四、车削工艺分析

车削外圆的基本步骤如图 3-7 所示，即对刀→退刀→进刀→走刀。

1. 对刀

首先起动机床，使工件做旋转运动。移动床鞍和中滑板手柄使刀尖接触工件外圆，并在待加工右端表面划痕作为进刀深度的零点位置。

2. 退刀

当外圆零点位置确定后，迅速向右移动床鞍，使其离开工件约 2mm（中滑板手柄不动）。

3. 进刀

摇动中滑板手柄，车刀向前横向进给 1mm 车削外圆。

4. 走刀

通过试切削测量确定的背吃刀量，横向进给 $a_p=1$mm，两手慢慢匀速纵向移动。移动床鞍完成切削过程。

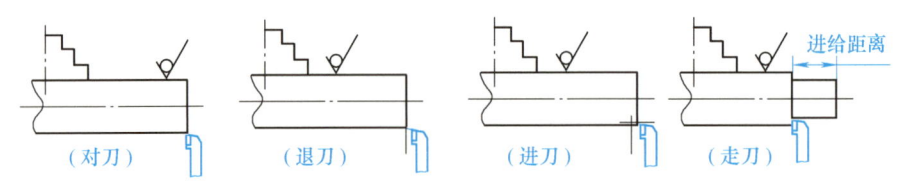

图 3-7　车削外圆基本步骤

五、车削工步及切削用量的选择

1) 用自定心卡盘装夹毛坯，伸出长度为110mm，选择转速 $n=235$r/min，$a_p=(1～1.5)$mm。切削时要求两手配合匀速进给且慢速行进。

2) 掉头装夹车好的外圆，找正车另一端外圆至图样要求并接刀，然后倒角 C2。

六、常见问题与解决方法

1. 容易出现的问题

1) 车削中经常出现外圆表面呈鱼鳞状硬皮的现象。
2) 工件表面硬化皮厚度达到 0.07～0.5mm，硬度可达工件硬度的 2 倍。

2. 解决方法

1) 可使用45°高速工具钢车刀，降低车刀转速，背吃刀量要求大于硬化层1mm，去除硬化层。注意不可用刀尖直接接触硬化层。还可采用硬质合金车刀（YT15）去除硬化层。
2) 降低转速，增大刀尖圆弧半径，改善散热条件。

【考核评价】

指导教师分组对学生手动车削的外圆进行考核评分（表3-3）和要点点评，如公称尺寸、表面粗糙度等，使学生对尺寸精度有一个直观的了解。进行分组讨论时，让学生对指导教师的点评进行分析，同时指出其他同学车削的光轴所出现的问题，并寻求解决的方法。此任务重点是学生要熟练地使用游标卡尺。

表 3-3　手动车削外圆检测评分表

序号	检测项目		分值	评分要求	测评结果	得分	备注
1	主要尺寸	(ϕ35±0.5)mm	30	超差扣5分			
2	总长、中心孔与表面质量	150mm	10	超差扣2分			
		A3.15（2处）	10	超差扣2分			
		Ra6.3μm	10	超差酌情扣分			
3	倒角	C2（2处）	10	超差不得分			
4	刀具、工件的安装	符合安全操作规程	10	超差不得分			
5	设备及工具、量具、刃具的使用与维护	工具、量具、刃具的合理使用与保养	5	不符合要求扣分			
		操作车床并能及时发现一般故障	5	不符合要求扣分			
6	安全文明生产	正确执行安全操作规程	5	不符合要求扣分			
		工作服穿戴正确	5	不符合要求扣分			
总分							

【知识技能拓展】

车削外圆时的常见问题及产生原因见表3-4。

表 3-4 车削外圆时的常见问题及产生原因

常见问题	产生原因
毛坯达不到尺寸要求	余量不够、毛坯弯曲、质量不合格,安装工件没有找正
尺寸精度不合格	未经试车削就盲目车削,测量不准,刀具磨损,机床本身存在误差
表面质量达不到要求	各种原因引起的振动,如工件、刀具伸出太长导致刚性不足;转动件不平衡;刀具主偏角较小、后角过小,后刀面和已加工表面产生摩擦;切削用量选择不当
产生锥度	用卡盘装夹工件时,工件伸出卡爪过长,床身导轨和主轴轴线不平行;用一夹一顶或两顶尖装夹时,后顶尖轴线和主轴轴线不重合,刀具磨损

任务三 机动车光轴

本任务的重点是帮助学生理解切削用量三要素,并能合理地选择切削用量三要素。对于刀具的使用和刃磨要求也较高。

一、任务图样

光轴工件图如图 3-8 所示。

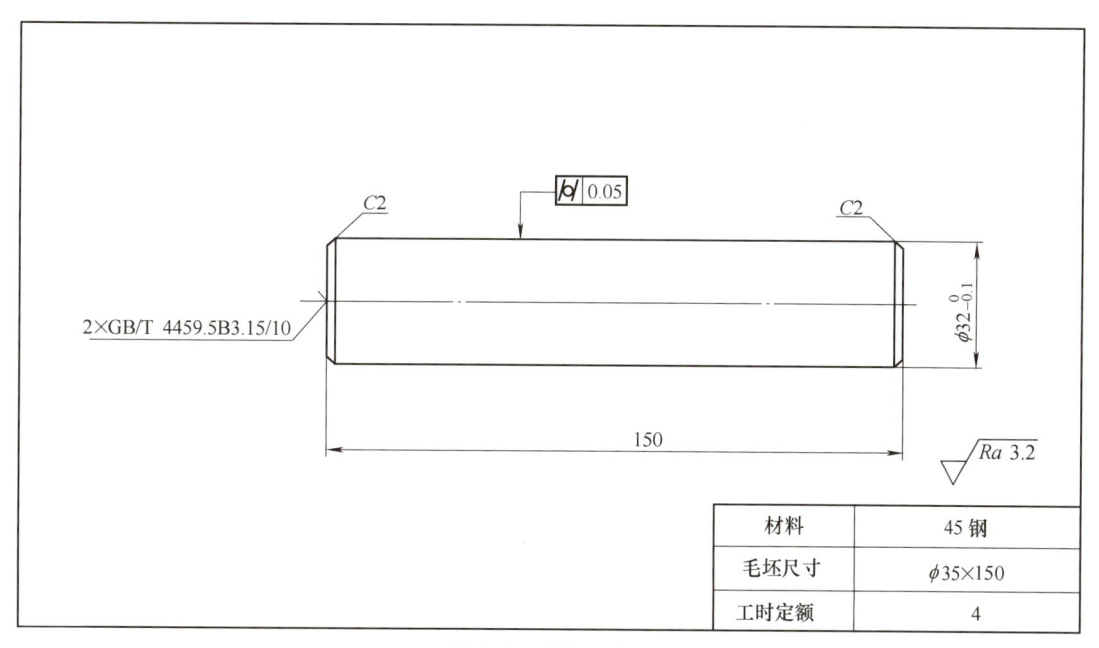

图 3-8 光轴工件图

材料	45 钢
毛坯尺寸	$\phi 35 \times 150$
工时定额	4

光轴尺寸:$\phi 32_{-0.1}^{0}$,长度 150,两端 C2 倒角,2×GB/T 4459.5 B3.15/10 中心孔,圆柱度 0.05,Ra 3.2。

二、图样分析

1) 光轴有圆柱度要求。
2) 机动车光轴要求学生采用自动进给进行车削,初学者应该采用低速进给进行车削。
3) 光轴外圆尺寸要求较严格,学生要学会正确使用千分尺对外圆直径进行测量。
4) 刀具的刃磨要求较高。

三、车削加工准备

1) 75°车刀、90°车刀、45°端面车刀。
2) 0~150mm 游标卡尺,25~50mm 千分尺,B3.15/10 中心钻。
3) 测量工件圆柱度,调整后尾座,精度控制在 0.05mm 以内。

23

四、车削工艺分析

1. 轴类零件车削的基本步骤

1）车削端面，如图 3-9 所示。
2）钻中心孔。
3）车削夹头。
4）一夹一顶车削外圆。
5）利用 75°车刀车削外圆和端面，如图 3-5 所示。

2. 中心孔的作用

1）车削轴类零件时起支承作用和定位基准作用。
2）作为下道工序如铣削、磨削等机械加工的定位基准。
3）作为质量评定的检验基准。

中心孔的质量要求如下：

① 中心孔的表面粗糙度值达 $Ra0.8\mu m$（先高速、后低速、再点动）。
② 高精度工件的中心孔需研磨。
③ 中心孔锥面不能有棱，圆度不可超差。
④ 精度要求较高、有下道磨削工序的必须用 B 型中心钻。

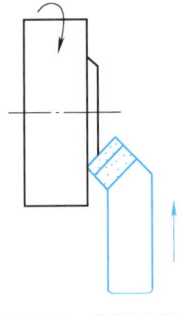

图 3-9 车削端面

3. 钻削和转速的选择

由于中心孔直径小，钻削时应取较高的转速，进给量应小而均匀，切勿用力过猛。当中心钻钻入工件后，应及时加切削液冷却润滑。钻削完毕时，中心钻在孔中应稍作停留，然后退出，以修光中心孔，提高中心孔的形状精度和表面质量。

4. 钻中心孔注意事项

1）中心钻的轴线必须与工件旋转中心一致。
2）工件端面必须车平，不允许留有凸台，以免钻中心孔时中心钻折断。
3）及时注意中心钻的磨损状况，磨损后不能强行钻入工件，避免中心钻折断。
4）及时进退刀具，以便排除切屑，并及时注入切削液。

5. 粗车和精车

车削工件一般分为粗车和精车两个阶段。

粗车的目的是切除加工表面的绝大部分加工余量。粗车时，对加工表面质量要求低于精车，只需留有一定的半精车余量（1～2mm）和精车余量（0.1～0.5mm）即可。粗车的另一个作用是及时发现毛坯材料内部的缺陷，如夹渣、砂眼、裂纹等，也能消除毛坯工件内部的残余应力和防止热变形。

精车是车削的最后一道加工工序，加工余量较小，主要考虑的是保证加工精度和加工表面质量。

五、车削工步及切削用量的选择（表 3-5）

表 3-5 光轴车削工步和切削用量的选择

工步	工步内容	工步图示	切削用量的选择
1	工件伸出 100mm： 1）车端面 2）钻中心孔 3）车夹头		车端面、夹头： $n=560～700r/min$ $f=0.11～0.22mm/r$ $a_p=1mm$ 钻中心孔，$n=700～800r/min$

(续)

工步	工步内容	工步图示	切削用量的选择
2	工件伸出100mm： 1）掉头车总长 2）钻中心孔		车总长： $n = 560 \sim 700 \text{r/min}$ $f = 0.11 \sim 0.22 \text{mm/r}$ $a_p = 1 \text{mm}$
3	粗车外圆		一夹一顶： $n = 560 \sim 700 \text{r/min}$ $f = 0.11 \sim 0.22 \text{mm/r}$ $a_p = 1.5 \text{mm}$
4	精车外圆达到图样要求		选用高速工具钢车刀： $n = 90 \text{r/min}$ $f = 0.2 \text{mm/r}$ $a_p = 0.1 \sim 0.3 \text{mm}$

六、常见问题及解决方法

1. 车削光轴常出现的问题及产生原因

1）在测量中发现很多工件呈现有规律的 0.5mm 误差，其数值等于千分尺微分筒的一圈。
2）产生问题的原因。粗车外圆时使用量具不当，即使用千分尺进行粗车测量。

2. 解决方法

1）粗车外圆时留精车余量小于 0.5mm，粗车后测量必须使用游标卡尺，禁止使用千分尺进行测量。
2）精车时使用千分尺测量。
3）精车外圆时尽量使用切削液。
4）一夹一顶车削时，后顶尖要松紧适度，不要过紧也不要过松。
5）用千分尺检测要读准数值，避免因千分尺的误差造成读数较大或较小。

【考核评价】

指导教师分别对学生所做的工件进行考核评分（表3-6），并进行简要的点评。本任务的重点是学生要熟练地使用千分尺，了解车削的基本工艺知识有粗车、精车的概念。

表3-6 光轴检测评分表

序号	检测项目		分值	评分要求	测评结果	得分	备注
1	主要尺寸	$\phi 32_{-0.1}^{0}$ mm	40	超差扣5分			
2	总长、中心孔与表面质量	150mm	16	超差扣2分			
		2×B3.15/10	10	超差扣2分			
		$Ra3.2\mu\text{m}$	10	超差酌情扣分			
3	几何公差	⌀ 0.05	4	超差不得分			
4	设备及工具、量具、刃具的使用与维护	工具、量具、刃具的合理使用与保养	5	不符合要求扣分			
		操作车床并能及时发现一般故障	5	不符合要求扣分			
5	安全文明生产	正确执行安全操作规程	5	不符合要求扣分			
		工作服穿戴正确	5	不符合要求扣分			
	总分						

【知识技能拓展】

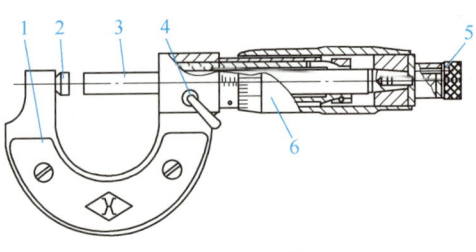

千分尺是生产中常用的一种精密量具，其分度值为 0.01mm。千分尺的种类很多，按用途可分为外径千分尺、内径千分尺、深度千分尺、内测千分尺、螺纹千分尺、壁厚千分尺等。

1. 千分尺的结构

千分尺如图 3-10 所示。

图 3-10 千分尺

1—尺架 2—固定量杆 3—测微螺杆
4—锁紧装置 5—测力装置 6—微分筒

2. 千分尺的读数方法

千分尺以测微螺杆的运动对零件进行测量，螺杆的螺距为 0.5mm，当微分筒转一周时，螺杆移动 0.5mm；固定套筒的标尺间隔为 0.5mm，微分筒斜圆锥面周围共有 50 格，当微分筒转一格时，测微螺杆就移动 0.5mm/50=0.01mm。

3. 测量示例及读数步骤（图 3-11）

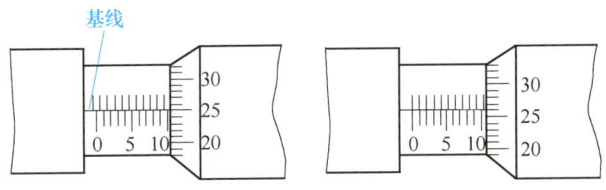

1）读出微分筒左面固定套筒上露出的标尺标记整数及半毫米值。

2）找出微分筒上哪条标尺标记与固定套筒上的轴向基准线对准，读出尺寸的毫米小数值。

3）把固定套筒上读出的毫米整数值与微分筒上读出的毫米小数值相加，即为测得的实际尺寸。

4）用千分尺测量工件尺寸之前，应检查千分尺的"零位"，即检查微分筒上的零线和固定套筒上的零线基准是否对齐（图 3-12），测量中要考虑到零位不准的示值误差，并加以校正。

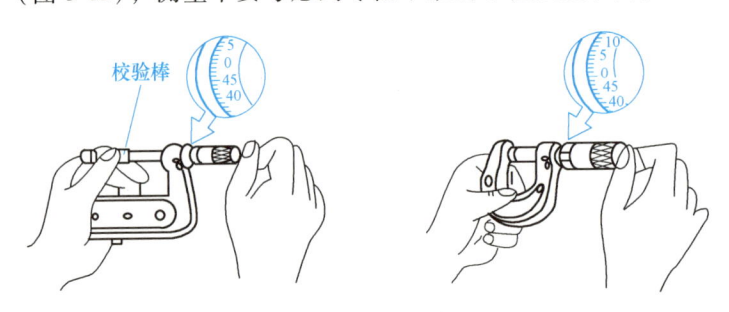

10mm+0.25mm=10.25mm   10.5mm+0.26mm=10.76mm

图 3-11 千分尺读数

图 3-12 校验千分尺

4. 千分尺的测量方法（图 3-13）

用千分尺测量工件时，可单手握、双手握千分尺或将千分尺固定在尺架上，测量误差可控制在 0.01mm 之内。

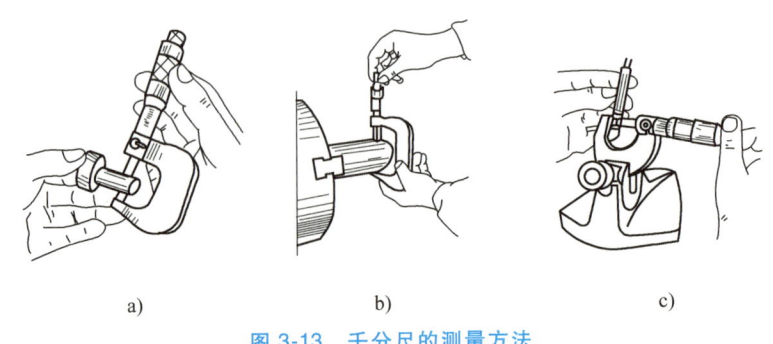

图 3-13 千分尺的测量方法

a）单手握 b）双手握 c）固定在尺架上

任务四　车台阶轴

轴类零件是机器中常见的部件之一，它由短轴、台阶轴、长轴等构成，台阶轴具有轴类零件的典型特征。

台阶轴实际上是外圆和平面的组合，本任务主要是控制各台阶的长度，同时应保证台阶平面与轴线垂直，并保证各圆柱台阶的同轴度、各台阶端面的平面度要求以及各台阶处根部要清根等。

一、任务图样

台阶轴工件图如图 3-14 所示。

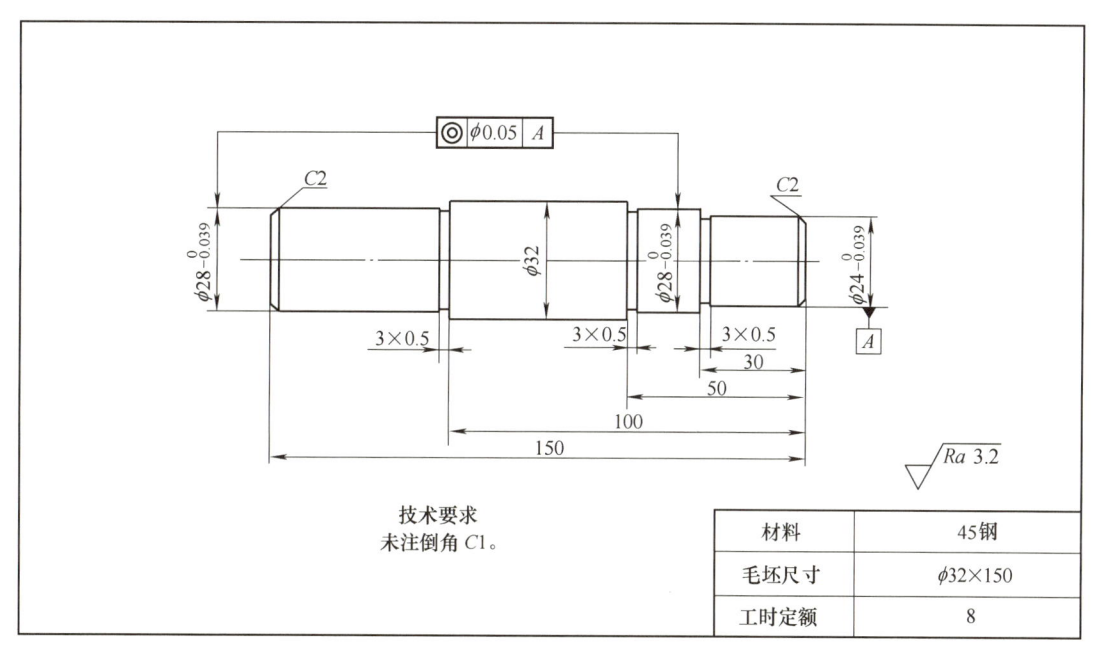

图 3-14　台阶轴工件图

二、图样分析

1) 台阶轴有 4 个外圆、3 个台阶、5 个端面和沟槽。
2) 两端外圆小于中间轴直径，形成两端台阶。
3) 有多处几何公差和精度要求，需要工艺保证。
4) 难点是两端同轴度必须在装夹中给予工艺保证。

三、车削加工准备

1) $\phi 32mm \times 150mm$ 的光轴坯料。
2) 中心钻 A3，0~150mm 的游标卡尺，25~50mm 的千分尺。
3) 刀具：90°外圆车刀和 45°车刀，可使用硬质合金车刀和高速工具钢车刀。选择 90°外圆车刀车外圆，用 45°车刀车端面、倒角。

四、车削工艺分析

1. 轴类零件加工的基本原则

台阶轴由外圆、台阶、端面、中心孔等要素组合而成，通常它的加工分为粗车和精车，而且粗车、精车所选择的切削用量有区别。

1) 工件应分三次装夹完成。先粗车轴的一端，然后粗车、精车轴的另一端，最后精车另一端，其目的是避免因切削力过大造成工件变形。

2) 车削台阶轴首先要确定先车削工件的哪一端，一般先车削直径较大的一端，以保证轴在加工中有足够的强度。

3) 如果轴两端有较小的轴颈，一般要放到最后加工，以保证工件的刚性。

4) 在车削台阶轴过程中测量每一处台阶长度时，测量基准应与设计基准重合，必须以基准为测量的起点，否则将使累积误差过大而造成零件报废。

5) 用一夹一顶的方式车削台阶轴是轴类零件加工的基本特征：一夹是指自定心卡盘夹持的部位是夹头部分；一顶是指尾座回转顶尖顶另一端中心孔。

此种装夹确保了轴两端的同轴度。

6) 轴类零件加工的定位基准通常选用中心孔。中心孔的特性如下：

① 工艺性能好、精度高。

② 通用性能良好。

③ 在车削轴类零件特别是长轴工件时是不可替代的工艺保证。

2. 刀具安装

车刀在刀架上伸出部分应最大限度地保证其刚性，一般刀体伸出长度是其厚度的 1~1.5 倍。

车刀刀尖应与工件中心等高，方法有以下几种：

1) 用钢直尺测量（根据机床技术规格）。

2) 根据尾座顶尖高度测量（刀尖高度与尾座顶尖高度相同）。

3) 目测车刀高低程度，再通过车削端面调整车刀。

3. 工件安装

用自定心卡盘安装工件时，必须考虑因卡盘长期使用自动磨损而导致精度的自然损耗，卡盘已失去应有精度的现实，所以必须找正工件。

一般粗车可目测或用划针找正。

4. 台阶长度的控制

1) 采用刻线痕法。为了确定台阶的位置，先用内卡钳、钢直尺或样板量出台阶的长度尺寸，再用车刀刀尖在台阶的位置处车出一条痕迹，如图 3-15 所示。

2) 用床鞍大刻度盘配合刀架刻度盘控制台阶长度。

3) 用挡铁控制台阶长度。

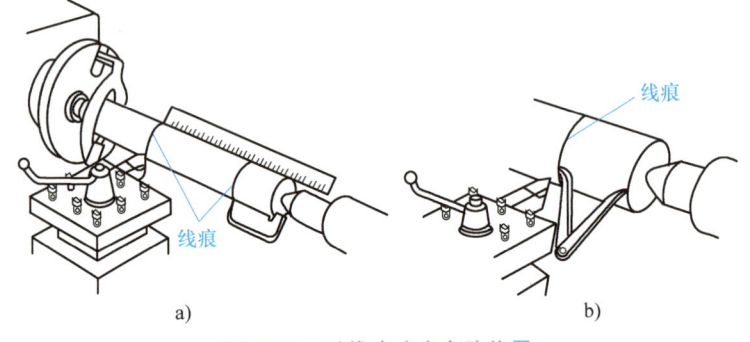

图 3-15 以线痕确定台阶位置
a) 用钢直尺或样板测量 b) 用内卡钳测量

五、车削工步及切削用量的选择（表 3-7）

表 3-7 台阶轴车削工步及切削用量的选择

工步	工步内容	工步图示	切削用量的选择
1	粗车一端两台阶，各留 0.5mm 精车余量	$\phi 32$，$\phi 28.5$，$\phi 24.5$	车台阶： $n = 560 \sim 700$ r/min $f = 0.22 \sim 0.4$ mm/r $a_p = 2 \sim 4$ mm 切削速度 v_c 一般取 $75 \sim 100$ m/min

(续)

工步	工步内容	工步图示	切削用量的选择
2	掉头粗车另一端台阶,留0.5mm精车余量	φ28.5	车台阶: $n = 560 \sim 700$r/min $f = 0.22 \sim 0.4$mm/r $a_p = 2$mm
3	切退刀槽		切槽: $n = 700 \sim 800$r/min,硬质合金车刀(YT15)
4	切槽,倒角至图样要求		切槽: $n = 700 \sim 800$r/min,硬质合金车刀(YT15) 倒角: $n = 700 \sim 800$r/min(45°车刀)
5	两顶尖装夹精车各外圆		精车台阶: $n = 90 \sim 130$r/min $f = 0.22$mm/r $a_p = 0.1 \sim 0.3$mm(高速工具钢车刀)

六、常见问题及解决方法

轴类零件机械加工工艺需考虑如下因素:
1) 选好定位基准。中心孔是轴类零件切削加工时最常用的定位基准。
2) 作为主要精基准的中心孔必须有足够高的精度和足够强的支承能力,对中心孔的主要要求如下:
① 中心孔结构尺寸应与两端轴颈尺寸相适应,并且锥角应准确。
② 中心孔应钻在毛坯的轴线上,以保证各个外圆的加工余量均匀。
③ 两端中心孔应钻在同一轴线上,以避免中心孔与顶尖接触不良而造成变形和磨损。
④ 成批生产时,同一批毛坯两端中心孔的轴向距离应保持一致。
⑤ 加工过程中应始终保持工件表面洁净。

【考核评价】

由指导教师对学生完成的台阶轴工件进行评分(表3-8)和点评,对车削中所出现的问题进行分析,并提出可靠的解决方法。

表3-8 台阶轴工件检测评分表

序号	检测项目		分值	评分要求	测评结果	得分	备注
1	外圆尺寸	φ32mm	5	超差扣2分			
		$\phi 28_{-0.039}^{0}$mm(2处)	16	超差0.01mm扣2分			
		$\phi 24_{-0.039}^{0}$mm	8	超差0.01mm扣2分			
2	槽	3mm×0.5mm(3处)	9	超差酌情扣分			
3	总长、中心孔与表面质量	150mm	5	超差扣2分			
		100mm	5	超差扣2分			
		50mm	5	超差扣2分			
		30mm	5	超差扣2分			
		2×A3.15	4	超差扣2分			
		$Ra3.2\mu m$	12	超差酌情扣分			

(续)

序号	检测项目		分值	评分要求	测评结果	得分	备注
4	几何公差	◎ φ0.05 A	6	超差不得分			
5	倒角	C2	2	超差扣分			
6	设备及工具、量具、刃具的使用与维护	工具、量具、刃具的合理使用与保养	3	不符合要求扣分			
		操作车床并及时发现一般故障	3	不符合要求扣分			
		车床的润滑	3	不符合要求扣分			
		车床的保养工作	3	不符合要求扣分			
7	安全文明生产	正确执行安全操作规程	3	不符合要求扣分			
		工作服穿戴正确	3	不符合要求扣分			
	总分						

【知识技能拓展】

车台阶轴时产生废品的原因和预防方法见表 3-9。

表 3-9 车台阶轴时产生废品的原因和预防方法

废品种类	产生原因	预防方法
台阶不垂直	较低的台阶不垂直是由于车刀装得歪斜，使主切削刃与工件轴线不垂直所致	装刀时必须使车刀的主切削刃垂直于工件的轴线，车台阶时最后一刀应从里向外车出
	较高的台阶不垂直的原因与端面凸凹的原因一样	1) 调整车刀中心高至轴线高度 2) 减小背吃刀量，选取较小的进给量
台阶的长度不正确	粗心大意，看错尺寸或事先没有根据图样尺寸进行测量	树立质量第一的思想，看清图样尺寸，正确测量工件
	自动进给功能没有及时关闭，使车刀进给的长度超过应有的尺寸	注意及时关闭或提前关闭自动进给，再手动进给车削到所需尺寸

拉杆车削如图 3-16 所示。

拉杆加工简要工艺如下：

1) 用自定心卡盘装夹毛坯，车端面、钻中心孔。

2) 掉头车外圆夹头至 φ24.5mm。

3) 一夹一顶车外圆至 φ20mm、φ16mm，保证精车余量 0.5mm。

4) 按图样尺寸要求切槽。

5) 精车外圆 φ20mm、φ16mm 至图样要求，车削外圆至 φ24mm，最后车削总长。

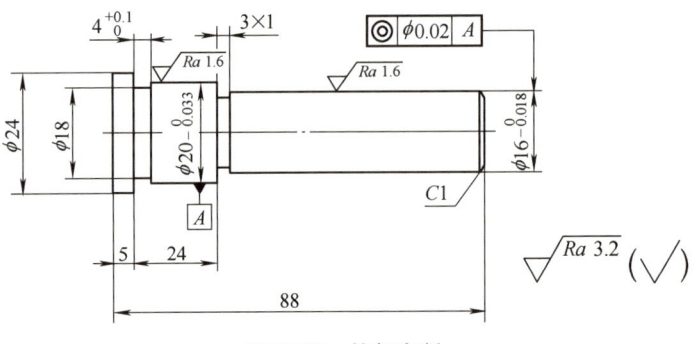

图 3-16 拉杆车削

任务五　车花键轴

和台阶轴类似花键轴也是轴类工件的典型代表，是外圆柱面和平面等特征的组合，本任务主要是控制各台阶的长度，同时应保证台阶平面与轴线垂直，并保证各个圆柱台阶的同轴度、各台阶端面的平面度要求及各台阶处根部清根等。

一、任务图样

花键轴工件图如图 3-17 所示（因本书主要讲解车削加工，在本任务中主要讲解花键轴车工工序的内容）。

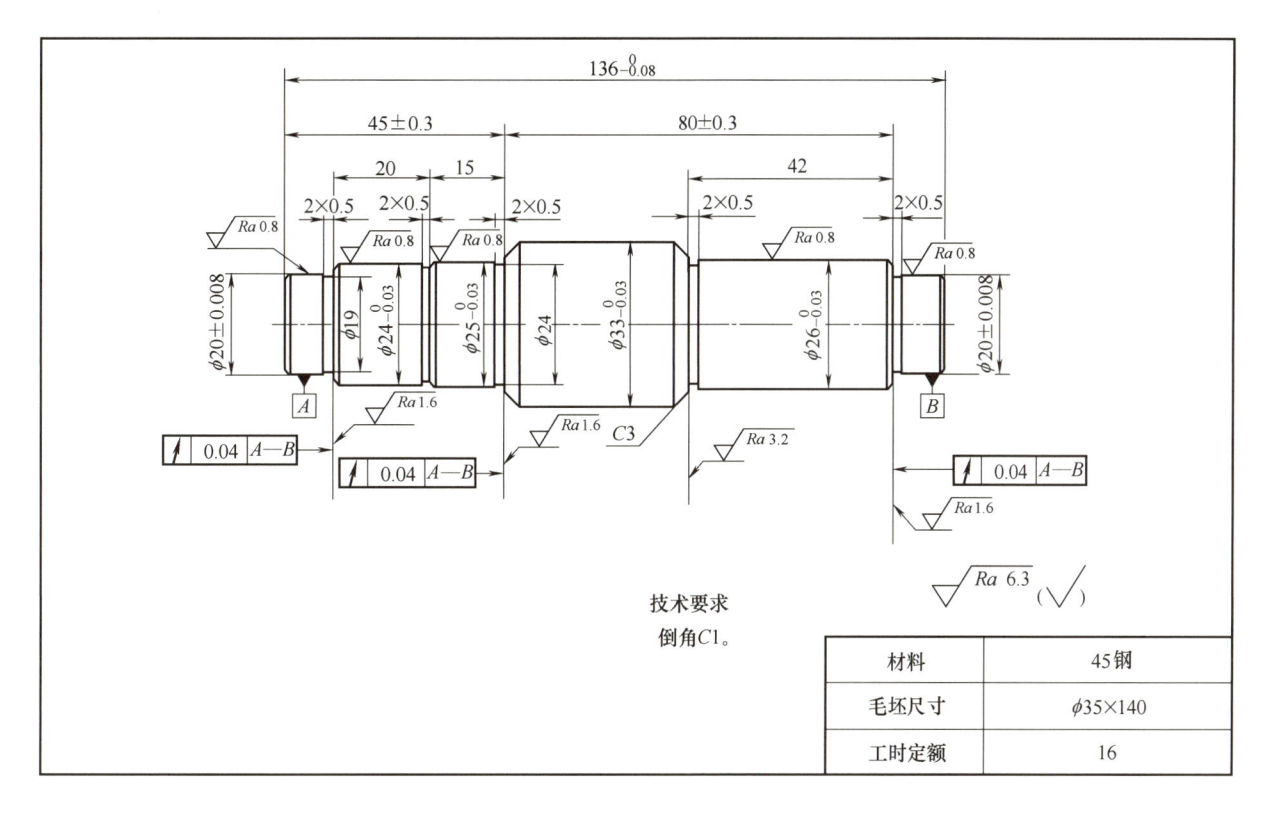

图 3-17 花键轴工件图

二、图样分析

1）花键轴形状简单，精度等级较高。
2）图样中有 6 处台阶面、5 处直槽，位置精度要求较高。
3）主要技术要求是位置精度，其次是尺寸精度。
4）考虑切削力和切削热造成的工件变形，车削可分为两个阶段进行，即粗加工和精加工。

三、车削加工准备

1）φ35mm×140mm 的光轴坯料。
2）中心钻（A3），0~150mm 的游标卡尺、25~50mm 的千分尺，0~25mm 的千分尺。
3）刀具：90°偏刀，45°端面车刀，切断刀，鸡心夹头，90°精车刀。

四、车削工艺分析

1. 车削基准的确定与分析

车削花键轴的首要任务是确定加工基准，这样才能为制订工艺路线提供正确的方向和思路。
1）基准的概念。基准是用来确定生产对象上几何关系所依据的点、线和面。
2）基准选择的原则。
① 各表面之间相互位置精度的稳定性和可靠性。
② 基准重合的原则。
③ 装卸方便快捷的原则。
④ 基准统一的原则。
⑤ 基准不重合时误差最小的原则。

⑥ 辅助基准要安全与降低工艺成本的原则。

3) 工件加工基准的确定。

① 轴线是轴各回转表面的设计基准，根据基准重合的原则，轴线应首先作为加工基准。同时，中心孔的轴线与设计轴线重合。

② 毛坯在加工时切削余量大、切削力大。为了提高工件的工艺刚性，常采用轴的外圆表面和中心孔共同作为基准，称为双基准，即"一夹一顶"。

③ 轴类工件的加工一般分为粗车和精车两个阶段。

④ 粗加工基准选择中心孔和夹头的外圆表面，如图 3-18 所示。

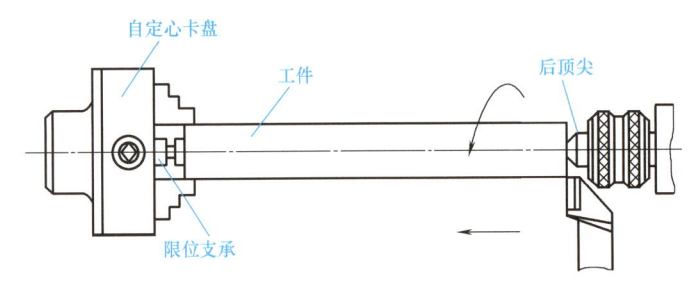

图 3-18 粗加工基准的选择

⑤ 精加工基准选择中心孔，即精车时选择两顶尖装夹加工，如图 3-19 所示。

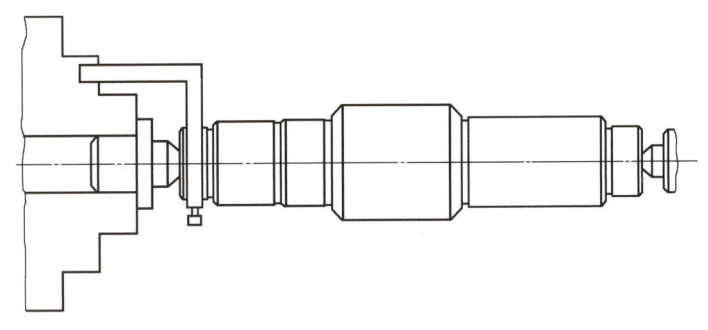

图 3-19 精加工基准的选择

2. 工艺分析

工艺制订的一般原则如下：

① 提高生产率。
② 降低成本。
③ 利于良好的生产条件及避免环境污染。
④ 保证技术的先进性和生产质量，实现工件报废率低。

五、车削工步及切削用量的选择（表 3-10）

表 3-10 花键轴车削工步及切削用量的选择

工步	工步内容	工步图示	切削用量的选择
1	1）车端面 2）钻中心孔		车端面 $n = 560 \sim 700 r/min$ 钻中心孔 $n = 700 \sim 800 r/min$

（续）

工步	工步内容	工步图示	切削用量的选择
2	1）掉头车总长、车夹头 2）钻中心孔		车总长、夹头 $n = 560 \sim 700 \text{r/min}$ $f = 0.4 \text{mm/r}$ $a_p = 1 \text{mm}$
3	一夹一顶车各外圆		一夹一顶 $n = 500 \sim 600 \text{r/min}$ $f = 0.3 \sim 0.4 \text{mm/r}$ $a_p = 1.5 \sim 3 \text{mm}$
4	掉头车另一端外圆各台阶，保证长度（80 ± 0.3）mm		$n = 500 \sim 600 \text{r/min}$ $f = 0.3 \sim 0.4 \text{mm/r}$ $a_p = 1.5 \sim 3 \text{mm}$
5	切槽，先车（45 ± 0.3）mm一端各槽，然后掉头定位车另一端各槽		$n = 500 \sim 600 \text{r/min}$
6	两顶尖装夹精车各外圆至图样尺寸		$n = 90 \text{r/min}$ $f = 0.2 \text{mm/r}$ $a_p = 0.1 \sim 0.3 \text{mm}$ （高速工具钢车刀）

六、要点提示

1）在加工过程中要选择合适的加工工艺，粗、精车应分开。
2）选择合适的切削用量。

【考核评价】

由指导教师对学生完成的花键轴工件进行评分（表3-11）和点评。重点是学生要熟练地使用千分尺，了解车削的基本工艺知识，掌握粗、精车分开的原则。

表 3-11 花键轴检测评分表

序号	检测项目	分值	评分要求	测评结果	得分	备注
1	外圆尺寸	$\phi 33_{-0.03}^{0}$ mm	8	超差 0.01mm 扣 2 分			
2		$\phi 25_{-0.03}^{0}$ mm	8	超差 0.01mm 扣 2 分			
3		$\phi 26_{-0.01}^{0}$ mm	8	超差 0.01mm 扣 2 分			
4		$\phi 24_{-0.03}^{0}$ mm	8	超差 0.01mm 扣 2 分			
5		$\phi(20\pm 0.008)$ mm（2 处）	12	超差 0.01mm 扣 2 分			
6	槽	2mm×0.5mm（5 处）	12	超差 0.02mm 扣 2 分			
7	长度	$136_{-0.08}^{0}$ mm	6	超差 0.01mm 扣 2 分			
8		(45 ± 0.3) mm	4	超差 0.02mm 扣 2 分			
9		(80 ± 0.3) mm	4	超差 0.02mm 扣 2 分			
10		20mm	4	超差 0.02mm 扣 2 分			
11		15mm	6	超差 0.02mm 扣 2 分			
12		42mm	6	超差 0.02mm 扣 2 分			
13	几何公差	⌀ 0.04 A—B	8	超差 0.02mm 扣 2 分			
14	安全文明生产	正确执行安全操作规程	3	不符合要求扣分			
		工作服穿戴正确	3	不符合要求扣分			
	总分						

【知识技能拓展】

车削如图 3-20 所示花键轴。

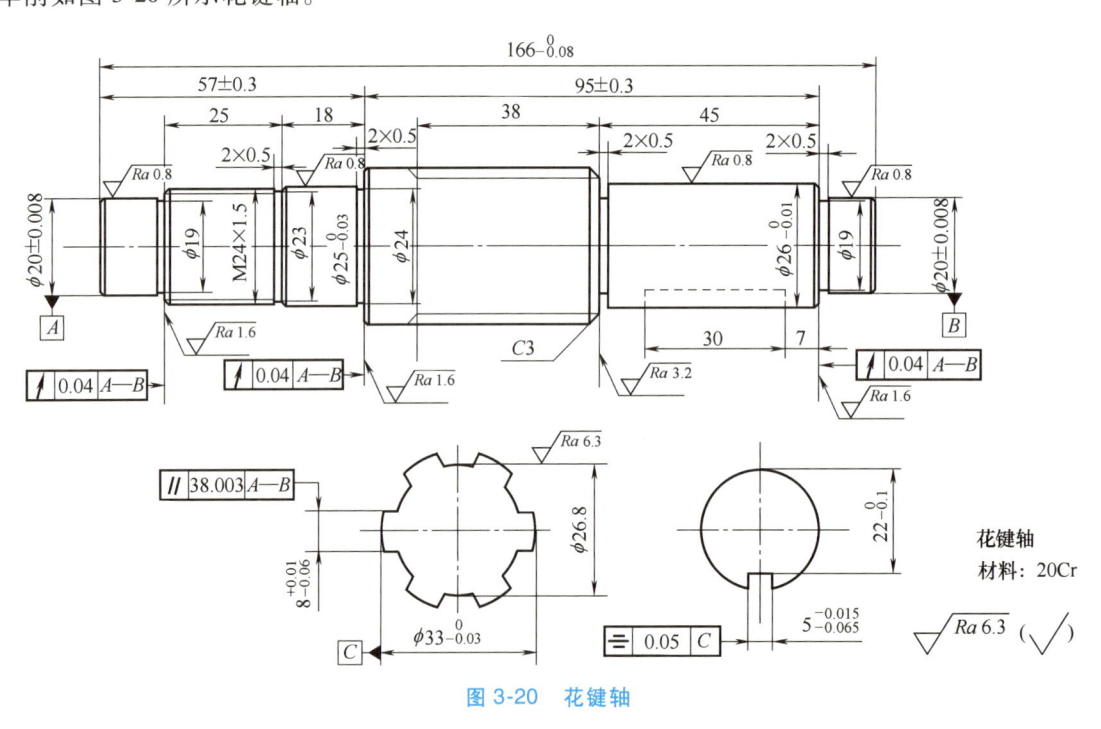

图 3-20 花键轴

材料：20Cr

任务六 车细长轴

在企业机械产品的加工中，对于技术难度较大工件的加工，流传着一个生动的顺口溜，即"钳工怕眼，铣工怕板，车工怕杆"。眼，指的是深孔；板，指的是薄板；杆，指的是细长轴。

一、任务图样

细长轴工件图如图 3-21 所示。

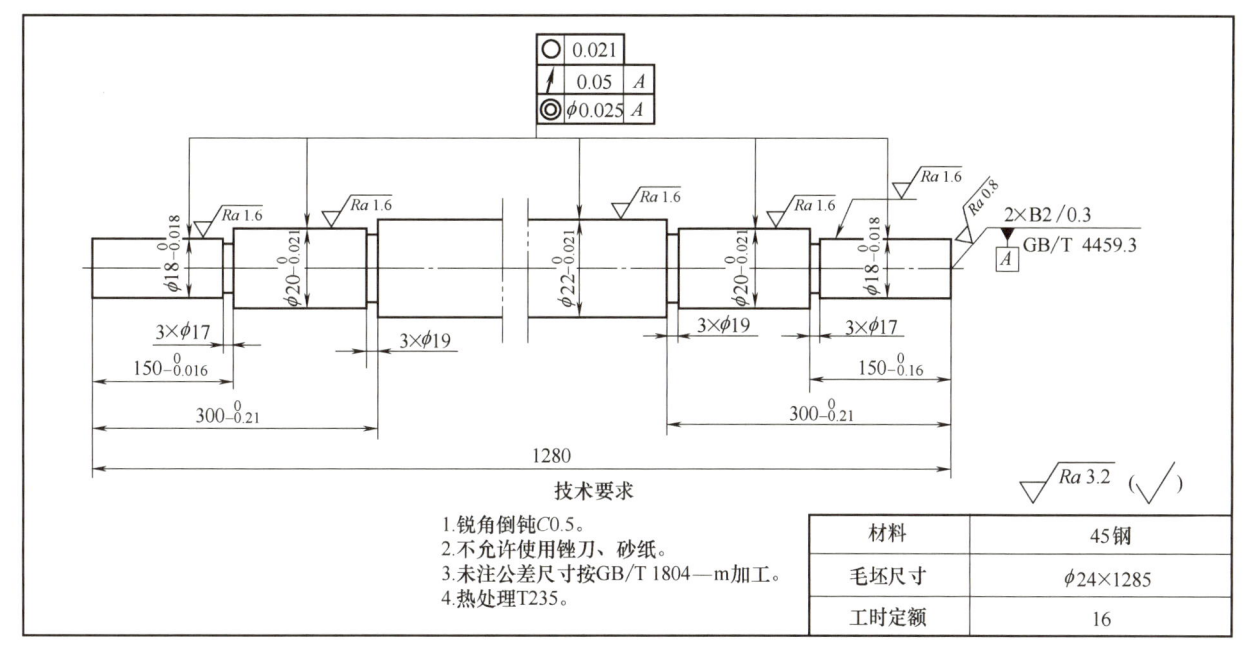

图 3-21 细长轴工件

二、图样分析

1. 细长轴的概念

细长轴是指工件的长度 L 与直径 d 之比大于 25 的轴类工件，细长轴具有结构简单、刚性差、加工困难、精度不易保证等特点。

2. 车削细长轴工件时应掌握的知识

1）掌握工件的精度要求、结构特点。
2）掌握车削过程中的安全要点和装夹方法。
3）掌握刀具的选用和切削用量的合理选择。
4）掌握车削方法和加工工步。
5）掌握车削过程中切削力、切削热的变化。

3. 车削细长轴工件的安全提示

1）细长轴的车削首先要考虑的是转速合理。如果转速选择得过高，可能会造成毁车伤人等严重后果。
2）细长轴工件在车床上完成装夹后，应从低速开始试运行。
3）严禁高速操作车床。
4）工件加工前必须校直。
5）车削长径比超过 40 的细长轴时，以反走刀为宜。
6）细长轴工件长度超出车头的部分必须有明确的标记和支承装置。

4. 车削细长轴的重要工序提示

1）细长轴工件必须进行热处理，以获得良好的切削性能。
2）车削前必须对细长轴工件进行校直处理，校直的方法有两种，即热校直和冷校直，一般选用热校直。
3）工件的装夹最好采用人工方式，尽可能少用天车。

5. 细长轴的装夹方法

车削细长轴时有多种装夹方法，企业生产实践中多采用一夹一顶的方法，即一端采用环形凸带或用自定心卡盘直接夹紧，另一端可采用尾座顶尖支承。

6. 车削细长轴时的物理现象

1）细长轴工件在车削过程中会出现一系列物理现象，包括挤压、剪切、变形、分离等。同时，还会产生切削力和切削热。认识和掌握发生变化的规律是研究和制订工艺规则、保证质量、减少塑性变形的重要前提。

2）车削中的热变形是细长轴工件车削的主要特征。切削温度的升高使细长轴受热后轴向膨胀，长度自然增加。当细长轴在轴向上的变形受到限制时，必然会导致弯曲加剧，工件产生受力变形。这两种物理现象会导致废品的产生。

7. 刀具与切削用量的选择

1）由于细长轴工件的刚性较差，刀具的几何角度会严重影响车削效果。为此，刀具的正前角一般选择在10°以内，以保证切屑的流出方向。

2）细长轴工件的车削，其切屑的最佳形状呈螺旋杆状，带状切屑易造成缠刀，马蹄形切屑易造成振动而产生"麻花"现象等。

3）刀具磨成5°~30°的正前角以加大切屑力，减少切屑热的产生。

4）为避免细长轴工件车削中大量产生热量，除必须进行充分的冷却、润滑外，还必须选择合理的进给速度，一般选择 $f=0.1~0.3$ mm/r。

三、车削加工准备

1）ϕ22mm×1285mm 光轴坯料。

2）0~150mm 的游标卡尺、0~25mm 的千分尺。

3）中心钻（B2）、硬质合金（YT15）车刀、切断刀。

四、车削工艺分析

1）热处理：正火；热校直，全长弯曲度在1mm 之内；钻中心孔 A3。

2）一夹一顶粗车外圆至 ϕ20.5mm，$n=200$ r/min，$f=0.1~0.3$ mm/r。

3）掉头，一夹一顶用反偏刀粗车另一端外圆，$n=200$ r/min，$f=0.1~0.3$ mm/r。

4）一夹一顶车两端300mm 台阶，留余量 0.5mm。

5）钳工校直，弯曲度控制在 0.5mm 以内。

6）卸下后尾座，装好中心架，粗车外圆 ϕ20mm，$n=25$ r/min，$f=1$ mm/r，然后精车。

7）用单动卡盘装夹 ϕ20mm 外圆并校直，径向跳动量控制在 0.02mm 以内，精车两端台阶部分。

五、要点提示

1）防止工件的弯曲、控制切削热和切削力是细长轴工件车削中最重要的环节。

2）消除热变形可采用在加工过程中适当地放松后顶尖的方法。

① 在细长轴工件的车削中，为预防工件轴向伸长，须将顶紧工件的回转顶尖的尾座套筒锁紧，松紧程度要适中，达到轻轻转动手轮套筒即可自由移动的程度。

② 车削细长轴工件时，尾座手柄手轮以停在两点钟位置为好。

③ 细长轴工件热胀伸长时，沿顺时针方向转动尾座手柄轻轻移动套筒，移动距离以拇指、食指在回转顶尖转动部位、指力可使活顶尖停转为好。

【考核评价】

由指导教师对学生完成的细长轴工件进行评分（表3-12）和点评。重点是学生要熟练地使用千分尺，了解车削的基本工艺知识，掌握粗、精车分开的原则。

表 3-12 细长轴检测评分表

序号	检测项目	检测项目	分值	评分要求	测评结果	得分	备注
1	外圆尺寸	$\phi22_{-0.021}^{0}$mm	5	超差 0.01mm 扣 2 分			
2		$\phi20_{-0.021}^{0}$mm（2 处）	8	超差 0.01mm 扣 2 分			
3		$\phi18_{-0.018}^{0}$mm（2 处）	8	超差 0.01mm 扣 2 分			
4		3mm×ϕ17mm（2 处）	8	超差 0.02mm 扣 2 分			
5		3mm×ϕ19mm（2 处）	8	超差 0.02mm 扣 2 分			
6	总长、中心孔与表面质量	1280mm	6	超差 0.02mm 扣 2 分			
7		$150_{-0.16}^{0}$mm（2 处）	8	超差 0.01mm 扣 2 分			
8		$300_{-0.21}^{0}$mm（2 处）	8	超差 0.02mm 扣 2 分			
9		2×GB/T 4459.5—B2/6.3	6	超差不得分			
10		Ra1.6μm、Ra3.2μm、Ra0.8μm	8	超差酌情扣分			
11	倒角	C0.5	6	超差不得分			
12	几何公差	○ 0.021 / ⌀ 0.05 A / ◎ ϕ0.025 A	15	超差 0.02mm 扣 2 分			
13	安全文明生产	正确执行安全操作规程	3	不符合要求扣分			
		工作服穿戴正确	3	不符合要求扣分			
	总分						

【练习题】

1）车削端面时的背吃刀量和切削速度与车削车外圆时有什么不同？
2）机动车削光轴时，如何合理选用切削用量？
3）车削台阶轴时，产生废品的常见原因有哪些？应如何预防？
4）车削轴类零件时，一般有哪几种装夹方法？各有什么特点？
5）钻中心孔时，怎样防止中心钻折断？
6）测量轴类零件的量具有哪几种？如何正确使用这些量具？
7）什么是粗车？什么是精车？二者有何区别？如何选择？
8）轴类零件加工的主要工艺问题有哪些？
9）轴类零件加工的基本原则是什么？
10）中心孔的作用有哪些？
11）加工图 3-22 所示零件。

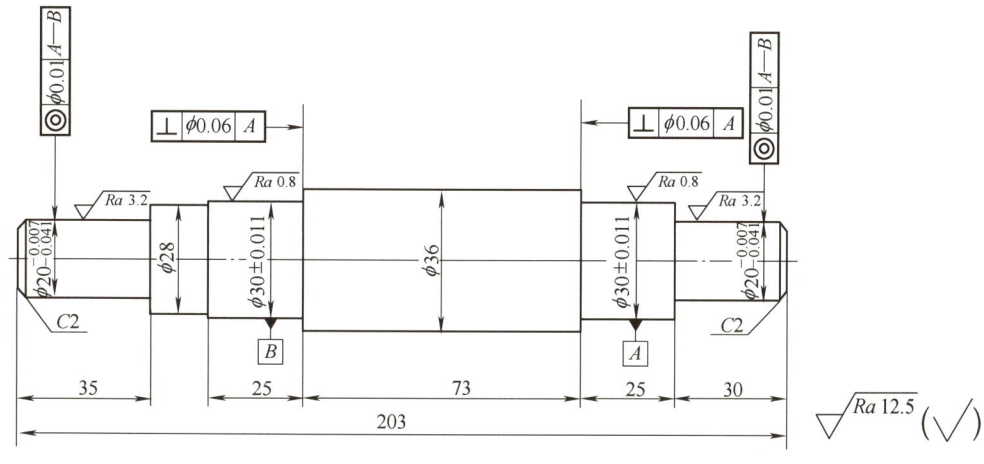

图 3-22 台阶轴

模块四

套类零件车削

【教学目标】

序号	教学目标	具 体 内 容
1	素养目标	1）培养学生分析问题、解决问题的能力 2）培养学生勤实践、多动手、爱动脑的好习惯 3）培养学生的团队协作能力，能团结互助完成教学任务
2	知识目标	1）学会合理选用切削用量 2）熟悉内、外圆柱面及V形槽车削的相关知识
3	技能目标	1）严格遵守安全文明操作规程 2）能够熟练地车削导套模柄、台阶孔和V带轮 3）钻头的刃磨及扩孔和铰孔 4）合理选用切削用量

【任务要求】

1）注重集体协作，严格按照指导教师的安排进行工件的车削。
2）以小组为单位，分组进行工件车削。

【任务实施】

以任务驱动法和基于工作过程导向贯穿整个模块的教学过程，在任务实施过程中灵活运用讲授、提问、讨论、演示、巡回指导等教学方法。

【任务耗材】

导套坯料尺寸：$\phi 20mm \times 250mm$。
台阶孔坯料尺寸：$\phi 40mm \times 62mm$。
V带轮坯料尺寸：$\phi 55mm \times 58mm$。
薄壁套坯料尺寸：$\phi 55mm \times 55mm$。
齿轮套坯料尺寸：$\phi 125mm \times 55mm$。
深孔锥齿轮套坯料尺寸：$\phi 50mm \times 117mm$。

【工时安排】

任 务	内 容	工时安排	任 务	内 容	工时安排
一	车导套	6	四	车薄壁套	20
二	车台阶孔	8	五	车齿轮套	20
三	车V带轮	18	六	车深孔锥齿轮套	24

任务一　车　导　套

导套是模具配件，与导柱配合使用，起导向的作用，导套和导柱一般配合间隙很小，在 0.05mm 以内。导套多用在模具或一些机械中，其作用是保证运动的准确性，如图 4-1 所示。

一、任务图样

导套工件图如图 4-2 所示。

二、图样分析

1) 该导套有两处精度要求，一处几何公差要求。ϕ10H8 孔为动配合孔，$\phi15^{+0.05}_{+0.02}$mm 是基孔制的过盈配合。

2) 孔径较小，须用铰刀铰孔完成。

3) 本任务的知识点是钻孔中钻头的刃磨及扩孔和铰孔，重点是 $\phi15^{+0.05}_{+0.02}$mm 孔过盈配合的公差控制。

图 4-1　导套在模具配件中的使用

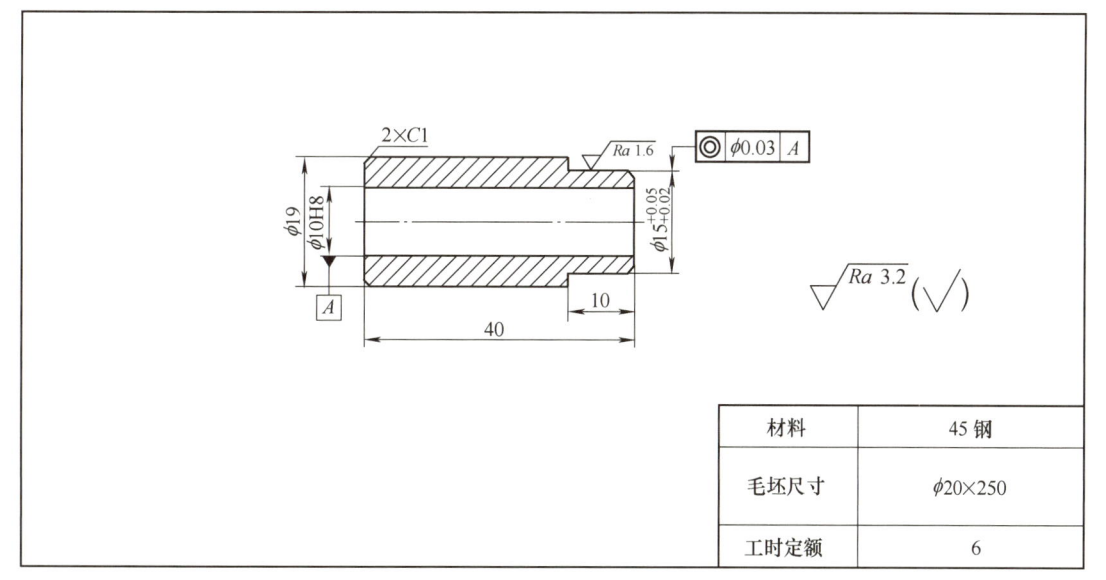

材料	45 钢
毛坯尺寸	ϕ20×250
工时定额	6

图 4-2　导套工件图

三、车削加工准备

1) 刀具：90°车刀、45°车刀、切断刀（刀具材料 W18Cr4V）。
2) 毛坯为 ϕ20mm×250mm 的圆棒料。
3) 0~150mm 的游标卡尺。
4) 切削液（乳化液）。

四、车削工艺分析

1. 钻孔知识

麻花钻的类型如图 4-3 所示。

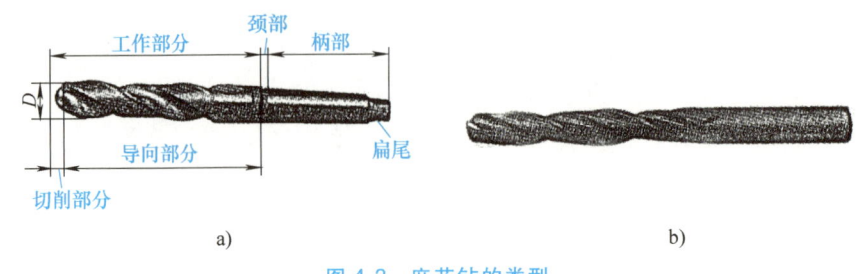

图 4-3 麻花钻的类型
a) 锥柄麻花钻 b) 直柄麻花钻

(1) 钻孔 用钻头在实体材料上加工孔的方法称为钻孔。钻孔属于粗加工，加工的尺寸公差等级一般可达 IT11~IT12，表面粗糙度值为 $Ra12.5~25\mu m$。麻花钻是钻孔时最常用的刀具，钻头一般用高速工具钢制成。由于高速切削的发展需要，镶硬质合金的钻头也得到了广泛的应用。

1) 麻花钻的选择。对于精度要求不高的内孔，可用麻花钻直接钻出；对于精度要求较高的孔，钻孔后还要再经过车削或扩孔、铰孔才能完成。在选用麻花钻时，应留出下道工序的加工余量。选用麻花钻长度时，一般应使麻花钻螺旋槽部分略长于孔深；麻花钻过长则刚性差，麻花钻过短则排屑困难，也不宜钻通孔。

2) 钻孔的步骤。

① 钻孔前先将工件平面车平，中心处不许留有凸台，以利于钻头正确定心。

② 找正尾座，使钻头中心对准工件旋转中心，否则可能会将孔径钻大、钻偏，甚至折断钻头。

③ 用细长麻花钻钻孔时，为了防止钻头晃动，可在刀架上加一挡铁，支承钻头头部，帮助钻头定心。

④ 在实体材料上钻孔，小孔径可以一次钻出。若孔径超过 30mm，则不宜用大钻头一次钻出。可分为两次钻出，即先用一支小钻头钻出底孔，再用大钻头钻出所要求的尺寸。一般情况下，第一支钻头直径为第二次钻孔直径的 50%~70%。

⑤ 钻不通孔和钻通孔的方法基本相同，所不同的是钻不通孔时需要控制孔的深度。

(2) 钻头的刃磨 麻花钻工作部分的几何形状如图 4-4 所示。

1) 由于 $\phi 10H8$ 孔径较小，常采用铰孔方法，而钻孔是重要的一步。

2) 用钻头钻孔时，如果横刃较长，会造成轴向切削力较大而使钻削困难，常磨成短横刃。

(3) 用麻花钻扩孔 麻花钻的装夹示意图如图 4-5 所示。

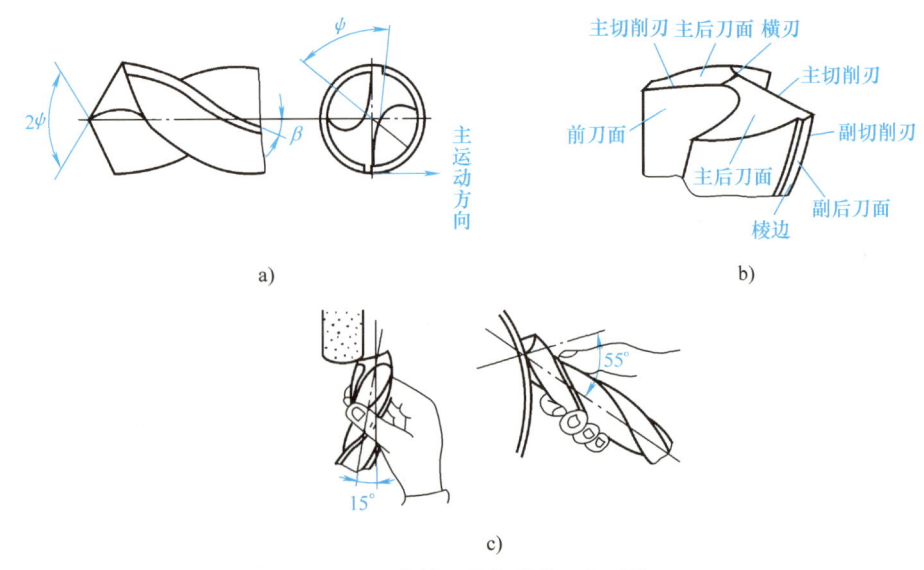

图 4-4 麻花钻工作部分的几何形状
a) 几何角度 b) 切削刃和切削面 c) 横刃的修磨

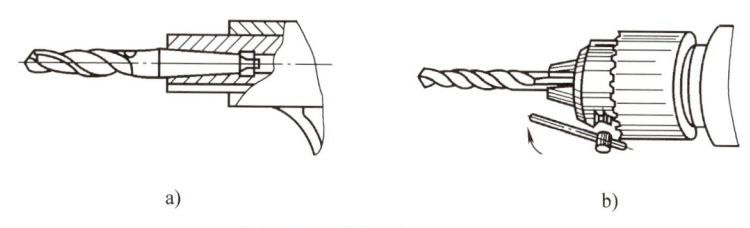

图 4-5 麻花钻的装夹示意图

a）锥柄麻花钻的装夹　b）直柄麻花钻的装夹

1）由于用麻花钻扩孔时，钻头横刃不参加切削，轴向切削力小，加之钻头前角大，钻孔时很容易出现扎刀现象。为此要求扩孔时进刀要十分小心，速度要慢且均匀进给。

2）扩孔是铰孔前的重要工序，相当于车孔时的半精车。扩孔的表面粗糙度值要求达到 $Ra3.2\mu m$。

3）扩孔时应为铰孔留余量 0.2mm，因此扩孔时钻进 1mm 后应退出钻头，停车测量孔径，防止因扩孔钻钻偏或摆动过大造成余量小而导致零件报废。

2. 铰孔知识

铰孔是用多刃铰刀切除工件孔壁上微量金属层的精加工方法。铰孔操作简单，效率高，目前在批量生产中已经得到广泛的应用。由于铰刀尺寸精确、刚度高，所以特别适合加工直径较小、长度较长的通孔。铰孔加工的尺寸公差等级可达 IT7~IT9，表面粗糙度值可达 $Ra0.4\mu m$。

（1）铰刀的种类　铰刀按使用方式可分为机用铰刀和手用铰刀两种。铰刀按切削部分的材料可分为高速工具钢铰刀和镶硬质合金铰刀两种。

（2）铰削余量的确定　铰孔之前，一般先车孔或扩孔，并留出铰孔余量，余量的大小直接影响铰孔质量。余量太小，往往不能把前道工序所留下的加工痕迹去除；余量太大，切屑会将铰刀的齿槽挤满，使切削液不能进入切削区，严重影响工件加工表面的质量，或使切削刃负荷过大而迅速磨损，甚至崩刃。

铰削余量的选择：

1）高速工具钢铰刀的铰削深度为 0.08~0.12mm。

2）镶硬质合金铰刀的铰削深度为 0.15~0.20mm。

五、车削工步及切削用量的选择（表 4-1）

表 4-1　车削工步及切削用量的选择

工步	工步内容	工步图示	切削用量的选择
1	车端面，车外圆至 φ19mm，粗车至 φ15mm，留余量 1mm，保证各长度尺寸，然后切断		粗车： $n=700$r/min $f=0.3$mm/r $a_p=1$mm
2	垫铜皮夹紧 φ19mm 外圆，钻孔，扩孔，铰孔，精车至 $\phi15^{+0.05}_{+0.02}$mm		钻中心孔：$n=700~800$r/min 钻孔：$n=300$r/min 精车： $n=1000$r/min $f=0.05$mm/r $a_p=0.15$mm 扩孔：$n=200$r/min

(续)

工步	工步内容	工步图示	切削用量的选择
3	车总长,倒内、外角		车削: $n = 700\text{r/min}$ $f = 0.3\text{mm/r}$ $a_p = 1\text{mm}$

六、常见问题及解决方法

1. 铰孔前对孔的要求

铰孔前,孔的表面粗糙度值要小于 $Ra3.2\mu m$。此外,还要特别注意,铰孔不能修正孔的直线度误差,因此,铰孔前一般需要车削孔,这样才能修正孔的直线度误差。如果车削孔困难,一般先用中心钻定位,然后钻孔、扩孔,最后铰孔。

2. 调整主轴和尾座套筒轴线的同轴度

铰孔前,必须调整尾座套筒的轴线,使之与主轴轴线重合,同轴度误差最好在 0.02mm 以内。但是,对于一般精度的车床,要求主轴与尾座套筒轴线非常精确地在同一轴线上是比较困难的,因此,铰孔时最好使用浮动套筒。

3. 选择合适的铰削用量

铰削时的背吃刀量为铰削余量的一半。铰削时切削速度越低,则表面粗糙度值越小,切削速度最好小于 5m/min。

铰削时,由于切屑少,而且铰刀上有修光部分,因此进给量可取大些。铰削钢料时,进给量为 0.2~1mm/r。

4. 合理选用切削液

铰孔时,切削液对孔的扩胀量和孔的表面质量都有一定的影响。根据切削液对孔径的影响,当使用新铰刀铰削钢料时,可选用10%~15%的乳化液作为切削液,这样孔不容易扩大。铰刀磨损到一定程度时,可用油溶性切削液,将孔稍微扩大一些。

根据切削液对表面质量的影响和铰孔试验证明,铰孔时必须加注充分的切削液。铰削铸件时,可采用煤油作为切削液;铰削青铜或铝合金工件时,可用轴承油或煤油作为切削液。

1) 将铰刀的前端导向部分插入孔端后顶尖顶住铰刀中心孔,将车床调到最慢转速。
2) 在孔内和铰刀上浇注切削液。
3) 用扳手卡住铰刀方榫,回转顶尖顶住中心孔,右手握住尾座手轮,左手点动机床进给按钮,回转顶尖跟进。注意:回转顶尖顶60°部位不能脱开铰刀中心孔。

【考核评价】(表 4-2)

表 4-2 导套检测评分表

序号	检测项目		分值	评分要求	测评结果	得分	备注
1	主要尺寸	$\phi19\text{mm}$	5	超差扣2分			
		$\phi15^{+0.05}_{+0.02}\text{mm}$	20	超差不得分			
		$\phi10\text{H8mm}$	13	超差不得分			
2	长度和表面质量	10mm	6	超差扣2分			
		40mm	6	超差扣2分			
		$Ra3.2\mu m$	10	超差酌情扣分			
		$Ra1.6\mu m$	10	超差酌情扣分			

(续)

序号	检测项目		分值	评分要求	测评结果	得分	备注
3	几何公差	◎ φ0.03 A	11	超差不得分			
4	倒角	C1(2处)	4	超差扣分			
5	设备及工具、量具、刃具的使用与维护	工具、量具、刃具的合理使用与保养	5	不符合要求扣分			
		操作车床并及时发现一般故障	5	不符合要求扣分			
		车床的保养工作	5	不符合要求扣分			
	总分						

【知识技能拓展】

1. 废品分析

钻孔时产生废品的原因与预防措施见表4-3。

表4-3 钻孔时产生废品的原因与预防措施

废品种类	产生原因	预防措施
孔歪斜	1)工件端面不平或与轴线不垂直 2)尾座偏移 3)钻头刚性差,初钻时进给量过大 4)钻头顶角不对称	1)钻孔前车平端面,中心不能有凸台 2)调整尾座轴线,使其与主轴轴线同轴 3)选用较短的钻头或用中心钻先钻导向孔;初钻时进给要小,钻削时应经常退出钻头,清除切屑后再钻 4)正确刃磨钻头
孔直径扩大	1)选错钻头直径 2)钻头主切削刃不对称 3)钻头未对准工件中心	1)看清图样,仔细检查钻头直径 2)仔细刃磨,使两主切削刃对称 3)检查钻头是否弯曲,钻夹头、钻套是否装夹正确

2. 技能拓展

车削图4-6所示模柄。

车削工艺如下:

1)夹持毛坯外圆,伸长40mm,找正夹紧;车平端面,钻中心孔;车削大外圆φ24mm至图样要求,车削φ20mm圆,留0.5mm余量。

2)用φ8mm钻头钻孔,钻头磨成平头或群钻类型,钻孔深度为32mm。

3)精车φ20mm部位至图样要求。

4)要求台阶处垂直。

5)切断工件。

6)夹紧φ20mm部位处车平大端面,保证总长度。

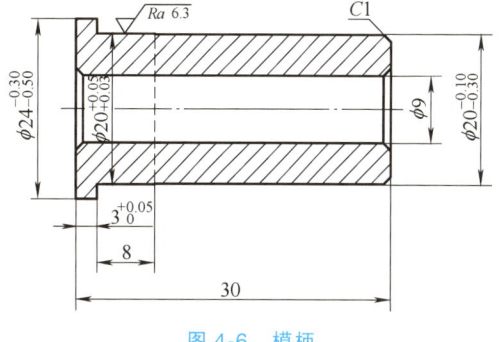

图4-6 模柄

任务二 车台阶孔

对于铸造孔、锻造孔或用钻头钻出的孔,为达到所要求的尺寸精度、位置精度和表面质量,可采用车削孔的方法。内孔车削是操作人员在视线不易检查的情况下完成的零件加工,因此孔的加工比外圆车削相对困难。内孔是车削加工的主要内容之一,也是车工重要的技能之一。车孔后的尺寸公差等级一般可达IT7~IT8。

一、任务图样

台阶孔工件图如图4-7所示。

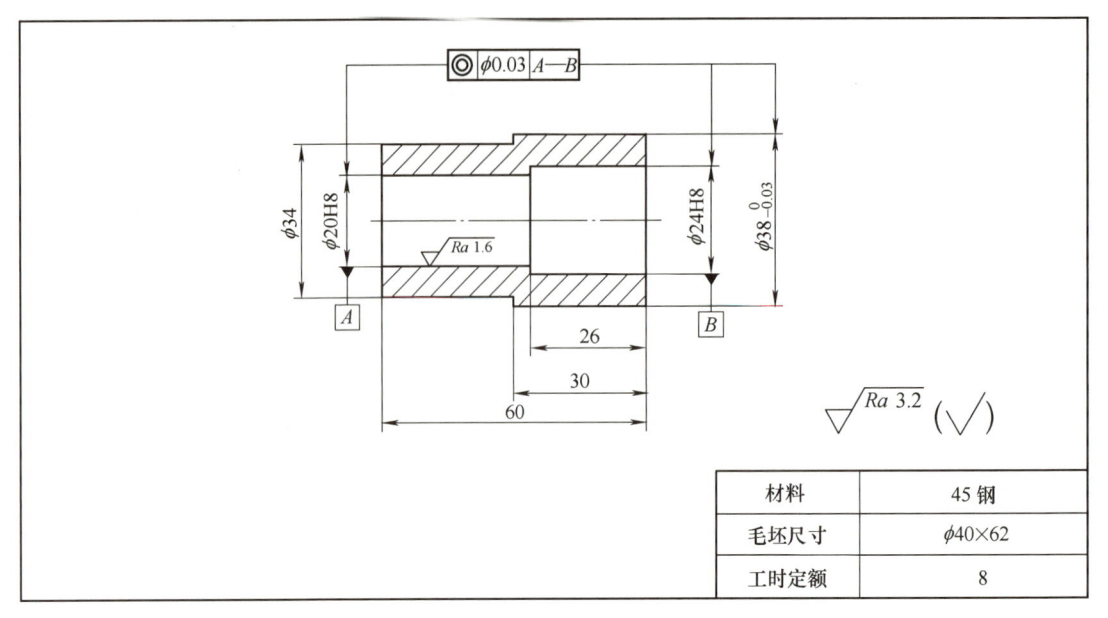

图 4-7 台阶孔工件图

二、图样分析

1) 孔 ϕ24H8 和 ϕ20H8 有较高的同轴度要求。
2) 通孔和台阶孔应在一次装夹中完成。
3) 车削 ϕ20H8 孔的注意事项：因孔小，刀杆细、刚性差，易产生振动，因此，增加刀杆的横截面积、选择合理的刀杆形状以及较大的主偏角是完成孔加工的重要思考方向。

三、车削加工准备

1) 刀具：90°外圆车刀、内孔车刀（刀具材料为 W18Cr4V）。
2) 毛坯为 ϕ40mm×62mm 的圆棒料。
3) 0～150mm 的游标卡尺，千分尺，ϕ24H8、ϕ20H8 的塞尺。

四、车削工艺分析

1. 刀杆的刚性问题

内孔车刀示意图如图 4-8 所示。解决方法如下：
1) 尽量增加刀杆的横截面积。
2) 选择刚性好的椭圆形断面形状。
3) 尽量缩短刀杆伸出长度。

2. 内孔车刀的结构和几何角度

内孔车刀的结构如图 4-9 所示，其几何角度如图 4-10 所示。

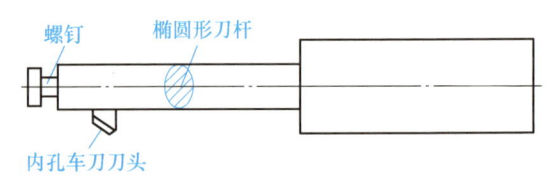

图 4-8 内孔车刀示意图

1) 选择主偏角为 75°的车刀。
2) 使用高速工具钢车刀时，应尽量选择较小的背吃刀量和进给速度。
3) 选择正刃倾角 $\lambda_s = 6°$ 的刀具，控制切屑流向待加工表面。

3. 内孔车刀的安装

1) 刀尖与工件中心等高或比工件中心稍低。
2) 刀柄伸出长度一般比孔长约 5mm。

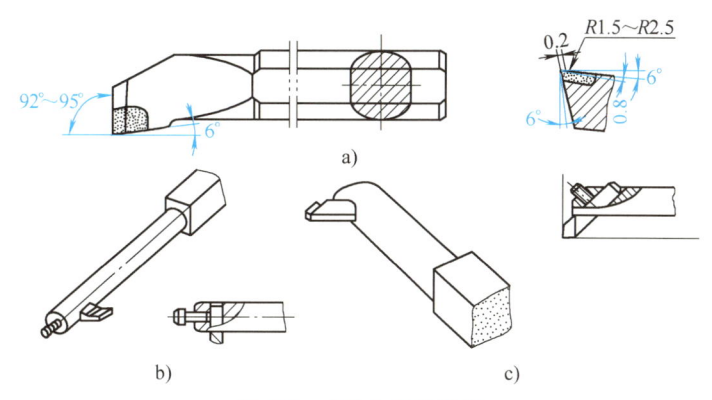

图 4-9 内孔车刀的结构

a) 整体式通孔车刀　b) 分离式通孔车刀　c) 分离式不通孔车刀

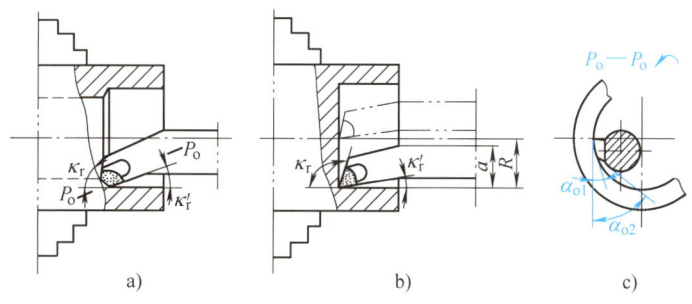

图 4-10 内孔车刀的几何角度

a) 通孔车刀　b) 不通孔车刀　c) 两个后角

3) 刀柄与导轨平行。

4. 孔的加工方法

孔常用的粗加工、半精加工方法有钻孔、扩孔、车孔、镗孔、铣孔。

孔常用的精加工方法有铰孔、磨孔、拉孔、珩孔、研孔。

5. 套类零件的工艺特点

套类零件的结构特点是壁厚较小、刚性较差,且内孔与外圆之间有较高的相互位置精度要求。因此,其机械加工工艺的共性问题主要是保证位置精度和防止加工中工件的变形。

(1) 位置精度的保证方法　为保证相互位置精度要求,加工中应遵循基准统一原则和互为基准原则,具体方法如下:

1) 在一次安装中完成内孔、外圆及端面的全部加工,多适用于尺寸较小的轴套零件的加工。

2) 不能在一次安装中同时完成内孔、外圆表面的加工时,内孔、外圆的加工采用互为基准、反复加工的原则。一般采用先终加工孔,再以孔为精基准加工外圆的顺序。

3) 由于工艺的需要必须先终加工外圆,再以外圆为精基准终加工内孔时,用一般卡盘装夹工件虽然迅速可靠,但误差大。为获得较高的位置精度,必须采用定位精度高的夹具,如弹性膜片卡盘、液性塑料夹具、经过修磨后的自定心卡盘及软爪等。

(2) 防止加工中工件变形的措施

1) 为减小切削力和切削热的影响,粗、精加工应分开进行,使粗加工产生的变形能在精加工中得以纠正。对于壁厚很小、加工中极易变形的工件,采用工序分散原则,并在加工时控制切削用量。

2) 为减少夹紧力和切削力的影响,工艺上可改径向夹紧为轴向夹紧。当只能采用径向夹紧时,应使用过渡套、弹簧套等夹紧工件,使径向夹紧力沿圆周方向均匀分布。

3) 为减少热处理的影响,应将热处理工序安排在粗、精加工阶段之间,并适当增加精加工工序的加工余量,以保证热处理引起的变形能在精加工中得以纠正。

五、车削工步及切削用量的选择（表 4-4）

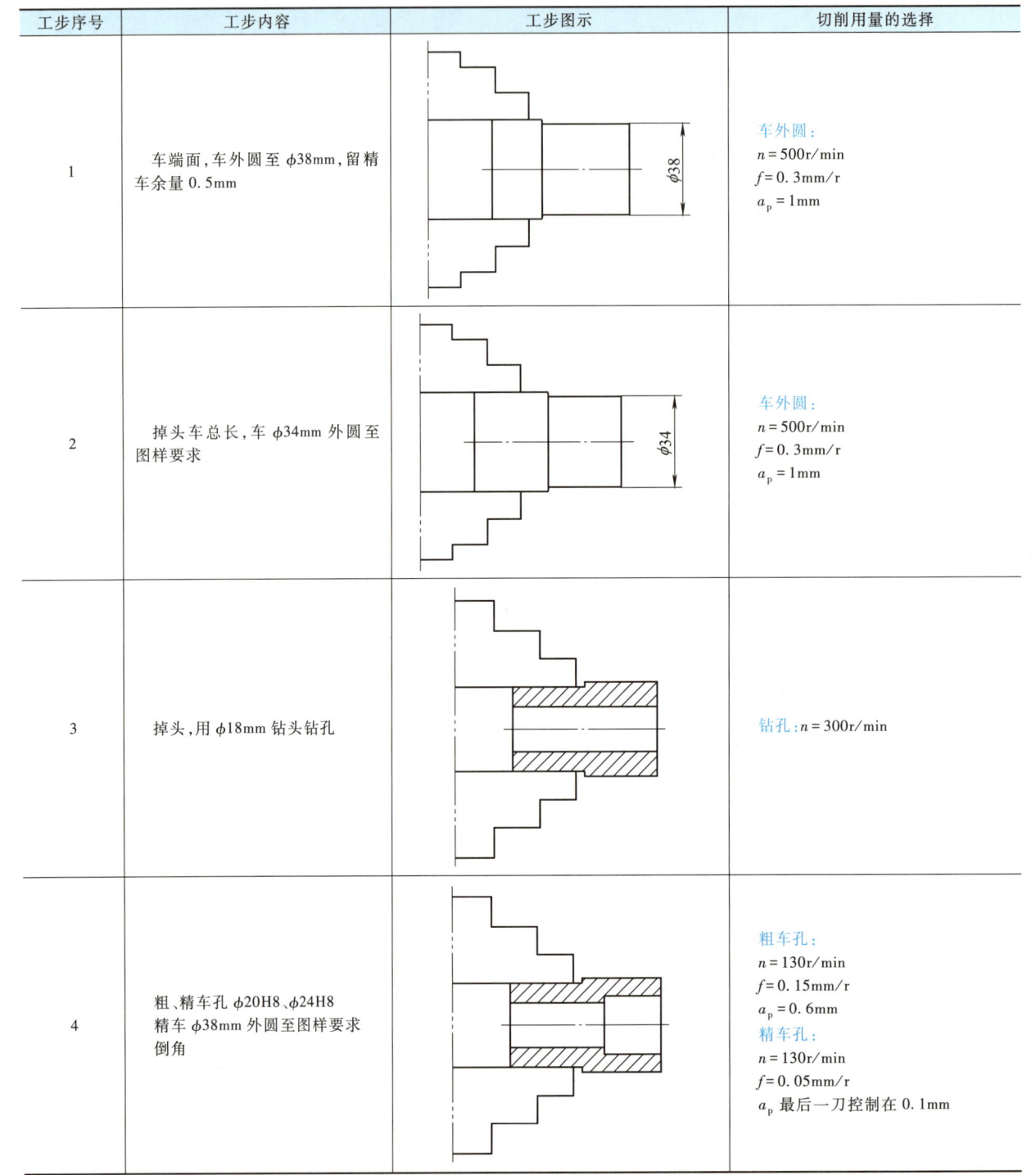

表 4-4 台阶孔车削工步及切削用量的选择

工步序号	工步内容	工步图示	切削用量的选择
1	车端面，车外圆至 φ38mm，留精车余量 0.5mm		车外圆： $n = 500$r/min $f = 0.3$mm/r $a_p = 1$mm
2	掉头车总长，车 φ34mm 外圆至图样要求		车外圆： $n = 500$r/min $f = 0.3$mm/r $a_p = 1$mm
3	掉头，用 φ18mm 钻头钻孔		钻孔：$n = 300$r/min
4	粗、精车孔 φ20H8、φ24H8 精车 φ38mm 外圆至图样要求 倒角		粗车孔： $n = 130$r/min $f = 0.15$mm/r $a_p = 0.6$mm 精车孔： $n = 130$r/min $f = 0.05$mm/r a_p 最后一刀控制在 0.1mm

六、要点提示

1. 容易出现的问题及其解决方法

（1）容易出现的问题　由于通孔内径小而长度大，故车削中易出现孔前大后小的喇叭状。这种现象出现的主要原因是刀杆强度差，产生了"让刀"现象。

（2）解决方法
1）使用专用刀杆，增加刀杆刚性。
2）采用适当的背吃刀量和进给速度以及中等偏低的转速。
3）最后一刀的背吃刀量应控制在 0.1mm 以内。

2. 套类零件的主要技术要求

（1）尺寸与形状精度
1）内圆表面：其直径的尺寸公差等级一般为 IT7，精密的轴套可达 IT6。形状误差一般控制在孔径公差的范围内，精密套类零件内圆表面的圆度、圆柱度误差应控制在孔径公差的 1/3~1/2 范围内，甚至更小。
2）外圆表面：其直径的尺寸公差等级一般为 IT6~IT7，形状误差应控制在其直径公差范围内。

（2）位置精度　外圆轴线相对于内圆轴线的同轴度公差一般为 $\phi 0.01 \sim \phi 0.05$mm。当套类零件的端面、凸缘端面在工作中需承受轴向载荷或在加工时用作定位基准时，端面、凸缘端面对内圆轴线的垂直度公差一般为 0.02~0.05mm。

（3）表面粗糙度值
1）内圆表面：表面粗糙度值为 $Ra0.1 \sim 1.6\mu m$，精密套类零件的表面粗糙度值为 $Ra0.025\mu m$。
2）外圆表面：表面粗糙度值为 $Ra0.4 \sim 3.2\mu m$。

3. 保证套类零件技术要求的方法

套类零件是机械中精度要求较高的重要零件之一。其主要加工表面是内孔、外圆和端面。这些表面不仅有形状精度、尺寸精度和表面质量要求，而且彼此间还有较高的位置精度要求。车削套类工件时，必须高度重视保证这些技术要求。因此，应选择合理的安装方法和车削工艺。

（1）在一次安装中完成加工　单件小批量车削套类工件时，可以在一次安装中尽可能把工件的全部或大部分表面加工完成。这种方法不存在因安装产生的定位误差，如果车床精度较高，则可获得较高的位置精度。但采用这种方法车削时，需要经常转换刀架，尺寸较难掌握，切削用量也需要经常调整。

（2）以外圆为基准保证位置精度　在车床上以外圆为基准保证工件的位置精度时，一般应用软卡爪装夹工件。软卡爪用未经淬火的 45 钢制成。这种卡爪是在车床上车削成形的，因此可确保装夹精度。而且，用软卡爪装夹已加工表面或软金属时，不易夹伤工件表面。

（3）以内孔为基准保证位置精度　车削中、小型的轴套、带轮、齿轮等工件时，一般可用已加工好的内孔作为定位基准，并根据内孔配制一根合适的心轴，再将装套类工件的心轴支顶在车床上，精加工工件的外圆、端面等。

【考核评价】（表 4-5）

表 4-5　台阶孔检测评分表

序号	检测项目		分值	评分要求	测评结果	得分	备注
1	主要尺寸	$\phi 34$mm	4	超差酌情扣分			
		$\phi 20$H8	15	超差不得分			
		$\phi 24$H8	15	超差不得分			
		$\phi 38_{-0.03}^{0}$mm	5	超差不得分			
2	长度与表面质量	26mm	6	超差扣 2 分			
		30mm	6	超差扣 2 分			
		60mm	6	超差扣 2 分			
		$Ra3.2\mu m$	6	超差酌情扣分			
		$Ra1.6\mu m$	6	超差酌情扣分			
3	几何公差	◎ $\phi 0.03$ A—B	8	超差不得分			

(续)

序号	检测项目		分值	评分要求	测评结果	得分	备注
4	设备及工具、量具、刃具的使用与维护	工具、量具、刃具的合理使用与保养	4	不符合要求扣分			
		操作车床并及时发现一般故障	4	不符合要求扣分			
		车床的润滑	4	不符合要求扣分			
		车床的保养工作	4	不符合要求扣分			
5	安全文明生产	正确执行安全操作规程	4	不符合要求扣分			
		工作服穿戴正确	3	不符合要求扣分			
总分							

【知识技能拓展】

1. 废品分析（表 4-6）

表 4-6　台阶孔车削产生废品的原因与预防措施

废品种类	产生原因	预防措施
尺寸不对	1）测量不正确 2）车刀安装得不对，刀柄与孔壁相碰 3）产生积屑瘤，增加刀尖长度，使孔直径变大 4）工件的热胀冷缩	1）仔细测量，用游标卡尺测量时要调整好卡爪的松紧度，控制好摆动位置，并进行试切 2）选择合理的刀柄直径，最好在未开车前，先将车刀在孔内试走一遍，检查是否会相碰 3）研磨车刀前面，使用切削液，增大车刀前角，选择合理的切削速度 4）最好使工件冷却后再精车，精车时应加切削液
内孔有锥度	1）刀具磨损 2）刀柄刚性差，产生"让刀"现象 3）刀柄与孔壁相碰 4）车头轴线歪斜 5）床身不水平，使床身导轨与主轴轴线不平行 6）床身导轨磨损。由于磨损不均匀，使进给轨迹与工件轴线不平行	1）采用耐磨的硬质合金车刀延长刀具寿命 2）尽量采用大尺寸的刀柄，减小切削用量 3）正确安装车刀 4）检测机床精度，找正主轴轴线与床身导轨的平行度 5）校正机床水平度 6）大修车床
内孔不圆	1）孔壁薄，装夹时产生变形 2）轴承间隙过大，主轴轴颈呈椭圆状 3）工件加工余量和材料组织不均匀	1）选择合理的装夹方法 2）大修车床，并检查主轴的圆柱度 3）增加半精镗，把不均匀的余量去除，使精车余量尽量小和均匀；对工件毛坯进行回火处理
内孔不光	1）车刀磨损 2）车刀刃磨不良，表面粗糙度值大 3）车刀几何角度不合理，刀具低于中心线 4）切削用量选择不当 5）刀柄细长，产生振动	1）重新刃磨车刀 2）保证切削刃锋利，研磨车刀前、后面 3）合理选择刀具角度，精车装刀时刀尖应略高于工件中心 4）适当降低切削速度，减小进给量 5）加粗刀柄和降低切削速度

2. 技能拓展

车削图 4-11 所示的台阶孔。

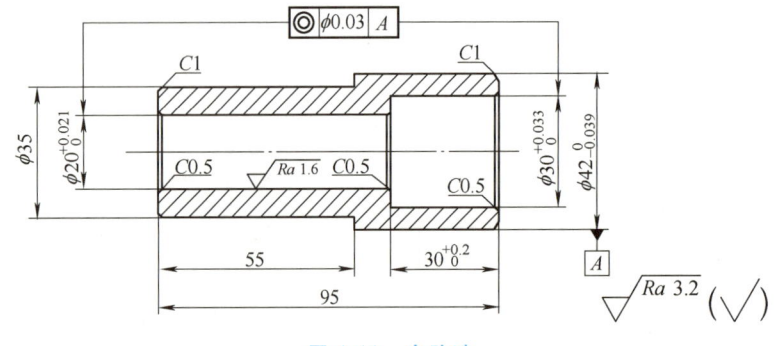

图 4-11　台阶孔

加工工艺如下：

1）下料，毛坯尺寸为 φ45mm×97mm。

2）夹紧毛坯车端面，钻中心孔，一夹一顶车大外圆 $φ42_{-0.039}^{0}$ mm，留余量 0.5mm。

3）掉头夹紧毛坯，车总长，留余量 0.5mm，钻中心孔。

4）一夹一顶车外圆 φ35mm，留余量 0.5mm。

5）掉头夹紧 φ35mm 外圆，钻中心孔，钻 φ18mm 孔。

6）粗车孔 $φ20_{0}^{+0.021}$ mm，留余量 0.3mm。粗车孔 $φ30_{0}^{+0.033}$ mm，留余量 0.5mm。

7）松开卡爪重新装夹 φ35mm 外圆，用力适度，不允许使用套筒加力，精车大端面大外圆 $φ42_{0}^{+0.03}$ mm，精车孔 $φ30_{0}^{+0.033}$ mm 至图样要求。

8）掉头夹紧 $φ42_{-0.039}^{0}$ mm 外圆（垫铜皮），铰孔 $φ20_{0}^{+0.021}$ mm 至图样要求。

任务三　车 V 带 轮

在机械传动中，V 带轮通过中间挠性件（带和链）传递运动和动力。V 带轮适用于轴中心距离较大的场合，具有结构简单、成本低廉的特点，有良好的防护过载、打滑、失效等功能，可缓和冲击，是机械传动中常用的零部件。

一、任务图样

V 带轮工件图如图 4-12 所示。

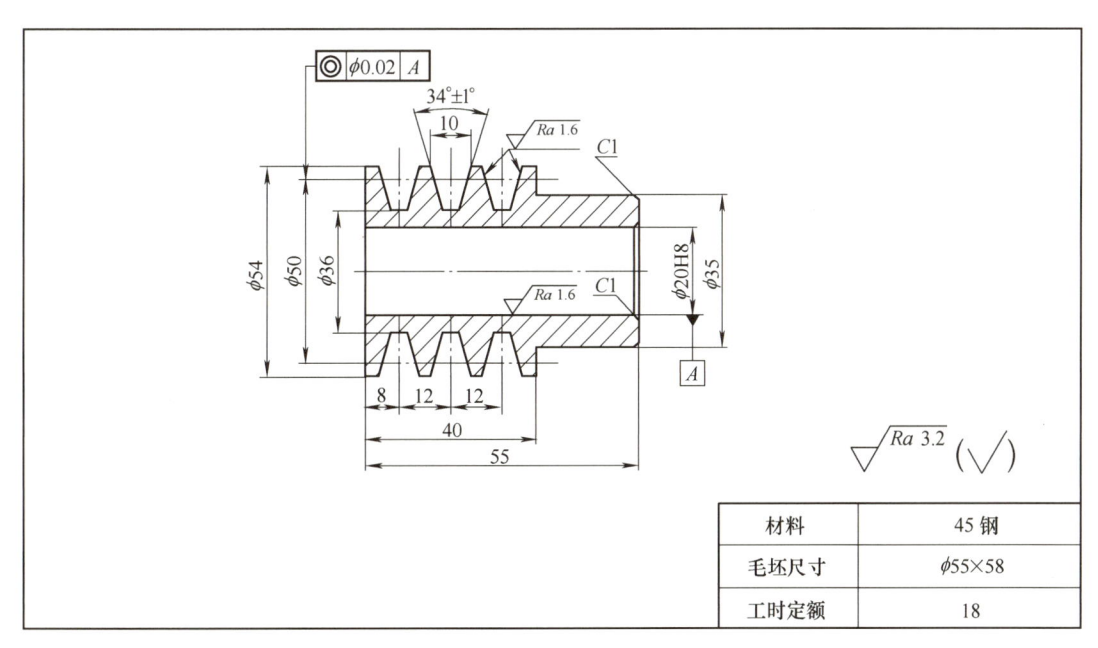

图 4-12　V 带轮工件图

二、图样分析

1）工件总长 55mm，最大直径 φ54mm。

2）内孔 φ20H8 与 V 带轮槽有较高的同轴度要求。

3）V 带槽的表面粗糙度值为 Ra1.6μm。

4）本任务的重点是保证同轴度公差。

5）本任务的难点是切断刀的刃磨及保证切断刀的安全。

三、车削加工准备

1）刀具：90°外圆车刀、34°成形刀、切断刀、车孔刀。
2）量具：φ20H8、φ24H8塞规，0~150mm的游标卡尺，0~150mm的钢直尺。
3）其他：A3中心钻、对刀板、切削液。

四、车削工艺分析

1. 普通V带轮的型号及轮槽剖面尺寸

普通V带轮的型号见表4-7，其轮槽剖面尺寸如图4-13所示。

表4-7 普通V带轮的型号

型 号	Y	Z	A	B	C
最小基准直径/mm	20	50	75	125	200

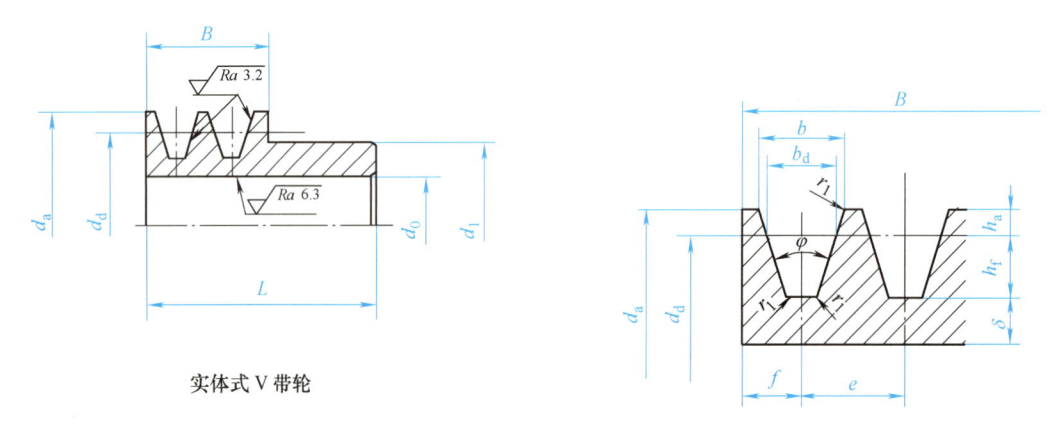

实体式V带轮

图4-13 V带轮的轮槽剖面尺寸

V带轮传送带的型号见表4-8。

表4-8 V带轮传送带的型号

截面形状	型号	节宽b_p/mm	顶宽b/mm	高度h/mm	质量q/(kg/m)	楔角$α$(°)
	Y	5.3	6.0	4.0	0.02	40.0
	Z	8.5	10.0	6.0	0.06	
	A	11.0	13.0	8.0	0.10	
	B	14.0	17.0	11.0	0.17	
	C	19.0	22.0	14.0	0.30	
	D	27.0	32.0	19.0	0.62	
	E	32.0	38.0	25.0	0.90	

2. V带轮的轮槽及轮缘截面主要参数（表4-9~表4-11）

1）V带轮的基准宽度等于节宽，即$b_d = b_p$。
2）V带轮在轮槽基准宽度处的直径称为基准直径。

表4-9 图样绘制参数 （单位：mm）

型号	d_{dmin}	b_d	b	h_{amin}	h_{fmin}	e	f	d_a	B	$δ_{min}$
Y	20	5.3	6.3	1.6	4.7	8±0.3	7±1	48.2	44	5

表 4-10　各种型号 V 带轮基准直径系列　　　　　　　　　　（单位：mm）

型号	基准直径 d_d													
Y	20	22.4	25	28	31.5	35.5	40	45	50	56	63	71	80	90
	100	112	125											
Z	50	56	63	71	75	80	90	100	112	125	132	140	150	160
	180	200	224	250	280	315	355	400	500	560	630			
A	75	80	85	90	95	100	106	112	118	125	132	140	150	160
	180	200	224	250	280	315	355	400	450	500	560	630	710	800
B	125	132	140	150	160	170	180	200	224	250	280	315	355	400
	450	500	560	600	630	710	750	800	900	1000	1120			
C	200	212	224	236	250	265	280	300	315	335	355	400	450	500
	560	600	630	710	750	800	900	1000	1120	1250	1400	1600	2000	
D	355	375	400	425	450	475	500	560	600	630	710	750	800	900
	1000	1060	1120	1250	1400	1500	1600	1800	2000					
E	500	530	560	600	630	670	710	800	900	1000	1120	1250	1400	1500
	1600	1800	2000	2240	2500									

表 4-11　V 带轮的轮槽尺寸　　　　　　　　　　　　　　　（单位：mm）

普通 V 带型号			Y	Z	A	B	C	D	E
带轮基准宽度		b_d	5.3	8.5	11	14	19	27	32
带轮最小基准直径		$d_{d\min}$	20	50	75	125	200	355	500
顶宽		b	6.3	10.1	13.2	17.2	23	32.7	38.7
基准线上槽深		$h_{a\min}$	1.6	2.0	2.75	3.5	4.8	8.1	9.6
基准线下槽深		$h_{f\min}$	4.7	7.0	8.7	10.8	14.3	19.9	23.4
槽间距		e	8±0.3	12±0.3	15±0.3	19±0.4	25.5±0.5	37±0.6	44.5±0.7
槽中心至 V 带轮端面间距		f	7±0.1	8±1	10^{+2}_{-1}	12.5^{+2}_{-1}	17^{+2}_{-1}	23^{+3}_{-1}	29^{+4}_{-1}
最小轮缘厚度		$\delta_{\min}$	5	5.5	6	7.5	10	12	15
轮槽角(°)	32	对应基准直径 d_d	≤60	—	—	—	—	—	—
	34		—	≤80	≤118	≤190	≤315	—	—
	36		>	—	—	—	—	≤475	≤600
	38		—	>80	>118	>190	>315	>475	>600
带轮外径		d_a	$d_a = d_d + 2h_a$						
轮缘宽度		B	$B = (z-1)e + 2f$ (z 为轮槽数)						

3. 切断刀的刃磨

由于轮槽的深度较大，要求切断刀刃磨得对称，前角圆弧不能太深，如图 4-14 所示。

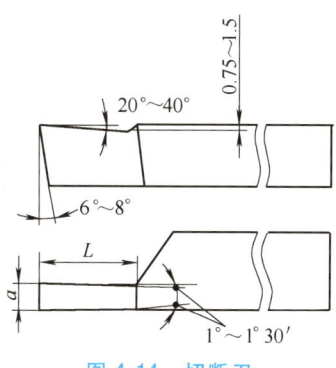

图 4-14　切断刀

1) 切断刀宽度：

$$a = (0.5 \sim 0.6)\sqrt{d}，d 指工件直径。$$

2) 刀头长度：

$$L = h(2 \sim 3)，h 指切入深度。$$

五、车削工步及切削用量的选择（表 4-12）

表 4-12 V 带轮车削工步及切削用量的选择

工步	工步内容	工步图示	切削用量的选择
1	车平端面，钻中心孔，车外圆 φ55mm，留精车余量 0.5mm		车端面外圆： $n=700\sim800$r/min $f=0.1\sim0.2$mm/r $a_p\approx1$mm（端面车平即可） 钻中心孔： $n=700\sim800$r/min
2	掉头夹 φ55mm 处（伸长 25mm），车外圆 φ35mm，长度 20mm，倒角 C1		车端面外圆： $n=500\sim600$r/min $f=0.2\sim0.3$mm/r $a_p\geqslant5$mm
3	掉头夹 φ35mm 处，将外圆车至 φ54mm，划线（尖刀）以大端面为基准，用划线刀尖对准端面横向零点，分别划第一槽 8mm 中心线、第二槽 12mm 中心线、第三槽 12mm 中心线		划线： $n=700\sim800$r/min
4	用切断刀分别在 V 带轮沟槽中心线处切槽，切槽深度一次完成，车至 φ36mm		切槽： $n=200\sim300$r/min $f=0.05\sim0.1$mm/r
5	用刀头宽度为 3.5mm 的成形刀采用两面进给的方法扩槽，留精车余量 0.5mm		车 V 槽： $n=200\sim300$r/min

(续)

工步	工步内容	工步图示	切削用量的选择
6	钻 φ18mm 孔，车 φ20H8 孔，用锪钻锪 60°孔		内孔车削： $n = 200$r/min $f = 0.1 \sim 0.2$mm/r $a_p = 1$mm 钻孔： $n = (160 \sim 220)$r/min 锪孔： $n = 25$r/min
7	用回转顶尖顶 60°部位，精车 V 带轮沟槽至图样要求		精车： $n = 25$r/min 单面进给： $a_p = 0.02$mm
8	精车顺序： ①用成形刀车右端第一槽底尺寸至 φ36mm，以此确定中滑板刻度零位 ②用成形刀低速车第一槽右槽面，并测量控制 3mm 处尺寸 ③车第一槽左槽面，并测量槽宽 10mm ④车第二槽底右端槽面，测量槽顶宽 2mm，依此类推		

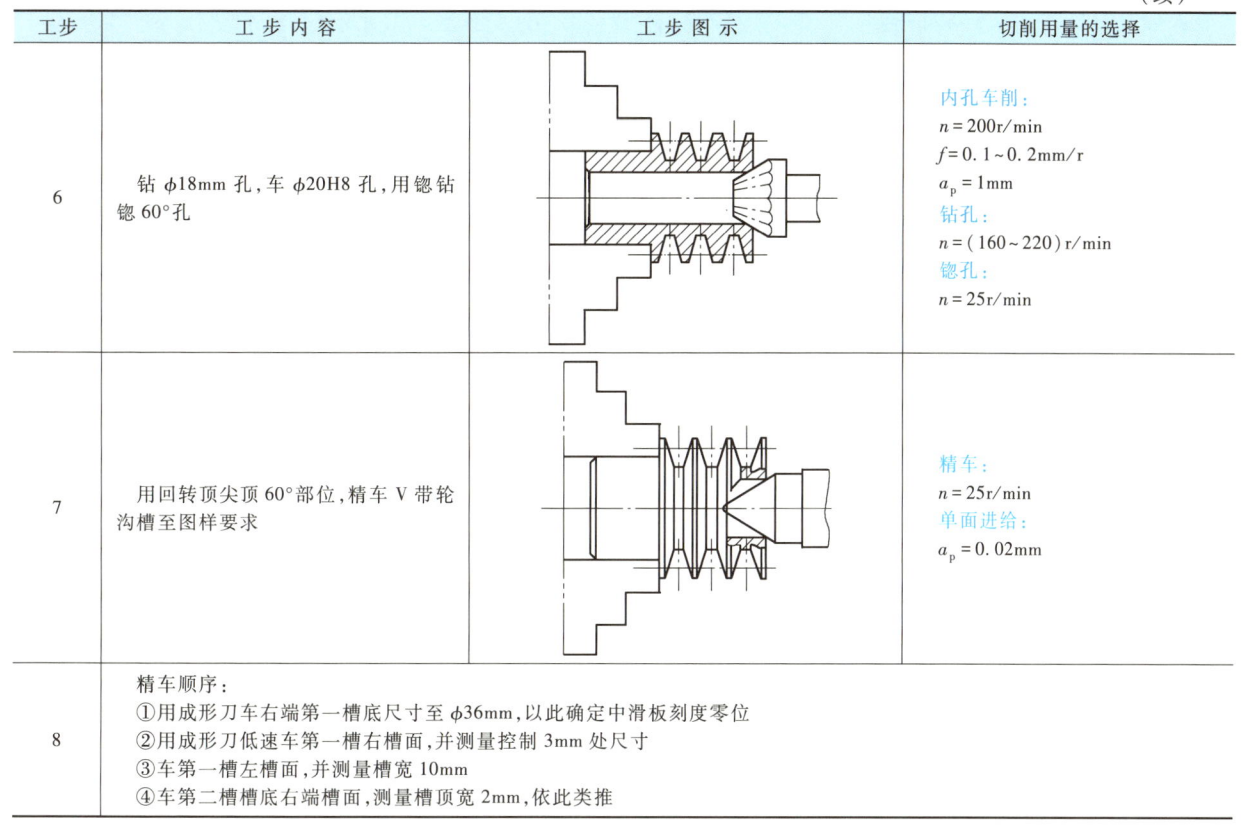

六、要点提示

1）必须利用工艺手段保证同轴度要求。

2）由于 V 带轮沟槽切削深度较大，$a_p = 9.2$mm，最易因切屑排出不畅而造成断刀现象，加注充足的切削液是防止断刀最有效的方法。

3）精车 V 带轮沟槽时，应采用固定顶尖支承或采用点动机床惯性匀速车削。

4）造成断刀的主要原因以下有三种：

① 切削过程中，细小的切屑颗粒不能及时排出，造成刀具副偏角间隙处出现挤压、研磨现象而断刀。

② 因切削热过大而烧坏主切削刃，使主切削刃刃口变钝，造成切削阻力突然加大而断刀。

③ 切断刀底面不平，刀杆刚性极差而断刀。

【考核评价】（表 4-13）

表 4-13　V 带轮检测评分表

序号	检测项目		分值	评分要求	测评结果	得分	备注
1	外圆尺寸	φ54mm	5	超差扣 2 分			
		φ35mm	6	超差扣 2 分			
		φ50mm	8	超差 0.01mm 扣 2 分			
		φ36mm	10	超差扣 2 分			
2	V 槽	34°±0.1°（3 处）	9	超差扣 2 分			
3	孔	φ20H8	8	超差不得分			
4	长度与表面质量	55mm	4	超差扣 2 分			
		40mm	4	超差扣 2 分			
		8mm	4	超差扣 2 分			
		12mm（2 处）	6	超差扣 2 分			
		$Ra1.6\mu m$	8	超差扣 2 分			

(续)

序号	检测项目		分值	评分要求	测评结果	得分	备注
5	几何公差	◎ φ0.02 A	4	超差不得分			
6	倒角	C1	2	超差扣分			
7	设备及工具、量具、刃具的使用与维护	工具、量具、刃具的合理使用与保养	3	不符合要求扣分			
		操作车床并能及时发现一般故障	3	不符合要求扣分			
		车床的润滑	3	不符合要求扣分			
		车床的保养工作	3	不符合要求扣分			
8	安全文明生产	正确执行安全操作规程	5	不符合要求扣分			
		工作服穿戴正确	5	不符合要求扣分			
	总分						

【知识技能拓展】

1. 车削 V 带轮沟槽的注意事项

1）为了保证 V 带轮沟槽与轴孔同轴，车削时应首先粗车端面、外圆和内孔，再车 T 形槽，然后在不改变安装位置的情况下精车端面、外圆和内孔。

2）车削 T 形槽时通常采用以下两种方法：

① 对于较大的 T 形槽，一般先车直槽，然后再用成形刀修整。

② 对于较小的 T 形槽，一般用成形刀一次车削成形。

3）可借助样板刃磨 T 形槽成形刀，其两副切削刃应对称。装刀时，刀尖角应垂直于轴线。

4）左右借刀车 T 形槽时，应注意槽间距的位置偏差。

5）V 带轮沟槽可借助样板通过工件中心平面以透光法来检验，槽形角可用游标万能角度尺测量其半角误差。

2. 技能拓展

加工图 4-15 所示的 V 带轮。

加工工艺如下：

1）夹毛坯伸出长度 45mm，车平端面，钻中心孔，顶中心孔车外圆 φ48.2mm，留精车余量 0.5mm。

2）掉头夹 φ48.2mm 处（伸长 25mm），车外圆 φ35mm，长 20mm，倒角 C1。

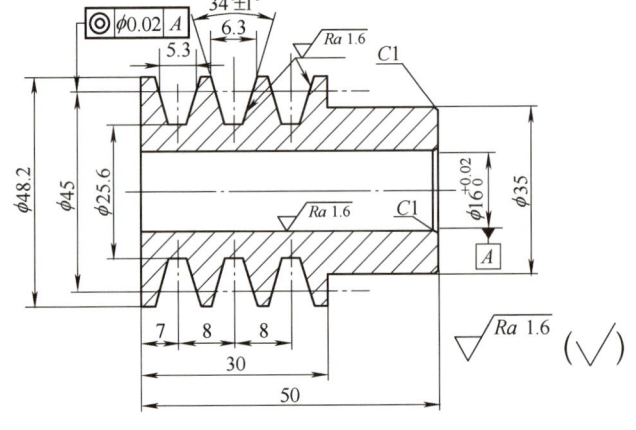

图 4-15　V 带轮

3）掉头夹 φ35mm 处，将外圆精车至 φ48.2mm，划线（尖刀）以大端面为基准，用划线刀尖对准端面横向零点，分别划第一槽 7mm 中心线、第二槽 8mm 中心线、第三槽 8mm 中心线。

4）用切断刀分别在 V 带轮沟槽中心线处切槽，切槽深度一次完成，车至 φ25.6mm。

5）用刀头宽度为 3.5mm 的成形刀采用两面进给的方法扩槽，留精车余量 0.5mm。

6）钻孔 φ14mm，车孔 φ16mm，用锪钻锪 60°孔。

7）用回转顶尖顶 60°部位，精车 V 带轮沟槽至图样要求。

任务四　车薄壁套

薄壁套工件的特点是壁比较薄，易出现等直径变形等问题，加工时需要增加工艺工装、配置夹套等。

一、任务图样

薄壁套工件图如图 4-16 所示。

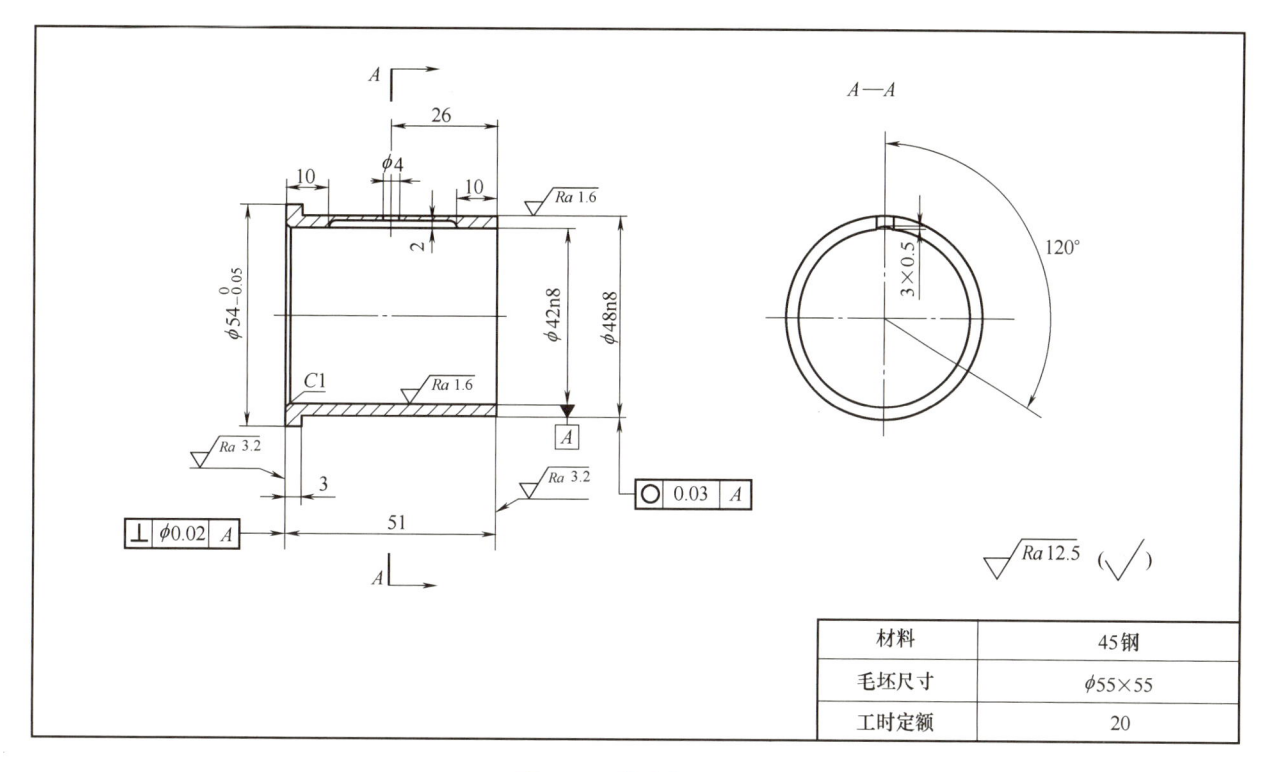

图 4-16 薄壁套工件图

二、图样分析

1）薄壁套工件壁厚为 3mm，材料是灰铸铁（HT200～HT400）。
2）灰铸铁具有一定的强度、耐压、耐磨，有良好的减振功能和润滑功能。
3）灰铸铁的塑性很差，为此，装夹时不可用力过大，否则很容易造成裂损。
4）灰铸铁 HT200～HT400 的车削要点。
① 使用 YG6 车刀。工件车削表面不可沾有机油、皮肤油脂，以避免造成表皮硬化。
② 精车时可使用少量煤油。

三、车削加工准备

1）刀具：90°车刀（YG6、YG8）、φ40mm 钻头、车孔刀、专用刀杆。
2）量具：0～150mm 的游标卡尺、25～50mm 的千分尺。
3）其他：φ42H8mm 的塞规、内卡钳。

四、车削工艺分析

1）毛坯为灰铸铁圆棒料。
2）车削外圆 φ51mm、φ42mm，留余量 2mm。
3）钻孔 φ40mm。
4）夹持 φ44mm 外圆，粗车内孔，留余量 0.5mm。
5）夹持 φ44mm 外圆车削油槽。

6）使用开口套夹紧精车内孔 ϕ42H8。

注意：夹紧力不可太大，即不得使套筒夹紧，用手指施力不能转动即可。

7）两顶尖装夹、粗、精车外圆 ϕ48h8mm 达到图样要求。

8）车削锥轴，如图 4-17 所示。

五、加工工艺卡（表 4-14）

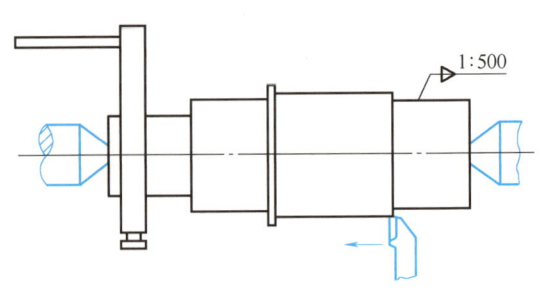

图 4-17 锥轴装夹示意图

表 4-14 薄壁套加工工艺卡

工艺步骤	工艺内容	刀具	量具	机床
1	车削外圆 ϕ51mm、ϕ42mm	90°车刀（YG6、YG8）	0~150mm 游标卡尺	C6136D 车床
2	钻孔 ϕ40mm	ϕ40mm 钻头		
3	粗车内孔至 ϕ41.5mm	车孔刀	内卡钳	
4	车削油槽	专用刀杆		
5	精车内孔 ϕ42H8mm	塞规 ϕ42H8mm		
6	装夹锥轴，两顶尖精车外圆	90°车刀（YG6）	25~50mm 千分尺	

六、要点提示

1. 薄壁套工件加工过程中易出现的问题

1）等直径变形。因工件壁薄，刚性很差，在夹紧力的作用下，工件外圆将产生微小变形或呈三边形状态，如图 4-18 所示。内孔车削完成后，全圆柱孔并没有出现变形状态。松开卡爪时，外力作用消失，材料因弹性恢复到圆柱形，但内孔则变形为弧形三边形，在各个方向上呈等直径变形状态。

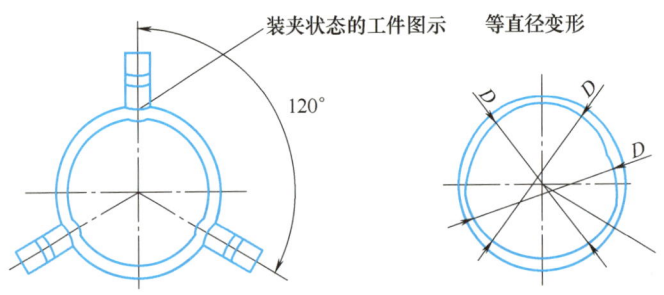

图 4-18 薄壁套加工等直径变形

2）切削力引起的薄壁套工件变形，是产生振动，造成工件表面粗糙的最直接原因。为此，车削灰铸铁材料的套类工件时应选择直面、较大前角的车刀，以减小切削力。

2. 工艺工装保证

车削薄壁套工件时，应增加工艺工装，配置夹套。为了减少因自定心卡盘夹紧工件所引起的变形，必须从工艺上配置开口夹套以增加薄壁套的壁厚，扩大接触面积，如图 4-19 所示。

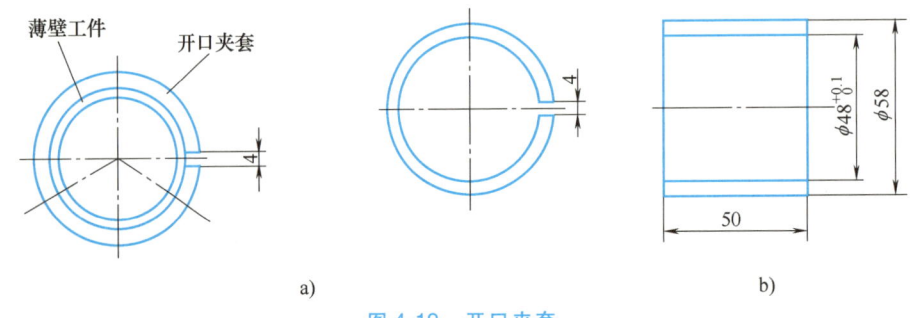

图 4-19 开口夹套
a）开口夹套装夹工件示意图 b）开口夹套外形图

【考核评价】 （表 4-15）

表 4-15 薄壁套检测评分表

序号	检测项目		分值	评分要求	测评结果	得分	备注
1	外圆尺寸	$\phi 54_{-0.05}^{\ 0}$ mm	10	超差 0.01mm 扣 2 分			
2		$\phi 48n8$	20	超差 0.01mm 扣 2 分			
3		$\phi 42n8$	30	超差 0.01mm 扣 2 分			
4	长度尺寸	3	5	超差 0.02mm 扣 2 分			
5		51	5	超差 0.02mm 扣 2 分			
6	倒角	C1	2	超差不得分			
7	表面质量	$Ra1.6\mu m$、$Ra3.2\mu m$、$Ra12.5\mu m$	6	一处不合格扣 2 分			
8	几何公差	⊥ $\phi0.02$ A	6	超差 0.02mm 扣 2 分			
		◎ $\phi0.03$ A	6	超差 0.02mm 扣 2 分			
9	安全文明生产	正确执行安全操作规程	5	不符合要求扣分			
		工作服穿戴正确	5	不符合要求扣分			
	总分						

任务五 车齿轮套

套类工件是由外圆柱面、内圆柱面、台阶、沟槽等旋转表面组成的机械部件，具有形状位置精度要求较高、精度等级要求较高的特点，一般精度在 H6~H7 范围内。

一、任务图样

齿轮套工件图如图 4-20 所示。

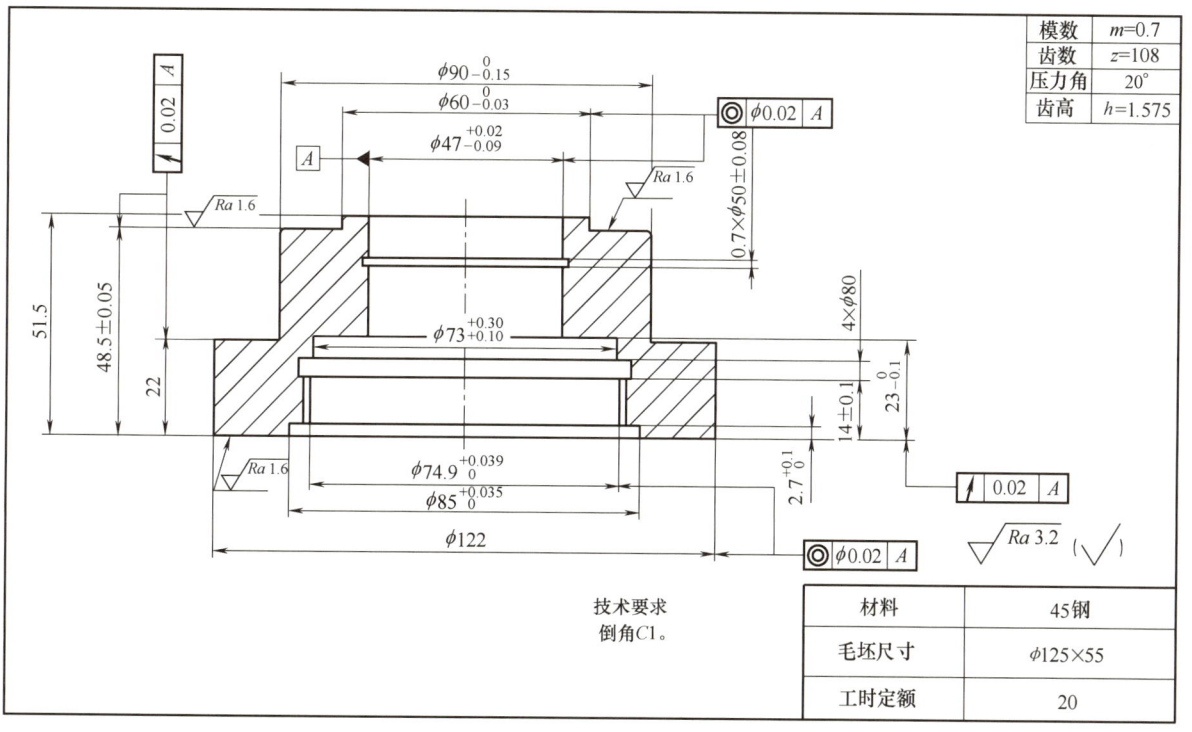

图 4-20 齿轮套工件图

二、图样分析

1) 该零件有 4 处几何公差，10 多处尺寸公差，尺寸要求严格，尺寸公差等级要求在 H6~H7 之间。
2) 形状位置精度要求严格，一般都控制在尺寸公差的一半。
3) 内孔分为粗车—半精车—拉孔，尺寸公差等级可达 H7，表面粗糙度达到 $Ra1.6\mu m$。
4) 外圆是套的主要支承表面，其尺寸公差等级可达到 H7。

三、车削加工准备

（0~150）mm 游标卡尺、（0~150）mm 钢板尺、钻头、通孔刀杆、45°偏刀、90°正偏刀、胀力心轴。

四、车削工艺分析

1) 本齿轮坯属于短而小的套类工件，同轴度要求较高。
2) 工艺制定为批量生产。
3) 粗车外圆留余量 2mm，长度留余量 1mm。
4) 孔的加工采用拉孔的方法。
5) 以孔为基准，使用胀力心轴，完成端面外圆车削。
6) 保证工件内孔、外圆轴线的同轴度和径向跳动公差 0.02mm。
7) 模具毛坯铸造简图如图 4-21 所示。
8) 毛坯参考图样如图 4-22 所示。

图 4-21　毛坯铸造简图

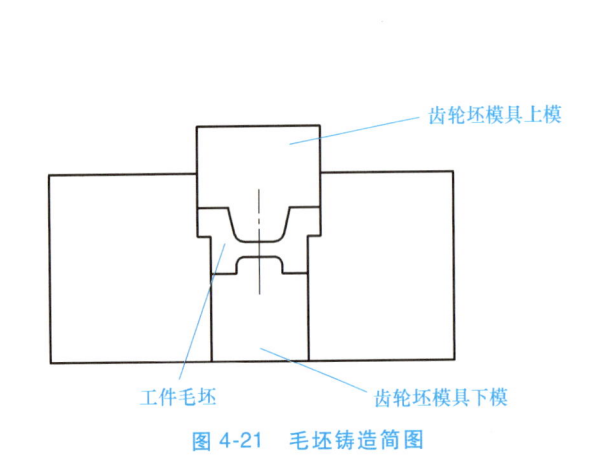

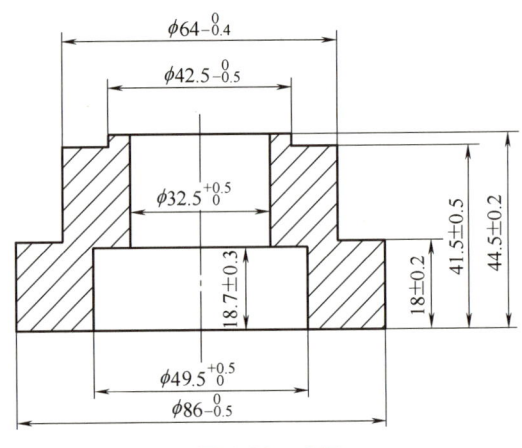

图 4-22　毛坯

五、车削工步及切削用量的选择（表 4-16）

表 4-16　车削工步及切削用量的选择

工步	工步内容	工步图示	切削用量的选择
1	夹持毛坯粗车大外圆、端面		车端面、大外圆： n = 560~700r/min 钻中心孔： n = 700~800r/min

（续）

工步	工步内容	工步图示	切削用量的选择
2	夹持大外圆粗车小外圆、端面		车端面、小外圆： $n=560\sim700\text{r/min}$
3	车削大端面，半精车孔，留余量0.5mm，拉削提升孔的精度		车大端面、半精车： $n=560\sim700\text{r/min}$
4	粗、精车槽	内沟槽刀	粗、精车槽： $n=560\sim700\text{r/min}$
5	工件孔较大，加工时要增加一个心轴，方便加工		
6	胀力心轴装夹，半精车各部分尺寸，达到图样要求		精车： $n=700\sim800\text{r/min}$

六、要点提示

1）在轴类工件的车削工艺中，由于中心孔的精准定位确定其工艺分为两个阶段进行，即粗车阶段和精车（精磨）阶段。

2）本次加工的内齿轮毛坯为锻模加工，已完成正火处理的工艺过程。为此，车削过程首先以毛坯小外圆为粗基准，完成大端面、大外圆和孔的粗加工，再掉头车削小外圆，完成粗加工。由于本工件缺少精基准，加上各种误差的影响，所以套类工件加工按其特点应分为三个阶段：粗车阶段、半精车阶段、精车阶段。

3）套类工件的粗加工，确定预留余量的一般原则如下：
① 由于工件内孔的加工方式为拉削加工，因此需要特别留意工件的位置误差。
② 为下道工序提供可进行充裕、安全车削的加工余量。

③ 为下道工序提供因装夹牢靠、夹痕过深而不报废的质量保证。
④ 为下道工序提供辅助时间最少的工艺保证。
⑤ 为需要钻孔的工件提供因工件旋转而不报废的工艺保证。

【考核评价】（表 4-17）

表 4-17 齿轮套检测评分表

序号	检测项目	分值	评分要求	测评结果	得分	备注
1	$\phi 90_{-0.15}^{0}$mm	5	超差 0.02mm 扣 2 分			
2	$\phi 60_{-0.03}^{0}$mm	6	超差 0.01mm 扣 2 分			
3	$\phi 47_{-0.009}^{+0.002}$mm	6	超差 0.01mm 扣 2 分			
4	$\phi 73_{+0.10}^{+0.30}$mm	6	超差 0.01mm 扣 2 分			
5	$\phi 74.9_{0}^{+0.039}$mm	6	超差 0.01mm 扣 2 分			
6	$\phi 85_{0}^{+0.035}$mm	6	超差 0.01mm 扣 2 分			
7	$\phi 122$mm	5	超差 0.02mm 扣 2 分			
8	1.7mm×($\phi 50\pm 0.08$)mm	6	超差 0.02mm 扣 2 分			
9	4mm×$\phi 80$mm	4	超差 0.02mm 扣 2 分			
10	(14±0.1)mm	5	超差 0.02mm 扣 2 分			
11	$2.7_{0}^{+0.1}$mm	5	超差 0.02mm 扣 2 分			
12	$23_{-0.1}^{0}$mm	4	超差 0.02mm 扣 2 分			
13	51.5mm	5	超差 0.02mm 扣 2 分			
14	(48.5±0.05)mm	5	超差 0.02mm 扣 2 分			
15	22mm	5	超差 0.02mm 扣 2 分			
16	$Ra3.2\mu m$、$Ra1.6\mu m$	5	一处不合格扣 1 分			
17	几何公差	8	超差 0.02mm 扣 2 分			
18	C1	4	超差扣分			
19	安全文明生产	4	违章操作酌情扣分			
	总分					

任务六 车深孔锥齿轮套

孔深与孔径比达到 $\frac{L}{D}>5$ 的工件内孔称为深孔。在普通车床上加工深孔工件时，由于孔深大、刀杆细长且伸出过长而造成车削刚性极差，并容易出现因刀杆强度差而引发的振动，切屑不易排出会造成对刀具质量不易控制，这深孔加工工艺要考虑的重要内容。

一、任务图样

深孔锥齿轮套工件图如图 4-23 所示。

二、图样分析

（1）精度要求

1）锥齿轮套有两处几何公差，其中主要尺寸外圆、内孔与轴线的同轴度要求严格，公差值在 0.01mm 以内。

2）锥齿轮齿面对轴线的跳动公差为 0.02mm。

3）尺寸公差四处，其中线性尺寸要求严格。

（2）工艺分析

1）锥齿轮套总长和孔深 115mm，$L/D=5.75$，属深孔工件。

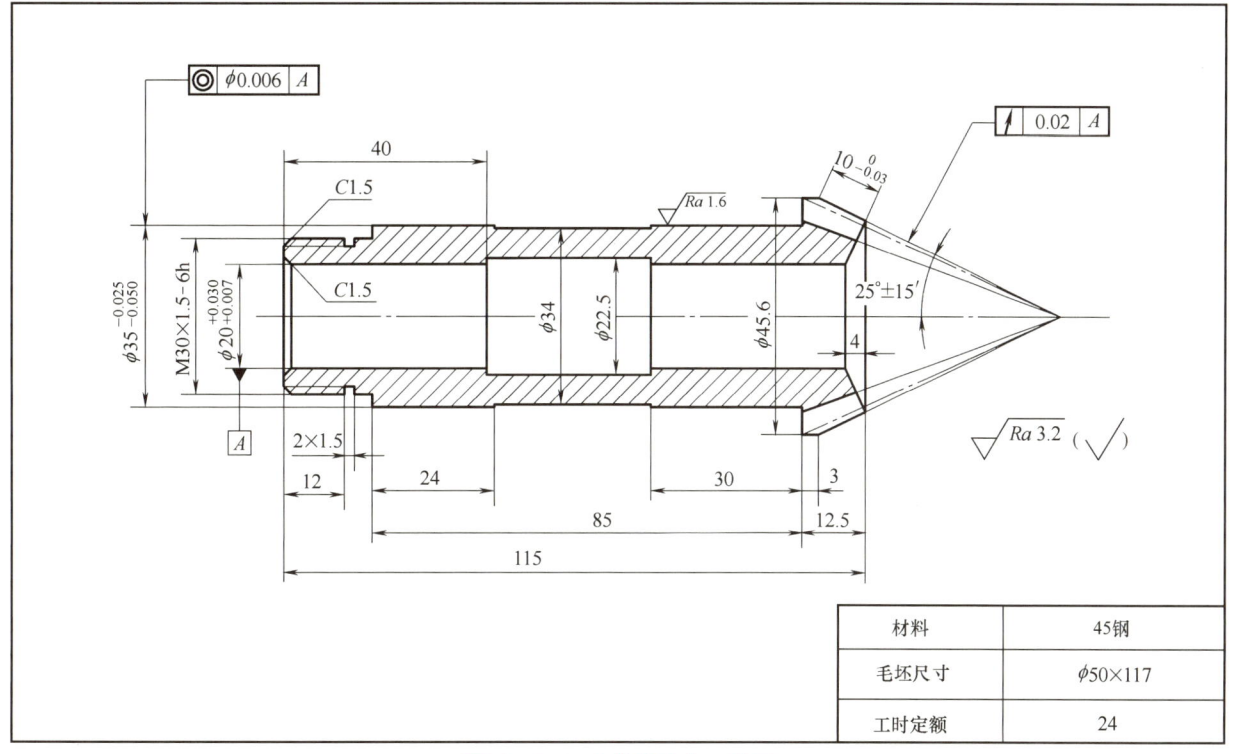

图 4-23 深孔锥齿轮套工件图

2）按套类工件批量生产的工艺原则可分为粗车、半精车和精车三部分完成。

3）由于同轴度公差、齿面跳动公差要求严格，故车削中可分多道工步进行加工：粗车外圆—掉头钻孔—扩孔—粗铰孔—精铰孔，分别使用弹力心轴和实心轴完成精车外圆与齿面尺寸。

4）由于深孔车削长径比较大，内孔车刀的刀杆应尽可能保持良好的刚性，应尽可能使用圆形刀杆，直径以 $\phi14mm$ 为宜。有条件的可采用轴承钢制作刀杆材料。

5）合理地选择定位、加工基准是保证加工质量、控制工艺路线的重要基础。

① 选择毛坯大外圆较平整的部分与自定心卡盘接触夹紧作为粗基准。

② 根据基准重合原则，首先应选择轴线及内孔作为精基准，使用锥度实心轴完成车削。

6）弹力心轴如图 4-24 所示，弹力心轴工装如图 4-25 所示。

三、车削加工准备

中心钻（A3）、90°偏刀、45°端面车刀、90°精车刀、切断刀、钻头、铰刀、弹力心轴、实体心轴、0~150mm 游标卡尺、25~50mm 千分尺、0~25mm 千分尺。

四、车削工步及切削用量的选择（表 4-18）

表 4-18 车削工步及切削用量的选择

工步	工步内容	工步图示	切削用量的选择
1	用自定心卡盘装夹毛坯，伸出长度 60mm，车端面，钻中心孔		车端面：$n=560\sim700r/min$ 钻中心孔：$n=700\sim800r/min$

(续)

工步	工步内容	工步图示	切削用量的选择
2	采用一夹一顶的方式车外圆 φ35mm,留余量 2mm		车外圆：$n = 560\sim700\text{r/min}$
3	掉头,用自定心卡盘装夹 φ37mm 外圆,车总长,留余量 2mm。车大外圆至 φ47mm		车外圆：$n = 560\sim700\text{r/min}$
4	用 φ18mm 钻头钻孔。首先钻出定位孔,再选择 $n = 200\text{r/min}$ 的转速钻孔,用 φ19.8mm 钻头扩孔,用 φ20mm 铰刀粗、精铰 φ20 孔。掉头,用小刀架车锥面。用弹力心轴半精车 φ35mm 尺寸至 φ35.5mm,车好螺纹 M30×1.5,切槽。采用两顶尖装夹,用实心轴精车 φ35mm 尺寸至图样要求		

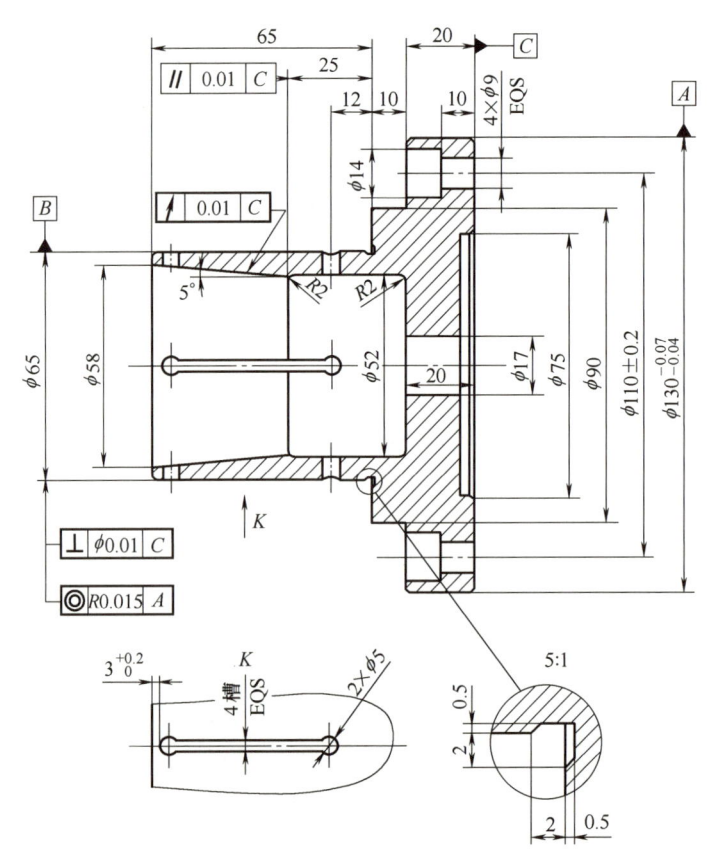

图 4-24 弹力心轴

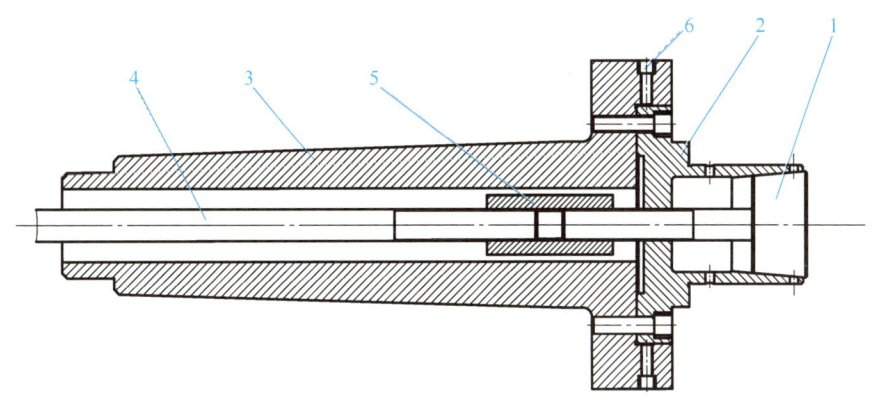

图 4-25　弹力心轴工装

1—弹力心轴　2—弹力心轴夹具　3—夹具　4—连杆　5—连接螺母　6—紧固螺钉

五、要点提示

1）半精车时使用弹力心轴工装，主要目的是提高生产率，其效率是其他加工方法的 3 倍。

2）使用锥度实心轴精车的主要目的是保证加工质量，因为弹力心轴的精车一般只能保证 0.02mm 的同轴度要求。

3）由于深孔锥齿轮精度要求较高，故必须对弹力心轴和锥度心轴进行校正。

4）加工时必须进行首件检查和中间抽查，这样方可保证工件的精度要求。

【考核评价】（表 4-19）

表 4-19　深孔锥齿轮套检测评分表

序号	检测项目	分值	评分要求	测评结果	得分	备注
1	$\phi 45.6$mm	4	超差 0.02mm 扣 2 分			
2	$\phi 35_{-0.050}^{-0.025}$mm	10	超差 0.01mm 扣 2 分			
3	$\phi 34$mm	2	超差 0.02mm 扣 2 分			
4	M30×1.5-6h	12	超差不得分			
5	$\phi 22.5$mm	2	超差 0.02mm 扣 2 分			
6	$\phi 20_{+0.007}^{+0.030}$mm	10	超差 0.02mm 扣 2 分			
7	12mm	2	超差 0.02mm 扣 2 分			
8	2mm×1.5mm	2	超差 0.02mm 扣 2 分			
9	24mm	2	超差 0.02mm 扣 2 分			
10	3mm	2	超差 0.02mm 扣 2 分			
11	12.5mm	2	超差 0.02mm 扣 2 分			
12	30mm	2	超差 0.02mm 扣 2 分			
13	85mm	2	超差 0.02mm 扣 2 分			
14	115mm	4	超差 0.02mm 扣 2 分			
15	4mm	2	超差 0.02mm 扣 2 分			
16	40mm	2	超差 0.02mm 扣 2 分			
17	$10_{-0.03}^{0}$mm	4	超差 0.01mm 扣 2 分			
18	25°±15′	4	超差不得分			
19	C1.5	2	超差不得分			
20	$Ra1.6\mu m、Ra3.2\mu m$	8	一处不合格扣 1 分			
21	几何公差	10	超差 0.01mm 扣 2 分			
22	安全文明生产	10	违章操作酌情扣分			
	总分					

【练习题】

1）麻花钻的顶角通常为多少度？怎样根据切削刃形状来判别顶角大小？
2）车削孔的关键技术是什么？
3）怎样改善内孔车刀的刚性？
4）车削不通孔和通孔有什么不同？各选用什么样的刀具？
5）铰削应注意的事项有哪些？
6）如何合理地选用切削液？
7）车削不通孔时，控制孔深的方法有哪几种？
8）车削V槽时，造成断刀的主要原因有哪些？
9）车削导套时，如何保证孔的同轴度要求？
10）扩孔的方法有哪些？各有什么优缺点？
11）加工图4-26所示的薄壁套。

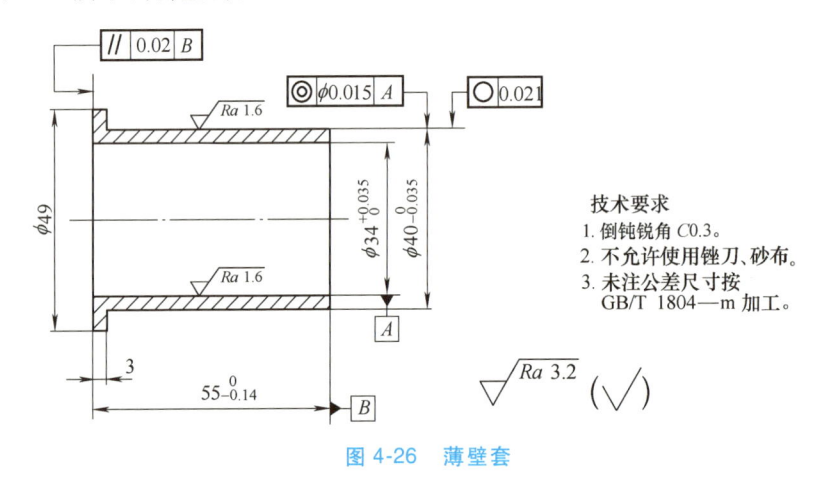

图4-26 薄壁套

12）加工图4-27所示的锥齿轮坯。

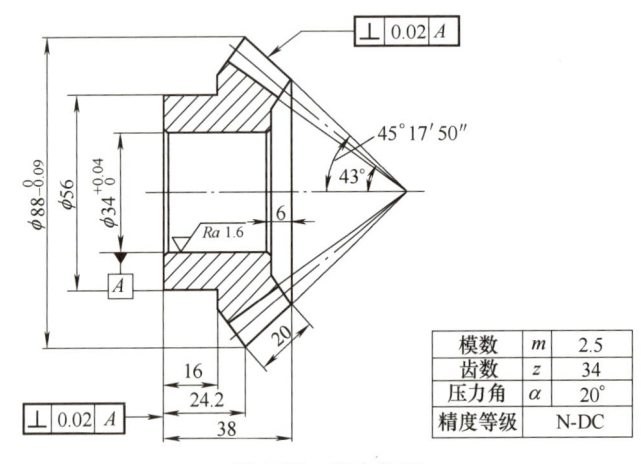

模数	m	2.5
齿数	z	34
压力角	α	20°
精度等级		N-DC

图4-27 锥齿轮坯

模块五 圆锥面车削

【教学目标】

序号	教学目标	具 体 内 容
1	素养目标	1)培养学生分析问题、解决问题的能力 2)培养学生勤实践、多动手、爱动脑的好习惯 3)培养学生的团队协作能力,能团结互助完成教学任务
2	知识目标	1)熟悉锥度车削的相关知识 2)熟悉切削用量并能选择合适的切削用量
3	技能目标	1)能够熟练地车削锥度 2)会计算锥度

【任务要求】

1)注重集体协作,严格按照指导教师的安排进行锥度车削。
2)以小组为单位,分组进行锥度车削。

【任务实施】

以任务驱动法和基于工作过程导向贯穿整个单元的教学过程,在任务实施过程中灵活运用讲授、提问、讨论、演示、巡回指导等教学方法。

【任务耗材】

外圆锥:ϕ40mm×92mm。
内圆锥:ϕ45mm×60mm。
锥齿轮坯:ϕ50mm×38mm

【工时安排】

任 务	内 容	工时安排
一	车外圆锥	8
二	车内圆锥	10
三	车锥齿轮坯	12

任务一 车外圆锥

在机械产品中,圆锥面被广泛用作配合表面,具有配合紧密、定位准确、装卸方便等优点,即使因长时间使用发生磨损，仍能保持良好的定心和配合作用。常见的圆锥面零件有锥齿轮、锥形主轴、带锥孔的齿轮、锥形手柄等。

一、任务图样

外圆锥工件图如图 5-1 所示。

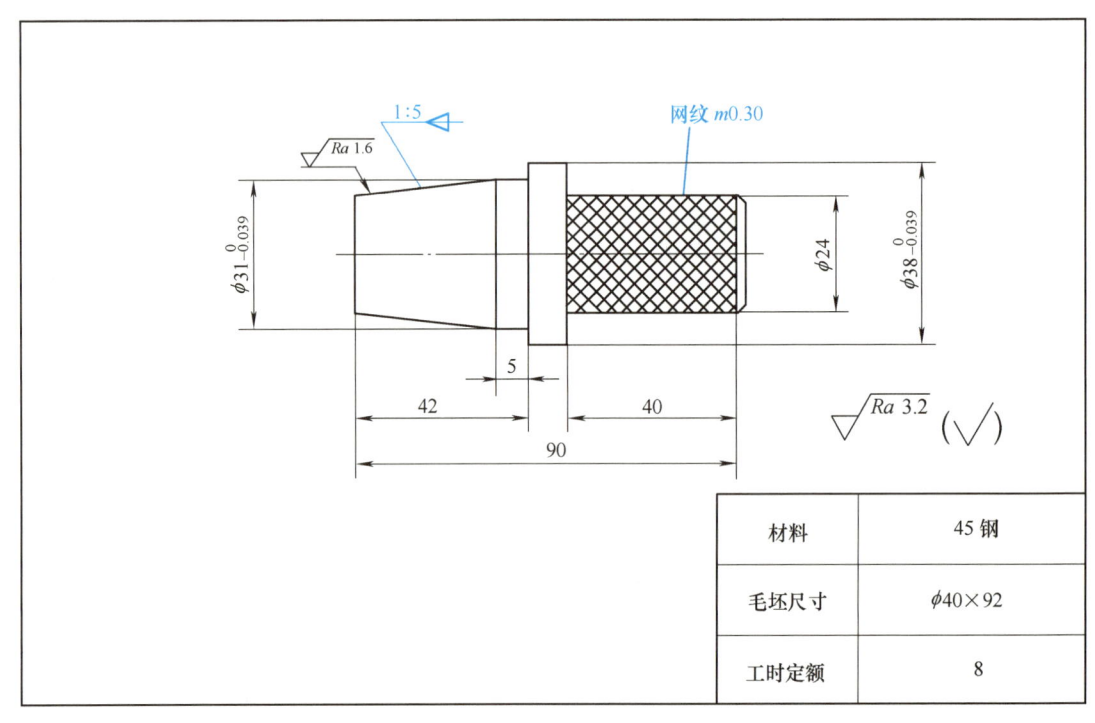

图 5-1 外圆锥工件图

二、图样分析

1) 外圆锥锥度为 1∶5，圆锥角 $\alpha = 11°25'16''$（即标准锥度），圆锥半角 $\alpha/2 = 5°42'38''$（即小刀架转动角度），适用于易拆卸的连接，如砂轮机主轴。
2) 网纹滚花，$m = 0.30$mm。
3) 锥度的表面质量要求高。

三、车削加工准备

滚花刀、90°外圆车刀、光刀、呆扳手（17~19号）、游标卡尺。

四、车削工艺分析

圆锥面配合的主要特点：当圆锥角较小（在3°以下）时，可以传递很大的转矩；同轴度较高，能做到无间隙配合。

加工圆锥面时，除了尺寸精度、几何精度和表面质量具有较高要求外，还有角度（或锥度）的精度要求。角度的精度用加、减角度的分或秒表示。对于精度要求较高的圆锥面，常用涂色法检验，其精度以接触面面积的大小来评定。

1. 锥度标准

圆锥的计算示意图如图 5-2 所示，其公式为

$$\tan\frac{\alpha}{2} = \frac{D-d}{2L} = \frac{C}{2} \tag{5-1}$$

式中　　D——最大圆锥直径；

　　　　d——最小圆锥直径；

　　　　L——圆锥长度；

　　　　C——锥度。

　　　　$\alpha/2$——圆锥半角。

莫氏锥度标准见表 5-1。常用标准圆锥的锥度见表 5-2。

2. 车外圆锥的方法

圆锥体既有角度要求又有尺寸精度要求，加工首先保证圆锥角度，再保证尺寸精度。

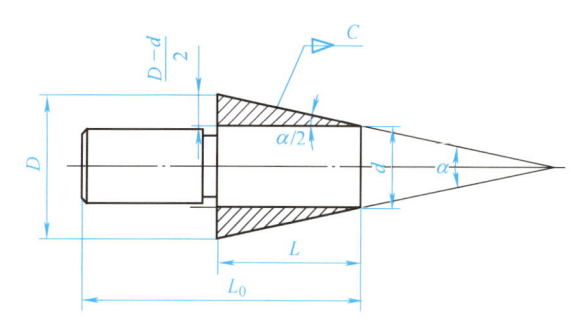

图 5-2　圆锥的计算示意图

表 5-1　莫氏锥度标准

莫氏锥号	锥度 公称尺寸	偏差 外圆锥	偏差 内圆锥	圆锥角 2α 公称尺寸
0	1:19.212 = 0.05205	0.0005	-0.0005	2°58′54″
1	1:20.047 = 0.04988	0.0004	-0.0004	2°51′26″
2	1:20.020 = 0.04995	0.0004	-0.0004	2°51′41″
3	1:19.922 = 0.05194	0.0003	-0.0003	2°51′32″
4	1:19.254 = 0.05194	0.0003	-0.0003	2°58′31″
5	1:19.002 = 0.05263	0.0002	-0.0002	3°0′53″
6	1:19.18 = 0.05214	0.0002	-0.0002	2°59′12″

表 5-2　常用标准圆锥的锥度

锥度 C	圆锥角 α	圆锥半角 α/2	应用举例
1:4	14°15′	7°7′30″	车床主轴法兰及轴头
1:5	11°25′16″	5°42′38″	易于拆卸的连接、砂轮主轴与砂轮法兰的接合等
1:7	8°10′16″	4°5′8″	管件的开关塞、阀等
1:12	4°46′19″	2°23′9″	部分滚动轴承内环锥孔
1:15	3°49′6″	1°54′23″	主轴与齿轮的配合部分
1:16	3°34′47″	1°47′24″	圆锥管螺纹
1:20	2°51′51″	1°25′56″	米制螺纹圆锥、锥形主轴
1:30	1°54′35″	0°57′17″	锥柄的铰刀和扩孔钻与柄的配合
1:50	1°8′45″	0°34′23″	圆锥定位销及锥铰刀

用转动小滑板的方法车外圆锥，如图 5-3 所示。

1）根据工件图样查表找到圆锥半角 $\dfrac{\alpha}{2}$，即小滑板转动的角度。

2）用扳手松开转盘螺母，沿逆时针方向转动小滑板 5°42′38″。

3）车刀的安装中心必须对准工件回转中心，精车应使用光刀，以保证素线直线度要求。

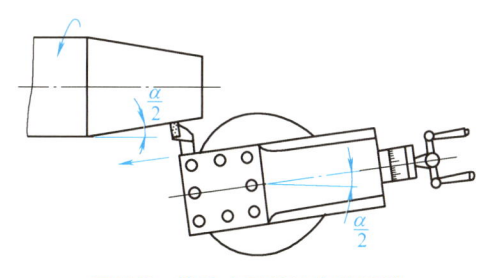

图 5-3　转动小滑板法车外圆锥

4）车削圆锥外圆也要分粗车和精车，方法是先按照圆锥大端直径将工件车成圆柱体，然后用 90°外车刀粗车圆锥面，留精车余量 0.5~1mm，再用光刀低速精车圆锥面，表面粗糙度值达到 $Ra1.6\mu m$。

5）圆锥面的精车。确定留精车余量 0.5~1mm 时

$$a_p = a\dfrac{C}{2} \tag{5-2}$$

式中　　C——锥度；

　　　　a——轴线方向的长度。

$$a = 0.25/\tan\frac{\alpha}{2}$$

$$= \frac{0.25}{0.1}\text{mm}$$

$$= 2.5\text{mm}$$

(5-3)

由式（5-3）可知，留 0.5~1mm 的精车余量时，轴线方向的长度在 5mm 以内。

6）采用光刀从大端向小端车削可确保质量符合要求。

3. 小端直径的提示作用

1）国标和莫氏锥度标准中规定锥度以大端直径为基准，测量也以大端直径为依据，而在加工过程中，车削外锥面一般是从小端开始的，为防止因 a_p 过大而造成报废，应先计算出小端直径作为参考，确定小端车削的背吃刀量 a_p 值。

2）图样中的锥度为 1∶5，此值为常用标准锥度。

小端直径的计算如下

$$d = D - CL = D - \frac{1}{5} \times 35 = 24\text{mm}$$

(5-4)

① 小端外圆背吃刀量 a_p 值为

$$a_p = \frac{D-d}{2} = 3.5\text{mm}$$

(5-5)

留 1mm 精车余量，因此 $a_p = 2.5$mm。

② 用粉笔在刻度盘上划线标记，确定 $a_p = 2.5$mm 的具体位置。

4. 圆锥角的检测

1）粗车锥面进入套规 1/2 以上时，开始检测圆锥角，如图 5-4 所示。

2）手握住套规做上下摆动，根据间隙的端位确定调整方法。大端有间隙说明圆锥角太小，小端有间隙则说明圆锥角太大，如图 5-5 所示。

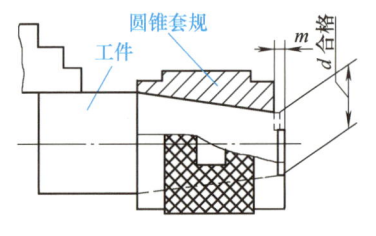

图 5-4 圆锥角的检测（一）

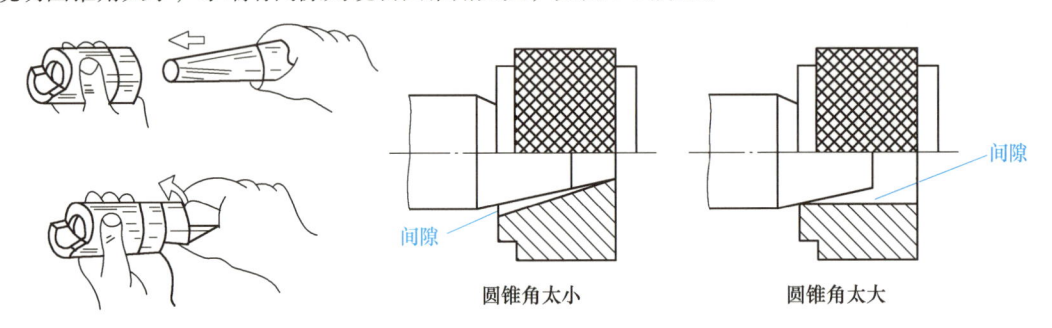

图 5-5 圆锥角的检测（二）

3）用游标万能角度尺测量圆锥角（0°~50°），如图 5-6 所示。

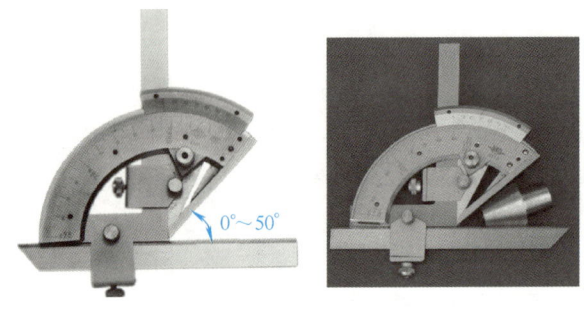

图 5-6 游标万能角度尺测量圆锥角

五、车削工步及切削用量的选择（表 5-3）

表 5-3　外圆锥车削工步及切削用量的选择

工步	工步内容	工步图示	切削用量的选择
1	夹紧毛坯，伸出长度为 50mm，车好 ϕ38mm 外圆，再车 ϕ31mm（留 1mm 余量），然后车台阶长 40mm		$n=500\text{r/min}$ $f=0.24\text{mm/r}$
2	掉头夹紧 ϕ31mm 外圆，车 ϕ24mm，滚花		$n=90\text{r/min}$
3	夹紧 ϕ24mm 滚花处（垫铜皮），车好锥度		$n=500\text{r/min}$

六、要点提示

1）车刀必须对准工件旋转中心，避免产生双曲线（素线不直）误差。
2）车圆锥体前对圆柱直径的要求，一般应根据圆锥体大端直径留约 1mm 余量。
3）车刀切削刃要始终保持锋利，工件表面应一刀车出。
4）应两手握小滑板手柄，均匀地移动小滑板。
5）粗车时，进给量不宜过大，应先找正锥度，以防工件尺寸车小而报废。一般留 0.5mm 的精车余量。
6）用游标万能角度尺检查锥度时，测量边应通过工件中心。用套规检查锥度时，工件表面粗糙度值要小，涂色要均匀，一般正、反方向各旋转半圈。
7）车削前要适当调整小滑板，以使小滑板在车削过程中起到良好的作用。

【考核评价】（表 5-4）

表 5-4　外圆锥检测评分表

序号	检测项目		分值	评分要求	测评结果	得分	备注
1	外圆尺寸	ϕ24mm	8	超差酌情扣分			
		$\phi 31_{-0.039}^{\ 0}$mm	8	超差 0.01mm 扣 2 分			
		$\phi 38_{-0.039}^{\ 0}$mm	8	超差酌情扣分			
2	总长、中心孔与表面质量	90mm	5	超差酌情扣分			
		42mm	5	超差酌情扣分			
		5mm	5	超差酌情扣分			
		40mm	5	超差酌情扣分			
		$Ra1.6\mu\text{m}$	8	超差酌情扣分			
3	锥度	1:5	28	超差酌情扣分			

(续)

序号	检测项目		分值	评分要求	测评结果	得分	备注
4	倒角	C2	2	超差扣分			
5	设备及工具、量具、刀具的使用维护	工具、量具、刀具的合理使用与保养	3	不符合要求扣分			
		操作车床并能及时发现一般故障	3	不符合要求扣分			
		车床的保养工作	6	不符合要求扣分			
6	安全文明生产	正确执行安全操作规程	6	不符合要求扣分			
	总分						

【知识技能拓展】

1. 转动小滑板法车外圆锥面的特点

1）因受小滑板行程限制，只能加工圆锥角较大但锥面不长的工件。
2）应用范围广，操作方便。
3）在同一工件上加工不同角度的圆锥时调整较方便。
4）只能手动进给，劳动强度大，表面粗糙度值较难控制。

2. 偏移尾座法车外圆锥面的特点

1）适合加工锥度小、精度不高、锥体较长的工件，因受尾座偏移量的限制，不能加工锥度大的工件。
2）可以采用纵向自动进给，使表面粗糙度值降低，工件表面质量较好。
3）因顶尖在中心孔中是歪斜的，接触不良，所以顶尖和中心孔磨损不均匀。
4）不能加工整锥体。

3. 技能拓展

加工图 5-7 所示的外圆锥工件。

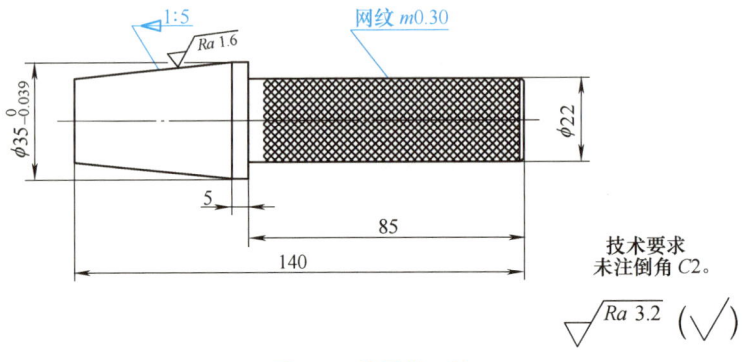

图 5-7 外圆锥工件

车削工艺如下：

1）车端面，车外圆 ϕ36mm，留 1mm 精车余量，长 60mm。
2）掉头夹紧 ϕ36mm 外圆，车外圆 $\phi25_{-0.3}^{0}$mm，滚花并倒角。
3）夹紧 ϕ25mm 滚花处（垫铜皮），车好锥度并适配合格。

任务二 车内圆锥

车内圆锥面比车外圆锥面要困难，因为车锥孔时不易察觉和测量。为了便于加工和测量，装夹工件时应使锥孔大端直径的位置在外端（靠近尾座方向），加工方法主要有转动小滑板法、仿形法和铰内圆锥法。

一、任务图样

内圆锥工件图如图 5-8 所示。

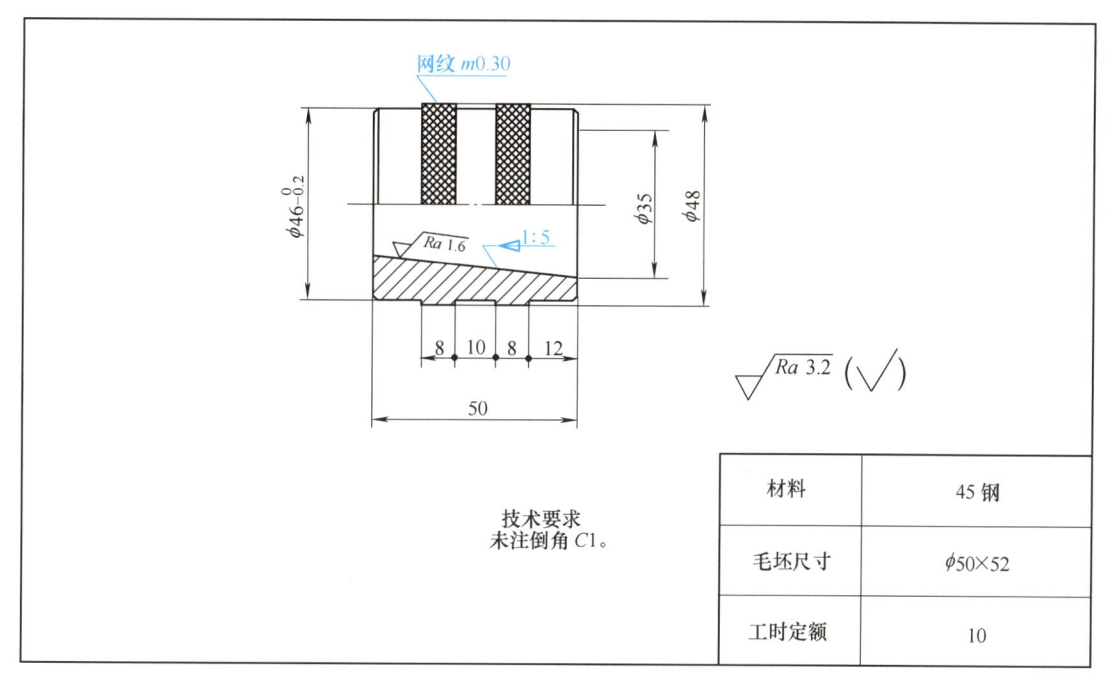

图 5-8 内圆锥工件图

二、图样分析

内圆锥锥度为 1：5，圆锥半角 $\frac{\alpha}{2}=5°42'38''$（小刀架转动角度）。

三、车削加工准备

ϕ22mm 钻头、90°外圆车刀、切断刀、游标卡尺、内孔车刀、滚花刀、圆锥塞规（1：5）。

四、车削工艺分析

转动小滑板法车内圆锥面的方法和步骤如下：

1）钻孔。用小于锥孔小端直径 1~2mm 的麻花钻钻底孔。

2）内圆锥车刀的选择与装夹。由于车刀刀柄尺寸受圆锥孔小端直径的限制，为了增大刀柄刚度，宜选用鹅蛋形刀柄，且使刀尖与刀柄中心对称平面等高。装刀时可以用车平面的方法调整车刀，使刀尖严格对准工件中心，刀柄伸出长度应保证其切削行程，刀柄与工件锥孔周围应留有一定空隙。车刀装夹好后，还必须停车在孔内摇动床鞍直至终点，检查刀柄是否会产生碰撞。

3）粗车内圆锥面。与转动小滑板法车外圆锥面一样，在加工前也必须调整好小滑板导轨与镶条的配合间隙，并确定小滑板的行程长度。加工时，车刀从外表开始切削，当塞规能塞进工件约 1/2 时，检查并校准圆锥角，如图 5-9 所示。

4）找正圆锥角，用涂色法检测圆锥孔角度，根据擦痕情况调整小滑板转动的角度。经几次试切和检查后逐步将角度

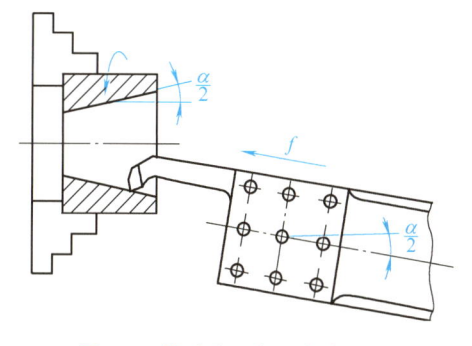

图 5-9 转动小滑板法车内圆锥

找正。

5）**精车内圆锥面。**精车内圆锥面控制尺寸的方法与精车外圆锥面控制尺寸的方法相同，也可以采用计算法或移动床鞍法来确定 a_p 值。

五、车削工步及切削用量的选择（表5-5）

表5-5 内圆锥车削工步及切削用量的选择

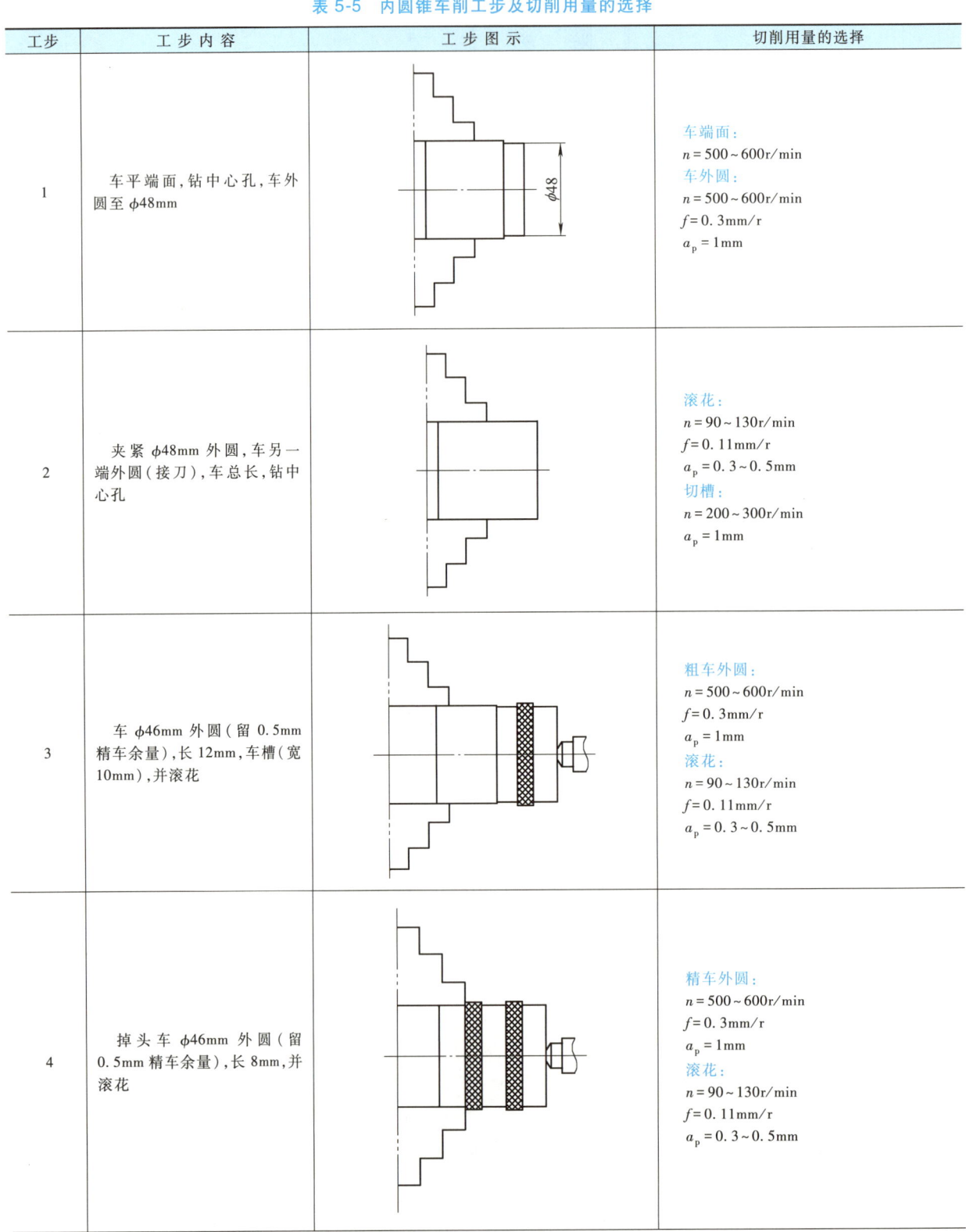

工步	工步内容	工步图示	切削用量的选择
1	车平端面，钻中心孔，车外圆至 ϕ48mm		车端面： $n = 500\sim600$r/min 车外圆： $n = 500\sim600$r/min $f = 0.3$mm/r $a_p = 1$mm
2	夹紧 ϕ48mm 外圆，车另一端外圆（接刀），车总长，钻中心孔		滚花： $n = 90\sim130$r/min $f = 0.11$mm/r $a_p = 0.3\sim0.5$mm 切槽： $n = 200\sim300$r/min $a_p = 1$mm
3	车 ϕ46mm 外圆（留0.5mm 精车余量），长12mm，车槽（宽10mm），并滚花		粗车外圆： $n = 500\sim600$r/min $f = 0.3$mm/r $a_p = 1$mm 滚花： $n = 90\sim130$r/min $f = 0.11$mm/r $a_p = 0.3\sim0.5$mm
4	掉头车 ϕ46mm 外圆（留0.5mm 精车余量），长8mm，并滚花		精车外圆： $n = 500\sim600$r/min $f = 0.3$mm/r $a_p = 1$mm 滚花： $n = 90\sim130$r/min $f = 0.11$mm/r $a_p = 0.3\sim0.5$mm

(续)

工步	工步内容	工步图示	切削用量的选择
5	1）钻孔 φ22mm，车锥孔至图样要求 2）精车 φ46mm 外圆至图样要求，并倒角 3）掉头精车另一端 φ46mm 外圆至图样要求，并倒角		钻孔：$n=160\sim220$r/min 车锥度： $n=300\sim400$r/min 手动车削至尺寸要求 精车外圆： $n=800$r/min $f=0.05$mm/r $a_p=0.3\sim0.5$mm 倒角：$n=500\sim600$r/min

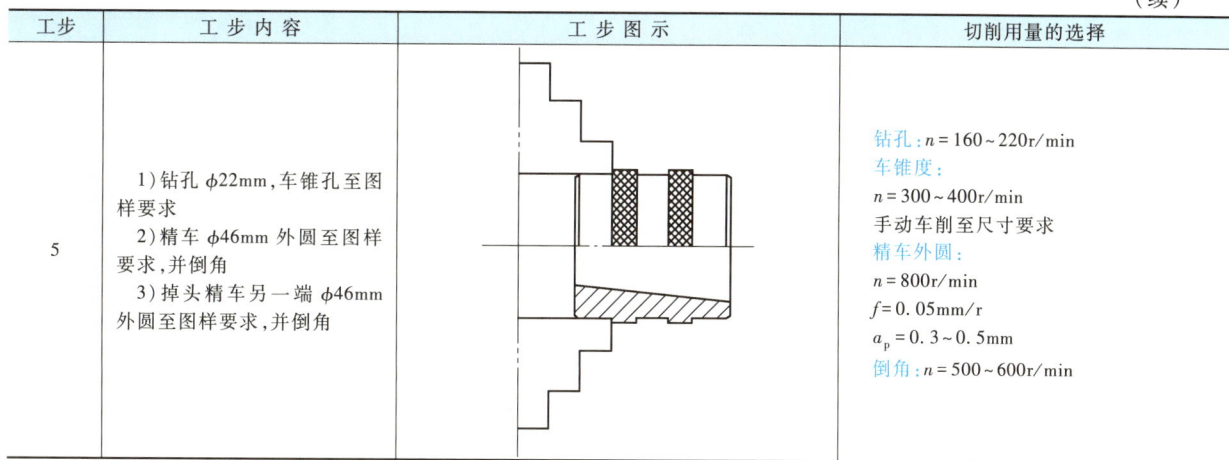

六、要点提示

1）选用刚性较好的内圆锥车刀，车刀刀尖必须严格对准工件中心。

2）粗车时不宜进刀过深，应大致校准锥度。

3）用圆锥塞规涂色检查时，必须注意孔内清洁，显示剂必须涂在圆锥塞规表面，转动量在半圈之内且可沿一个方向转动。取出圆锥塞规时注意安全，不能敲击，以防工件移位。

4）精车锥孔时，要以圆锥塞规上的标尺标记来控制锥孔尺寸。

【考核评价】（表5-6）

表5-6 内圆锥测评分表

序号	检测项目		分值	评分要求	测评结果	得分	备注
1	外圆尺寸	$\phi46_{-0.2}^{0}$mm	10	超差酌情扣分			
		$\phi48$mm	8	超差酌情扣分			
2	槽宽	10mm	3	超差酌情扣分			
3	长度与表面质量	50mm	4	超差酌情扣分			
		12mm	4	超差酌情扣分			
		8mm（2处）	8	超差酌情扣分			
		10mm	4	超差酌情扣分			
		$Ra3.2\mu$m	8	超差酌情扣分			
4	滚花	网纹 m0.30	5	超差酌情扣分			
5	锥度	1:5	28	超差酌情扣分			
6	设备及工具、量具、刃具的使用维护	工具、量具、刃具的合理使用与保养	5	不符合要求扣分			
		操作车床并能及时发现一般故障	5	不符合要求扣分			
		车床的润滑	3	不符合要求扣分			
		车床的保养工作	5	不符合要求扣分			
	总分						

【知识技能拓展】

1. 废品分析（表5-7）

表5-7 转动小滑板法车削锥面时产生废品的原因及预防措施

废品种类	产生原因	预防措施
锥度不正确	1）小滑板转动角度计算错误或小滑板角度调整不当 2）车刀没有紧固 3）小滑板转动时松紧不均匀	1）仔细计算小滑板应转动的角度、方向，反复试车找正 2）紧固车刀 3）调整镶条间隙，使小滑板移动均匀

73

(续)

废品种类	产生原因	预防措施
大、小端尺寸不正确	1) 未经常测量大、小端直径 2) 控制刀具进给出错	1) 经常测量大、小端直径 2) 及时测量,用计算法或移动床鞍法控制切削深度
双曲线误差	车刀刀尖未对准工件轴线	车刀刀尖必须严格对准工件轴线
表面粗糙度值达不到要求	1) 切削用量选择不当 2) 手动进给忽快忽慢 3) 车刀角度不正确,刀尖不锋利 4) 小滑板镶条间隙不当 5) 未留足精车或铰削余量	1) 正确选择切削用量 2) 手动进给要均匀,快慢应一致 3) 刃磨车刀时,角度要正确,刀尖要锋利 4) 调整小滑板镶条间隙 5) 要留有适当的精车和铰削余量

2. 技能拓展

加工图 5-10 所示的内锥套。

车削工艺如下:

1) 夹持毛坯,伸长长度为 30mm,车平端面,粗车外圆至 φ38.5mm。

2) 夹持 φ38.5mm 外圆,粗车另一端外圆(接刀),车总长,钻中心孔。

3) 一夹一顶粗车外圆至 φ38mm,车 R2.5mm 半圆。钻孔 φ20mm,车锥孔。

4) 掉头车另一端外圆至 φ38mm,车孔 φ22mm。

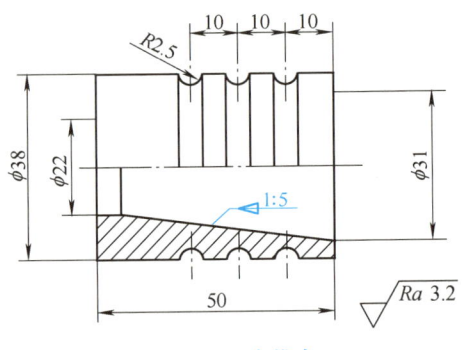

图 5-10 内锥套

任务三 车锥齿轮坯

在机床中常利用直齿锥齿轮两相交轴线的回转运动传递两轴线相交的垂直轴运动,同时还可达到减少设计空间、减小体积的作用。其特点是轴孔相互位置精度较高。

一、任务图样(图 5-11)

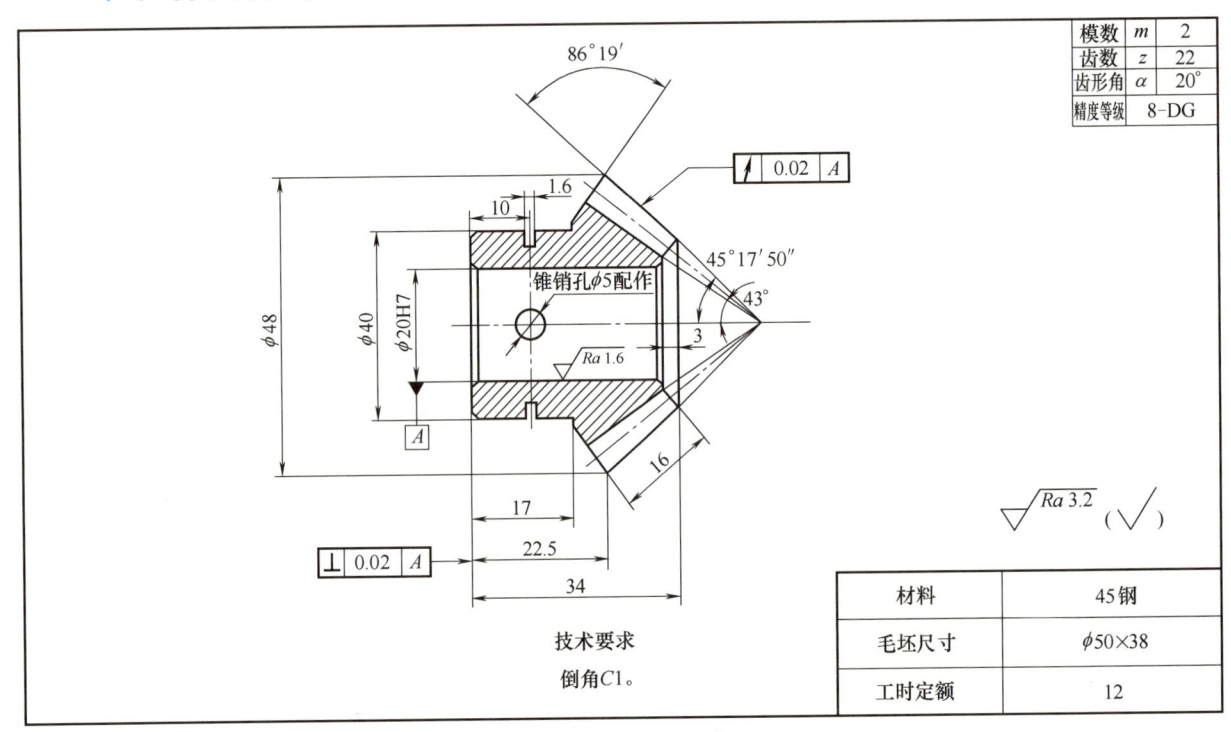

技术要求
倒角C1。

图 5-11 锥齿轮坯工件图

模数 m	2
齿数 z	22
齿形角 α	20°
精度等级	8-DG

材料	45钢
毛坯尺寸	φ50×38
工时定额	12

二、图样分析

1）锥齿轮锥面长 16mm，锥面右端面到锥齿顶部的轴向距离为 115mm。

2）锥齿轮内孔是车床、铣床、刨床等机床的定位基准，左端面是加工基准。要求内孔 φ20H7 与左端一次加工完毕，其垂直度要求严格。

3）锥齿轮锥面相对于基准孔中心线的径向跳动应控制在 0.02mm 以内。

三、车削加工准备

1）工、量、刀具准备。90°正偏刀、45°偏刀，φ18mm 钻头，φ20H7 塞规，游标万能角度尺，自制心轴。

2）小滑板楔铁的调整如图 5-12 所示。

3）试车圆锥，如图 5-13 所示。

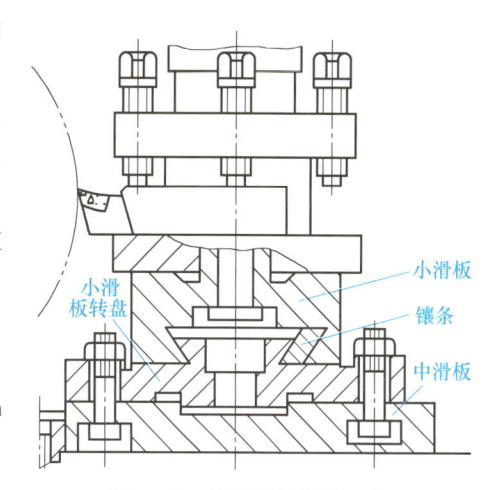

图 5-12 小滑板楔铁的调整

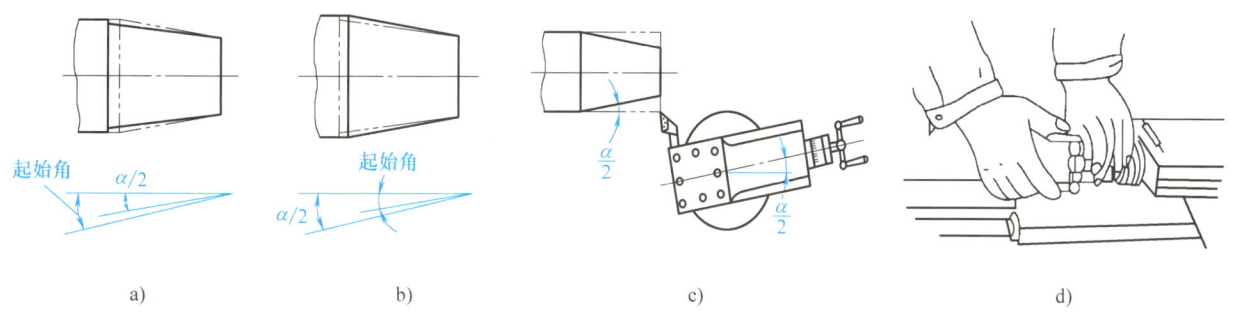

图 5-13 试车圆锥
a）起始角大于 α/2　b）起始角小于 α/2　c）确定起始位置　d）试车外圆锥

四、车削工艺分析

1）游标万能角度尺的外形如图 5-14 所示。

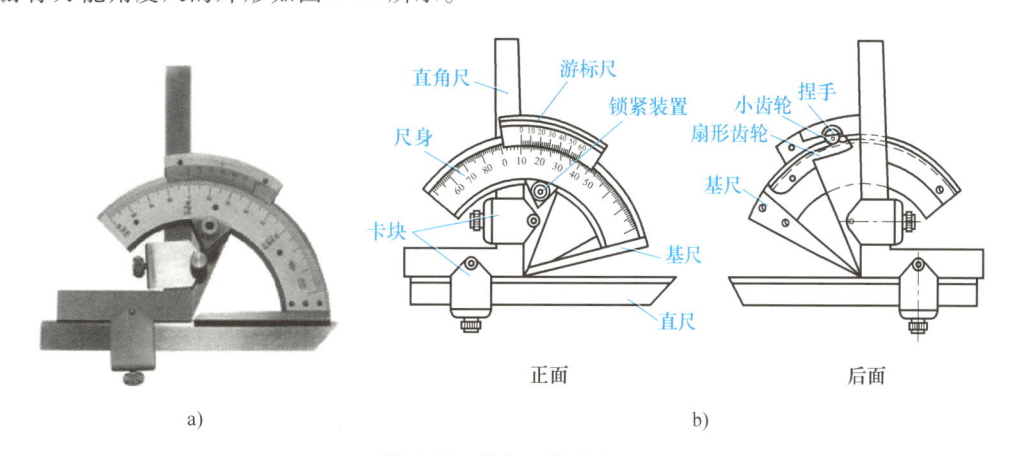

图 5-14 游标万能角度尺
a）实物图　b）结构图

2）游标万能角度尺的使用方法如图 5-15 所示。

锥齿轮坯单件生产时，采用转动小滑板法车削锥度，如图 5-16 所示。

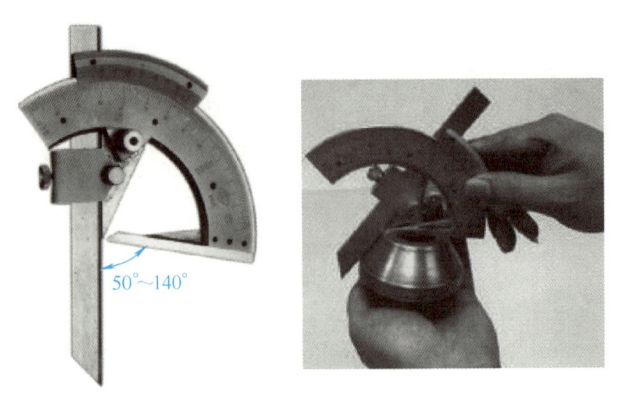

图 5-15　游标万能角度尺的使用方法

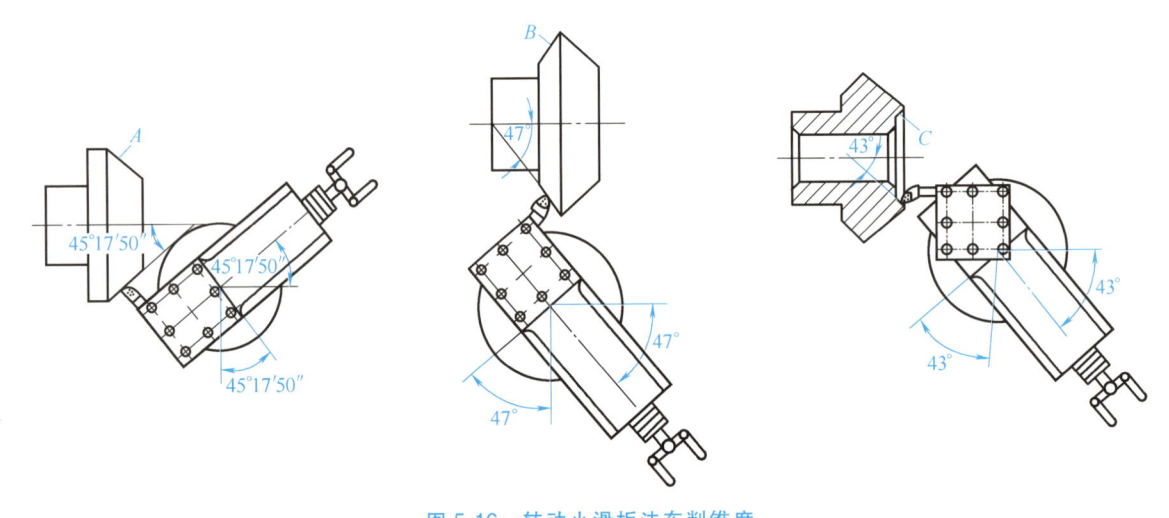

图 5-16　转动小滑板法车削锥度

注：先车 A 面，再车 B 面，最后车 C 面。

五、车削工步及切削用量的选择（表 5-8）

表 5-8　锥齿轮坯车削工步及切削用量的选择

工步	工步内容	工步图示	切削用量的选择
1	车大外圆		车端面外圆： $n=400\sim600$r/min $f=0.1\sim0.2$mm/r 钻中心孔： $a_p\approx1$mm（端面车平即可） $n=700\sim800$r/min
2	车小外圆		车外圆： $n=400\sim600$r/min $f=0.2\sim0.3$mm/r $a_p\geqslant5$mm

（续）

工步	工步内容	工步图示	切削用量的选择
3	车内孔		钻孔： $n=200\text{r/min}$ 车孔： $n=200\text{r/min}$ $f=0.1\sim0.2\text{mm/r}$ $a_p=1\text{mm}$
4	自制心轴		$n=500\sim600\text{r/min}$ $f=0.2\sim0.3\text{mm/r}$
5	车锥度		$n=500\sim600\text{r/min}$
6	精车		$n=700\sim800\text{r/min}$ $f=0.1\sim0.2\text{mm/r}$

六、要点提示

1）车刀必须对准工件旋转中心，以避免产生双曲线误差。
2）车圆锥体前对圆柱直径的要求，一般应按圆锥体大端直径留余量1mm左右。
3）车刀切削刃应保持锋利，工件表面应一刀车出。
4）车孔时，应及时进行测量，避免将孔报废。

【考核评价】（表5-9）

表5-9 锥齿轮坯检测评分表

序号	检测项目		分值	评分要求	测评结果	得分	备注
1	外圆尺寸	φ20H7	6	超差0.01mm扣2分			
2		φ40mm	6	超差0.02mm扣2分			
3		φ48mm	6	超差0.02mm扣2分			
4	长度尺寸	17mm	6	超差0.02mm扣2分			
5		22.5mm	5	超差0.02mm扣2分			
6		34mm	5	超差0.02mm扣2分			
7		16mm	5	超差0.02mm扣2分			
8		10mm	5	超差0.02mm扣2分			
9		1.6mm	5	超差0.02mm扣2分			
10		3mm	5	超差0.02mm扣2分			

(续)

序号	检测项目		分值	评分要求	测评结果	得分	备注
11		锥销孔 φ5mm 配作	6	超差 0.02mm 扣 2 分			
12	锥度	45°17′50″	10	超差酌情扣分			
13		86°19′	10	超差酌情扣分			
14	表面质量	Ra3.2μm、Ra1.6μm	6	一处不合格扣 1 分			
15	几何公差	⌀ 0.02 A	8	超差 0.02mm 扣 2 分			
16	倒角	C2	2	超差不得分			
17	安全文明生产	正确执行安全操作规程	4	不符合要求扣分			
	总分						

【知识技能拓展】

加工图 5-17、图 5-18 所示的锥齿轮坯。

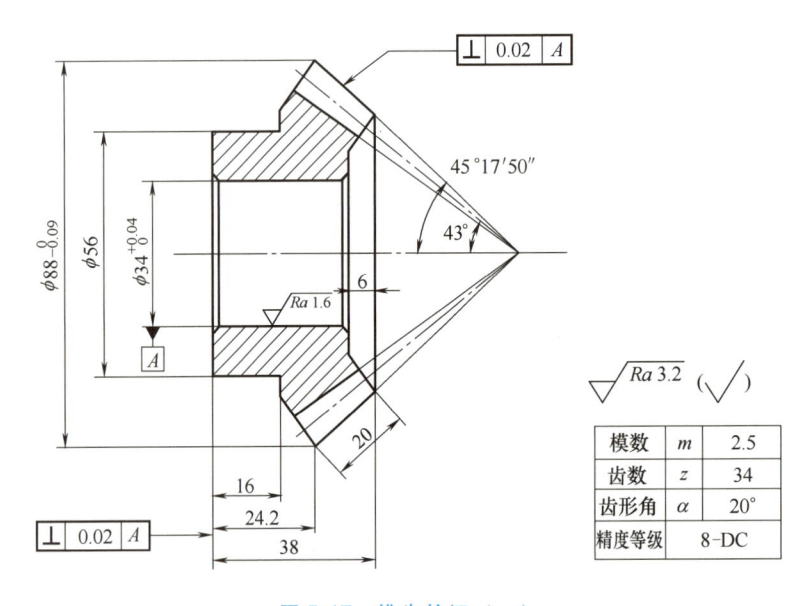

图 5-17 锥齿轮坯（一）

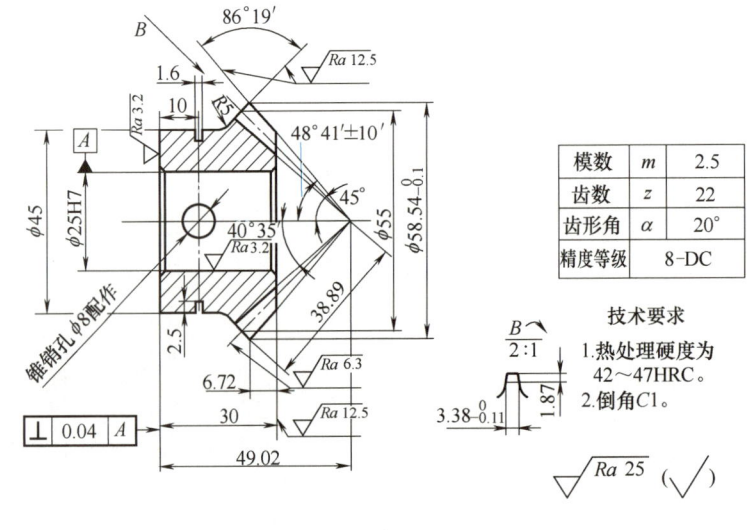

图 5-18 锥齿轮坯（二）

【练习题】

1）什么是锥度？写出其计算公式。
2）常见的车削锥度的方法有哪些？各适用于什么情况？
3）用转动小滑板法车削锥度有哪些优缺点？
4）用偏移尾座的方法车削锥度有哪些优缺点？
5）如何检查圆锥锥度？
6）车削圆锥时，产生废品的原因主要有哪些？应如何预防？
7）转动小滑板法车削外圆锥面的特点有哪些？
8）车削圆锥时，装夹的车刀刀尖没有对准工件轴线，对工件质量有什么影响？

模块六

成形面车削

【教学目标】

序号	教学目标	具体内容
1	素养目标	1）培养学生分析问题、解决问题的能力 2）培养学生勤实践、多动手、爱动脑的好习惯 3）培养学生的团队协作能力，能团结互助完成教学任务
2	知识目标	1）熟悉成形面车削的相关知识 2）会计算圆球部分的长度 3）能进行简单的车刀轨迹分析
3	技能目标	1）能正确刃磨圆头车刀 2）会绘制手摇柄图样 3）能够熟练地使用双手控制法车削圆球、手摇柄和三球手柄 4）熟悉切削用量的用法，并能选择合适的切削用量

【任务要求】

1）注重集体协作，严格按照指导教师的安排进行刀具刃磨和零件车削。
2）以小组为单位，分组进行刀具刃磨和零件车削。

【任务实施】

以任务驱动法和基于工作过程导向贯穿整个单元的教学过程，在任务实施过程中灵活运用讲授、提问、讨论、演示、巡回指导等教学方法。

【任务耗材】

圆球：ϕ35mm×58mm（45钢）。
手摇柄：ϕ25mm×120mm（45钢）。
三球手柄：ϕ35mm×145mm（45钢）。

【工时安排】

任　务	内　容	工时安排
一	车圆球	10
二	车手摇柄	12
三	车三球手柄	18

任务一　车　圆　球

在机械零件中，由于设计和使用方面的需要，有些零件表面要加工成各种复杂的曲面形状，有些零件表面需要特别光亮，而有些零件的某些表面需要增加摩擦阻力。对于上述不同的要求，可以在卧式车床上采取各种适当的工艺方法来满足要求。

一、任务图样

圆球工件图如图 6-1 所示，其实物如图 6-2 所示。

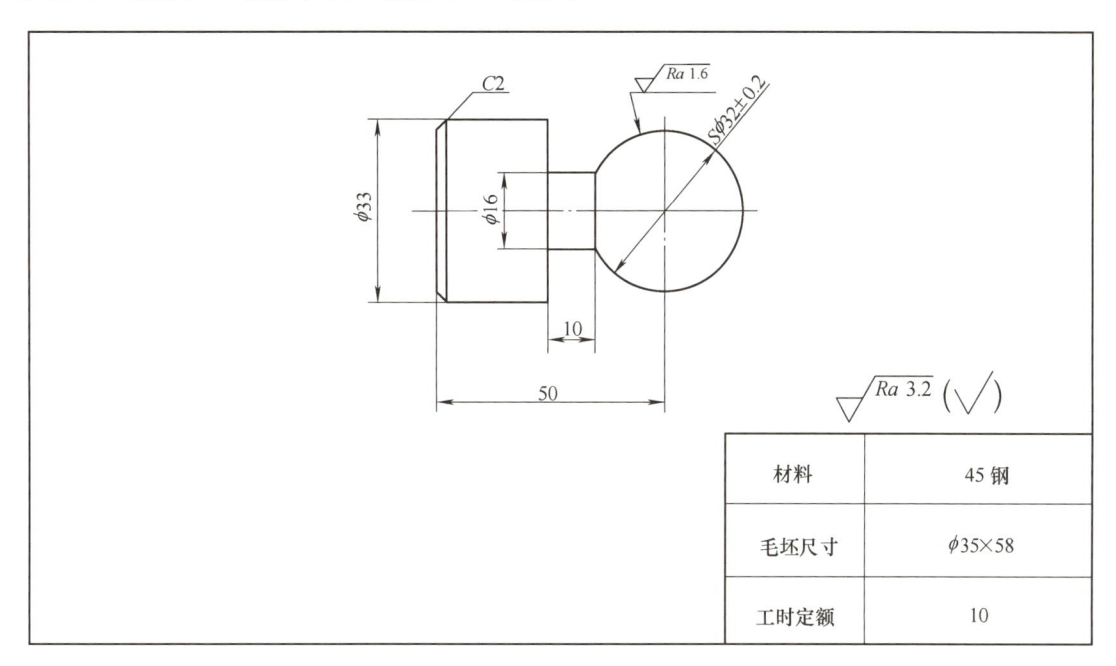

图 6-1　圆球工件图

图 6-2　圆球工件实物图

二、图样分析

1）圆球表面质量要求高。
2）圆球部分尺寸需要计算。

三、车削加工准备

90°外圆车刀、切断刀、圆头车刀、砂纸、游标卡尺和圆弧样板。

四、车削工艺分析

1. 双手控制法车单球手柄

（1）双手控制法　双手控制法是用双手控制中、小滑板或者控制中滑板与床鞍的合成运动，使刀尖的运动轨迹与工件所需要的成形面曲线重合，以车削成形面的方法，如图6-3所示。

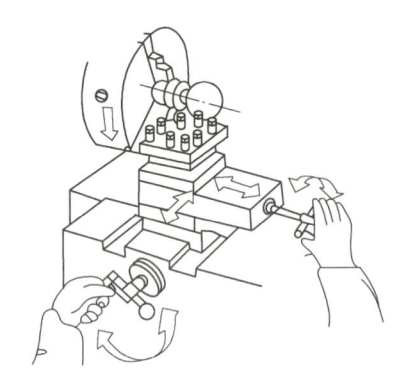

图6-3 双手控制法

（2）圆球部分长度 L 的计算　圆球手柄如图6-4所示。

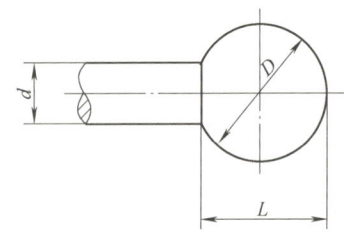

图6-4 圆球手柄

计算公式为

$$L = \frac{1}{2}(D + \sqrt{D^2 - d^2}) \tag{6-1}$$

式中　L——圆球部分长度，单位为 mm；
　　　D——圆球直径，单位为 mm；
　　　d——柄部直径，单位为 mm。

（3）任务重点和难点　用双手控制法车削圆球是成形面车削的基本方法，这主要是反映中滑板与床鞍的合成运动。

（4）车刀的轨迹分析　车刀轨迹如图6-5所示。

车刀刀尖在各位置上的横向、纵向进给速度是不同的，如图6-5所示。车削 a 点时，中滑板横向进给速度 v_{ay} 要比床鞍纵向进给速度 v_{ax} 慢；车削 b 点时，中滑板进给速度 v_{by} 与床鞍右进速度 v_{bx} 相等；车削 c 点时，中滑板进给速度 v_{cy} 比床鞍右进速度 v_{cx} 快。

1）车削圆球时，机床纵、横向进给速度对比分析。当车刀从 a 点出发通过 b 点至 c 点时，纵向进给速度是快—中—慢，横向进给速度是慢—中—快，即纵向进给速度逐步减慢，横向进给速度逐步加快。

图6-5 车刀轨迹

2）车削单球手柄时，一般先车圆球直径 D 和柄部直径 d 及长度 L，留精车余量0.2mm，然后用 R2mm 左右的小圆弧车刀从 a 点向 b 点和 c 点切削，车刀的运动轨迹应与圆球曲线重合。

（5）车削方法　成形面的车削方法有低速和高速两种，低速车削使用高速工具钢圆头车刀。高速车削使用硬质合金圆头车刀。低速车削效率低，高速车削效率是低速车削的几倍。

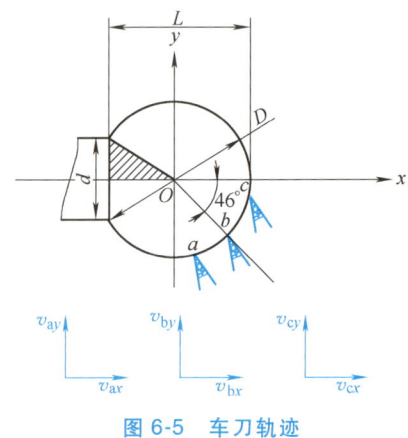

(6) 圆球车削 圆球车削如图 6-6 所示。

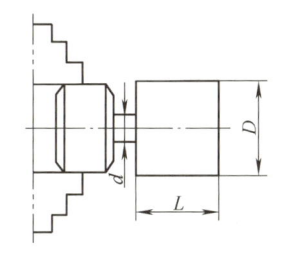

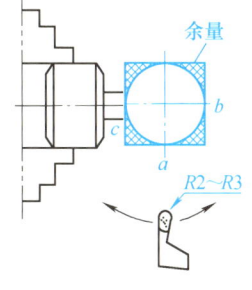

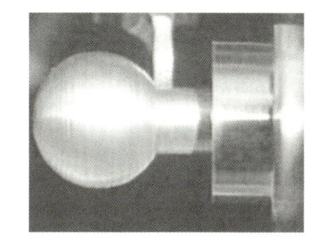

图 6-6 圆球车削

2. 圆头车刀的选择与特点

1) 选择主切削刃为圆头的车刀。

2) 圆头车刀的特点如下：

① 圆头车刀的切削范围大。

② 圆头车刀的切削刃同时具备切削和修光功能。

③ 圆头车刀可自由地在 180°范围内从高点向两半球切削，可以在不换刀的情况下一次完成圆球的全部车削。

3) 刀具材料应选择 YT15，圆头车刀的几何角度如图 6-7 所示。

4) 切断刀的材料应选择 YT15。

切断刀的宽度为

$$a = (0.5 \sim 0.6)\sqrt{d} \tag{6-2}$$

式中 d——待加工表面直径，单位为 mm。

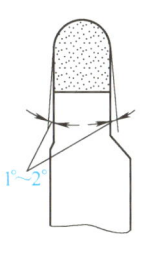

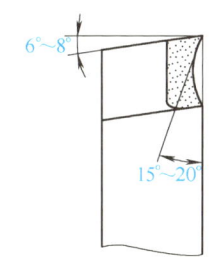

图 6-7 圆头车刀的几何角度

五、车削工步及切削用量的选择（表 6-1）

表 6-1 圆球车削工步及切削用量的选择

工步	工步内容	工步图示	切削用量的选择
1	自定心卡盘夹持毛坯伸出长度为 50mm，车平端面，车外圆至 φ33mm，长 30mm	φ33	车端面、外圆： $n = 500 \sim 600$r/min $f = 0.22$mm/r $a_p = 1$mm

（续）

工步	工步内容	工步图示	切削用量的选择
2	掉头夹持 $\phi 33\text{mm}$ 外圆处（垫铜皮），车总长 42mm，外圆车至 $\phi 32.2\text{mm}$，切槽 $\phi 16.5\text{mm}$，宽 10mm		车外圆： $n = 500\sim 600\text{r/min}$ $f = 0.22\text{mm/r}$ $a_p = 1\text{mm}$ 切槽： $n = 500\sim 600\text{r/min}$ $h = 8\text{mm}$
3	采用双手配合法车削圆球，并用样板进行测量，直至工件车削合格		双手控制法车成形面（高速工具钢）： $n = 260\sim 300\text{r/min}$ 锉削：$n = 90\text{r/min}$ 抛光：$n = 700\sim 800\text{r/min}$

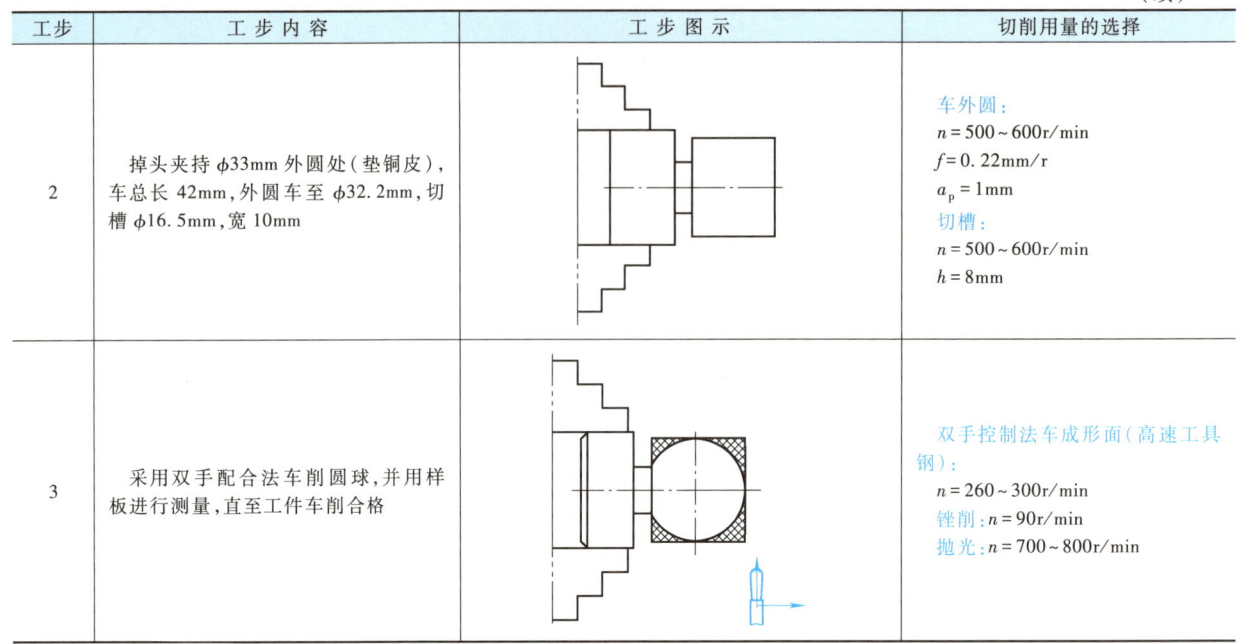

六、要点提示

1）用双手控制法车削圆球，双手配合应协调，车刀切入深度要控制准确，防止将局部车小。

2）车削圆球时要培养目测球形的能力，同时要不间断地用样板比对找出重点。

3）车削圆球时应从曲面高点向低点进刀，为了增加工件的强度，应先车削离卡盘远的曲面段，后车削离卡盘近的曲面段。

4）锉削时用力不要过大，转速不宜过高，不准用无柄锉刀。

【考核评价】（表 6-2）

表 6-2　圆球检测评分表

序号	检测项目		分值	评分要求	测评结果	得分	备注
1	外圆尺寸	$\phi 33\text{mm}$	5	超差扣 2 分			
2	槽	$10\text{mm}\times\phi 16\text{mm}$	5	超差扣 2 分			
3	表面质量	$Ra1.6\mu\text{m}$	15	超差酌情扣分			
4	圆球	$(S\phi 32\pm 0.2)\text{mm}$	45	超差酌情扣分			
5	设备及工具、量具、刃具的使用维护	工具、量具、刃具的合理使用与保养	5	不符合要求扣分			
		操作车床并能及时发现一般故障	5	不符合要求扣分			
		车床的润滑	5	不符合要求扣分			
		车床的保养工作	5	不符合要求扣分			
6	安全文明生产	执行安全操作规程	5	不符合要求扣分			
		工作服穿戴正确	5	不符合要求扣分			
	总分						

【知识技能拓展】

根据零件的不同用途和要求，通常需要在车床上对工件进行研磨、抛光、滚花等修饰加工。

1. 研磨

研磨可以改善工件的形状误差，获得很高的精度，同时还可以得到极低的表面粗糙度值。在车床上常用手工研磨和机动研磨相结合的方法对工件的内、外圆表面进行研磨。

2. 抛光

用双手控制法车削成形面时，往往会由于手动进给不均匀而在工件表面留下刀痕。抛光的目的就在于去除这些刀痕、降低表面粗糙度值。

抛光通常采用锉刀修光和砂布抛光两种方法。

锉刀修光如图 6-8 所示。对于明显的刀痕，通常选用钳工锉或整形锉中的细锉和特细锉在车床上修光。在车床上锉削时，要轻缓均匀，尽量使用锉刀的有效长度。同时锉刀纵向运动时，应注意使锉刀平面始终与成形表面各处相切，否则会将工件锉成多边形等不规则形状。另外，车床的转速要选择适当，转速过高时锉刀容易磨钝。

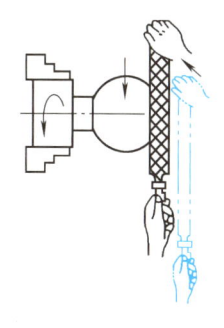

图 6-8　锉刀修光

任务二　车手摇柄

一、任务图样

手摇柄工件图如图 6-9 所示。

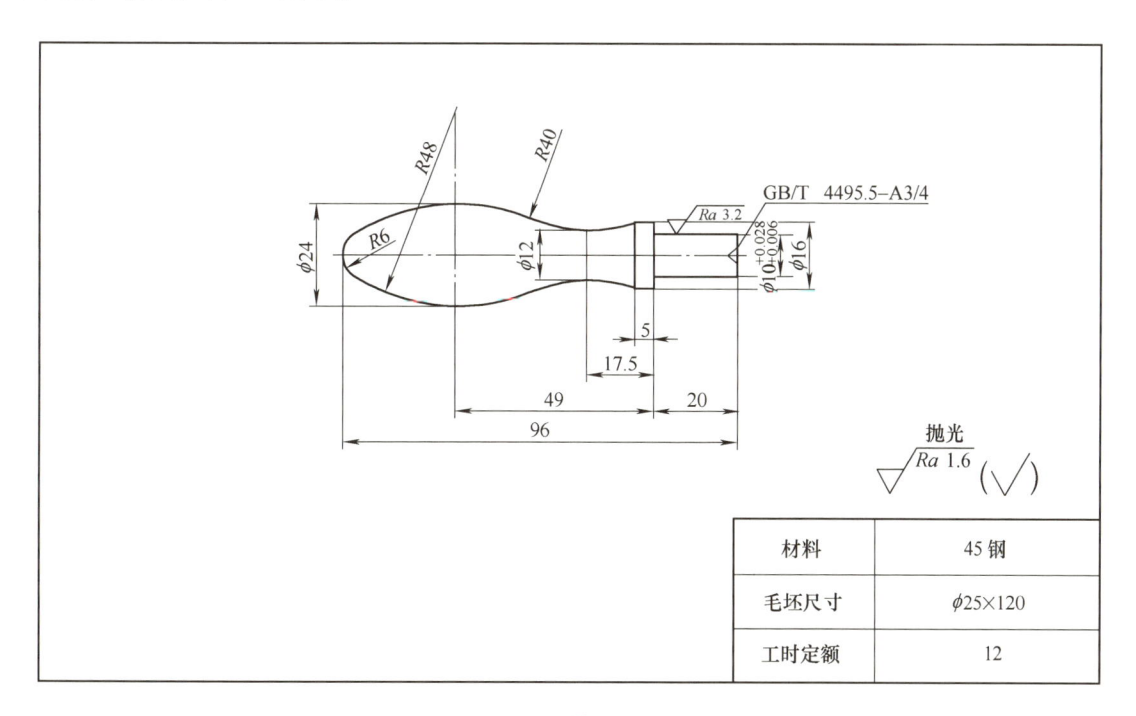

图 6-9　手摇柄工件图

二、图样分析

绘制手摇柄图样是学生需要掌握的技能之一，绘制步骤见表6-3。

表6-3 绘制手摇柄图样步骤

序号	绘制步骤	绘制步骤图
1	画尺寸基准线：画尺寸基准线 A、B 以及分别距离线 B20mm、25mm、96mm 的三条垂直于线 A 的直线	
2	画出 ϕ10mm、ϕ16mm 的圆柱线，画出已知圆弧 R6mm	
3	利用尺规作图规律，找到 R48mm 的圆心并画圆弧	
4	找到 R40mm 的圆心并画圆弧，作图完成	

三、车削加工准备

1. 工具、量具准备

扁锉、半圆锉、中心钻（A3）、0~150mm 的游标卡尺、0~25mm 的千分尺、0~150mm 的钢直尺、0号砂布、手摇柄圆弧样板。

2. 刀具准备

1）90°车刀如图 6-10 所示，刀具材料选择 YT15。90°车刀与回转顶尖装夹如图 6-11 所示。

图 6-10　90°车刀

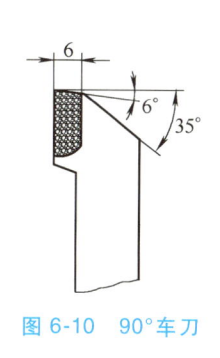

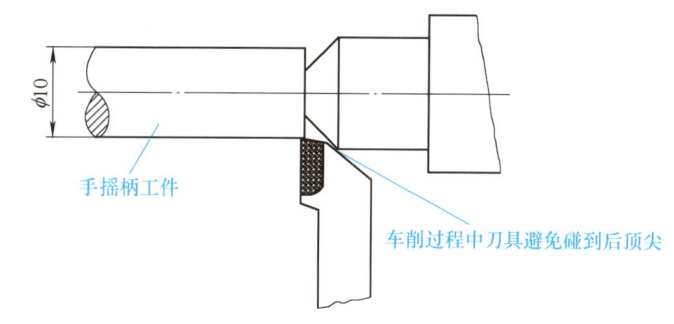

图 6-11　90°车刀与回转顶尖装夹

2) 中心孔锥面直径不得大于 4mm。

3. 车削方法

车削手摇柄的方法有低速和高速两种，低速车削用高速工具钢圆头车刀，高速车削用硬质合金圆头车刀，其效率是用高速工具钢车刀车削的好几倍。

四、车削工艺分析

1) 用双手控制中、小滑板或者控制中滑板与床鞍的合成运动，使刀尖的运动轨迹与零件表面素线（曲线）重合，以达到车削成形面的目的。

2) 实际生产中常采用的是右手操纵中滑板手柄实现刀具的横向运动（应由外向内进给），左手操纵床鞍手柄实现刀尖的纵向运动（应由工件高处向低处进给），通过两个运动的合成来车削成形面。

五、车削工步及切削用量的选择（表 6-4）

表 6-4　手摇柄车削工步及切削用量的选择

工步	工步内容	工步图示	切削用量的选择
1	车端面，钻中心孔		车端面： $n = 700 \sim 800$r/min $f = 0.1 \sim 0.2$mm/r $a_p \approx 1$mm（端面车平即可） 钻中心孔： $n = 700 \sim 800$r/min
2	粗车 $\phi24$mm 外圆，留精车余量 0.3mm，划 $R40$mm 定位线 44.5mm；粗车台阶轴 $\phi16$mm，车 $\phi10$mm 外圆（留 0.5mm 精车）		车削 $\phi16$mm 外圆： $n = 500 \sim 600$r/min $f = 0.2$mm/r $a_p = 4$mm（分 2 刀完成） 车削 $\phi10$mm 外圆（留 0.5mm 精车余量）： $n = 500 \sim 600$r/min $f = 0.2$mm/r $a_p = 2.5$mm
3	切 $R40$mm 定位中心槽，96mm 总长退刀槽，划 $R48$mm 定位中心线 49.43mm		切定位槽、退刀槽： $n = 200 \sim 300$r/min

(续)

工步	工步内容	工步图示	切削用量的选择
4	车 R40mm、R48mm 手柄，精车台阶轴 ϕ16mm、ϕ10mm 外圆至图样要求		高速工具钢圆弧车刀车 R40mm 和 R48mm 圆弧：$n = 200 \sim 300$r/min YT15 车刀车削：$n = 700$r/min
5	锉削 R6mm 圆弧并抛光		锉削：$n = 90$r/min 抛光：$n = 800$r/min
6	用样板检验手摇柄		

六、要点提示

1) 车削加工准备中，90°车刀副切削刃长度确定为 6mm，其主要目的是车削台阶轴 ϕ10mm 外圆时不用转刀架，以便节省辅助加工时间，提高生产率。

2) 中心孔锥面直径不得超过 4mm，避免影响车刀的径向切入。

3) 车削成形曲面时，车刀一般应从曲面高处向低处进给，为了增加工件强度，应先车削离卡盘较远的曲面段，后车削离卡盘较近的曲面段。

4) 锉削时，用左手握锉刀木柄，手不要与卡盘相碰，推锉要平稳，不能用力过猛，不准使用无柄锉刀。锉削时转速不能超过 $n = 100$r/min。锉削圆弧时，用平锉沿与圆弧相切的方向锉削，锉削的轨迹应接近工件圆弧素线。为避免切屑掉到床鞍导轨上，应在床鞍导轨上垫保护板或保护纸。

5) 切总长的退刀槽时，其直径大小应随 R6mm 圆弧的形成而逐渐减小，最终车削至 ϕ5mm，切断时应先松开顶尖再切断。

6) 抛光时，不准用手指卷上砂纸进行抛光，也不准将砂布缠在工件上抛光。

【考核评价】（表 6-5）

表 6-5 手摇柄检测评分表

序号	检测项目		分值	评分要求	测评结果	得分	备注
1	外圆尺寸	$\phi 10^{+0.028}_{+0.006}$mm	10	超差不得分			
		ϕ12mm	5	超差酌情扣分			
		ϕ16mm	5	超差酌情扣分			
		ϕ24mm	5	超差酌情扣分			
2	长度、圆弧尺寸及表面质量	96mm	3	超差酌情扣分			
		20mm	3	超差酌情扣分			
		5mm	3	超差酌情扣分			
		R40mm	12	超差酌情扣分			
		R48mm	12	超差酌情扣分			
		R6mm	6	超差扣 2 分			
		A3/4	2	超差扣 2 分			
		Ra1.6μm	4	超差不得分			

模块六　成形面车削

(续)

序号	检测项目		分值	评分要求	测评结果	得分	备注
3	设备及工具、量具、刃具的使用与维护	工具、量具、刃具的合理使用与保养	5	不符合要求扣分			
		操作车床并能及时发现一般故障	5	不符合要求扣分			
		车床的润滑	5	不符合要求扣分			
		车床的保养工作	5	不符合要求扣分			
4	安全文明生产	正确执行安全操作规程	10	不符合要求扣分			
	总分						

【知识技能拓展】

　　成形面的加工是车削加工的基本技能之一，也是车工一体化教学中学生必须掌握的技能之一。合理地选择和使用刀具几何角度，是实训中提升加工效率和保证加工精度的有效方法。

　　车工实训中常说"三分手艺，七分刀具"，指的就是刀具的重要性。刀具的使用性能直接决定工件的加工效率、加工精度。传统上常用的成形刀具有硬质合金圆头车刀和高速工具钢圆头车刀等，但使用这些刀具时只能选用较小的进给量和较低的切削速度，在一定程度上影响了车削效率。为此，笔者根据多年的教学实践，尝试对成形面车削刀具进行改进。通过检验，大大地改善了切削性能，大幅度地提高了加工效率。本拓展训练主要是针对用硬质合金车刀车削圆弧面的知识进行补充讲解。

1. 传统成形刀具的使用及教学限制

　　在传统的成形面加工实操教学中，常选用硬质合金和高速工具钢材料的车刀，或是磨成圆头，或是磨成圆锥头。通过实操训练，利用这两种传统的车削刀具进行实际车削。由于受到刀具几何角度的限制，很难发挥圆头车刀应有的车削效果。在使用时，常常因为机床本身、学生认知水平、车刀几何角度误差等而产生下列问题。

　　（1）加工效率低　　传统的圆弧车刀在实操训练中，因为刀具刚性差，切削刃接触面积过大，使得在车削中只能选用较小的进给量和较低的切削速度，采用低速进给的方法进行车削。另外，只能在车床上选用手动车削，生产率低、劳动强度大。

　　（2）加工质量差　　由于受到刀具几何角度的影响，使车削后的成形面表面粗糙，加工精度低。

2. 强力车削刀具的几何角度

　　硬质合金车刀材料具有较高的硬度、良好的耐磨性、足够的强度和高的热硬性，非常适合作为强力车削刀具的材料。强力车削刀具的几何角度如图6-12所示，手摇柄车削如图6-13所示。

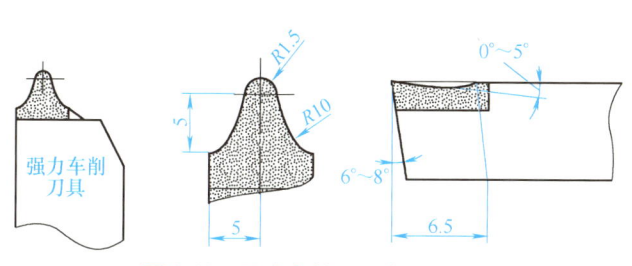

图6-12　强力车削刀具的几何角度

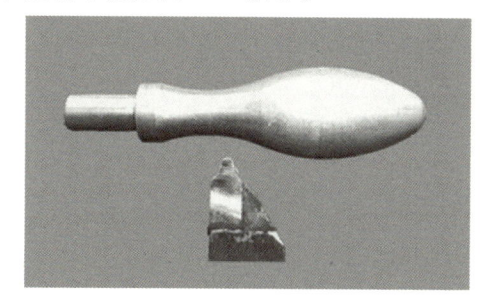

图6-13　手摇柄车削示意

　　硬质合金刀具减小了前角，后角不变，主要是圆弧切削刃发生了改变。传统圆弧切削刃为$R2\sim R3mm$，尺寸较大，车削过程中会产生较大的切削抗力，不利于切削热的减少。笔者将一个切削刃改进成两段相切的圆弧刃，既可以达到高速车削的效果，也可以有效地散热，减少切削热对刀具的影响。通过改进，在加工成形面时既可使用手动车削，也可使用自动车削，车削效率和车削精度都能大幅度提高。

89

由于圆头车刀受到刀形限制且伸出长度较大，使得刀体刚性差，在高速车削中时常出现振动等现象。强力车削刀具实物如图 6-14 所示。

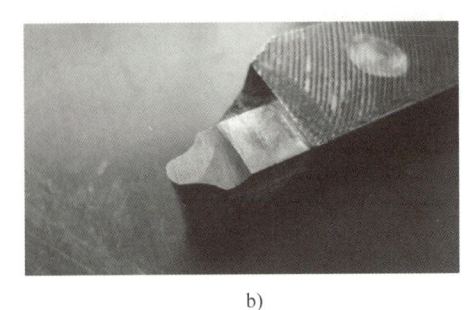

图 6-14 强力车削刀具实物
a）精车刀具 b）粗车刀具

3. 强力车削刀具和一般刀具加工圆弧面的使用对比

通过下列两组数据的对比，可以看到强力车削刀具在成形面加工中的优势。笔者在实操中，随机选取 10 组学生进行车削实验，每组 2 人，分别用普通圆弧车刀和强力圆弧车刀进行车削，主要是从加工精度和加工效率两个方面进行对比。加工数据对比见表 6-6 和表 6-7。

表 6-6 两种刀具加工精度对比

组 别	1	2	3	4	5	6	7	8	9
普通圆弧车刀加工精度（尺寸公差等级）	IT9～IT8	IT9～IT8	IT9～IT8	IT9～IT8	IT9～IT8	IT9～IT8	IT9～IT8	IT9～IT8	IT9～IT8
强力圆弧车刀加工精度（尺寸等级）	IT7	IT7	IT7	IT7	IT7	IT7	IT7	IT7	IT7

表 6-7 两种刀具加工效率对比

组 别	1	2	3	4	5	6	7	8	9
普通圆弧车刀工作时间/h	4	4	4	4	4	4	4	4	4
强力圆弧车刀工作时间/h	1	1	1	1	1	1	1	1	1

普通圆弧车刀切削用量的选择：

$n = 200～300 r/min$

$f = 0.2 mm/r$

$a_p = 0.2 mm$

强力圆弧车刀切削用量的选择：

$n = 550～700 r/min$

$f = 0.2 mm/r$

$a_p = 1 mm$

通过对比可知，强力圆弧车刀在实操过程中，其工作效率和加工精度都远远高于普通圆弧车刀。

4. 强力圆弧车刀的应用及实用价值

1）强力圆弧车刀的刚性、强度远大于普通圆弧车刀。为此，在使用时可以将转速提高到 $n = 500～700 r/min$，以达到提高生产率的目的。

2）强力车削刀具以普通的硬质合金车刀作为原刀进行刃磨，刃磨方法简单、快捷。

3）强力车削刀具因为其几何角度的流线型，使得在切削过程中圆弧切削刃与工件的接触面积变小，切削力较小，生产散热条件得到改善，有效地减少了切削热和降低了切削温度，从而保证了良好的切削效果。

任务三　车三球手柄

三球手柄是特型工件中与圆球、手柄相比更难以加工的工件。其主要特征是多球加工伸出长度较大，工艺复杂。三球手柄的车削要保证其外形美观、配合合理是对中级车工的主要技能要求之一。

一、任务图样

三球手柄工件图如图 6-15 所示，实物如图 6-16 所示。

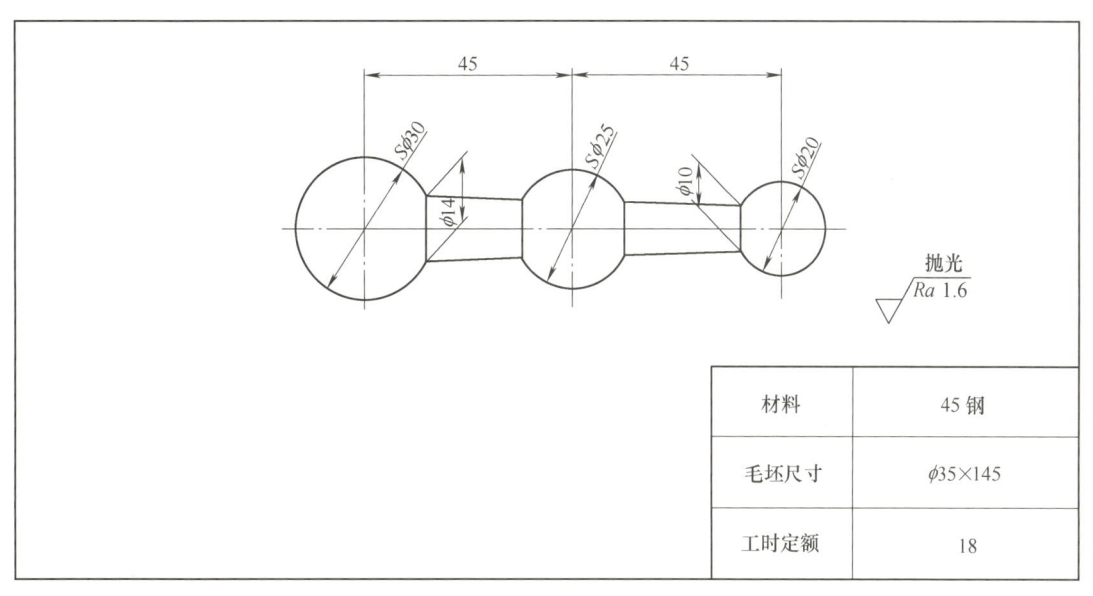

图 6-15　三球手柄工件图

图 6-16　三球手柄工件实物

二、图样分析

1）工件总长 115mm，根据基准重合原理，其加工基准为轴线，与设计基准一致。
2）由于技术要求不留中心孔，三球同轴度等几何精度应控制在同尺寸公差之内，因此三球应在一次装夹中完成。
3）根据拟定工艺，遵循低成本、高效率的原则，需要增加工装，减少夹头带来的浪费。
4）三球表面质量需要用锉刀锉削和砂布抛光来保证。
5）由于原图尺寸少，需要通过计算和绘图来求出可加工图样需要的尺寸并标注出来。

三、车削加工准备

R 规（R10~R15mm）、游标卡尺、工装锥刀、砂布、活扳手、90°车刀、切断刀、圆头车刀。

四、车削工艺分析

1. 工艺分析

成形面是具有曲线特征的表面，也称特形面。三球手柄的成形面如图 6-17 所示。

1) 三球手柄加工图样需要的尺寸依绘图实测尺寸计算得到。

锥度计算如下

$$C_1 = \frac{D_1 - d_1}{L_1} = \frac{14 - 12.77}{20.99} \approx 0.0586$$

$$C_2 = \frac{D_2 - d_2}{L_2} = \frac{11.48 - 10}{25.24} \approx 0.0586 \quad (6-3)$$

由计算可知两锥度相同，即

$$\alpha/2 \approx 28.7° \quad C \approx 1.68° \quad (6-4)$$

2) 本任务的难点是工艺规程的编排。

3) 加工过程中应避免出现"扎刀"现象。

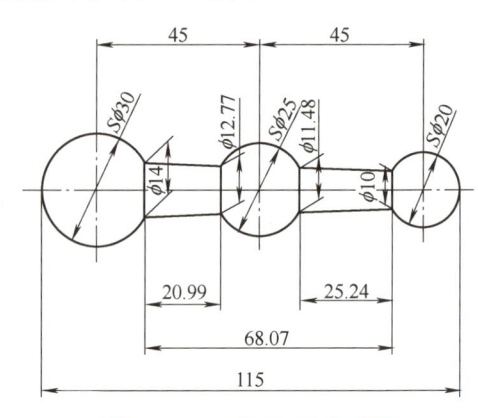

图 6-17 三球手柄的成形面

2. 加工方法

车削常用的加工方法有双手控制法、成形法（即样板刀车削法）、仿形法（靠模仿形）和专用工具法。

双手控制法是用双手控制中、小滑板或者控制中滑板与床鞍的合成运动，使刀尖的运动轨迹与工件所需求的成形面曲线重合，以车削成形面的方法，如图 6-18 所示。

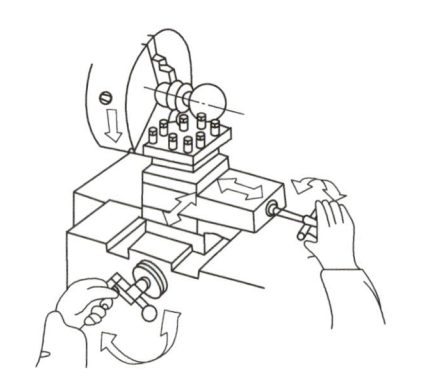

图 6-18 双手控制法

双手控制法的特点是灵活、方便，不需要其他辅助工具，但要求操作者具有较高的技能水平。双手控制法主要用于单件或数量较少的成形面工件的加工。

3. 车刀的轨迹分析

车刀轨迹分析示意图如图 6-19 所示。

1) 车削圆球时机床纵、横向进给速度对比分析。当车刀从 a 点出发通过 b 点至 c 点时，纵向进给速度是快—中—慢，横向进给速度是慢—中—快，即纵向进给速度逐步减慢，横向进给速度逐步加快。

2) 用 R2mm 小圆头车刀从 a 点向 b 点和 c 点切削，车刀的运动轨迹应与圆球曲线重合。最后修整小球右侧和切断时，要去除工装，移去后顶尖。修整和抛光小球、中球后才可完成大球左侧的粗、精车以及抛光和切断。

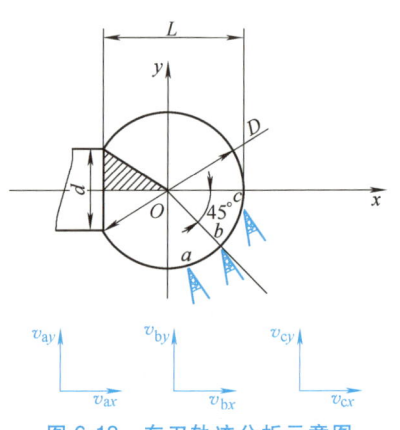

图 6-19 车刀轨迹分析示意图

五、车削工步及切削用量的选择（表 6-8）

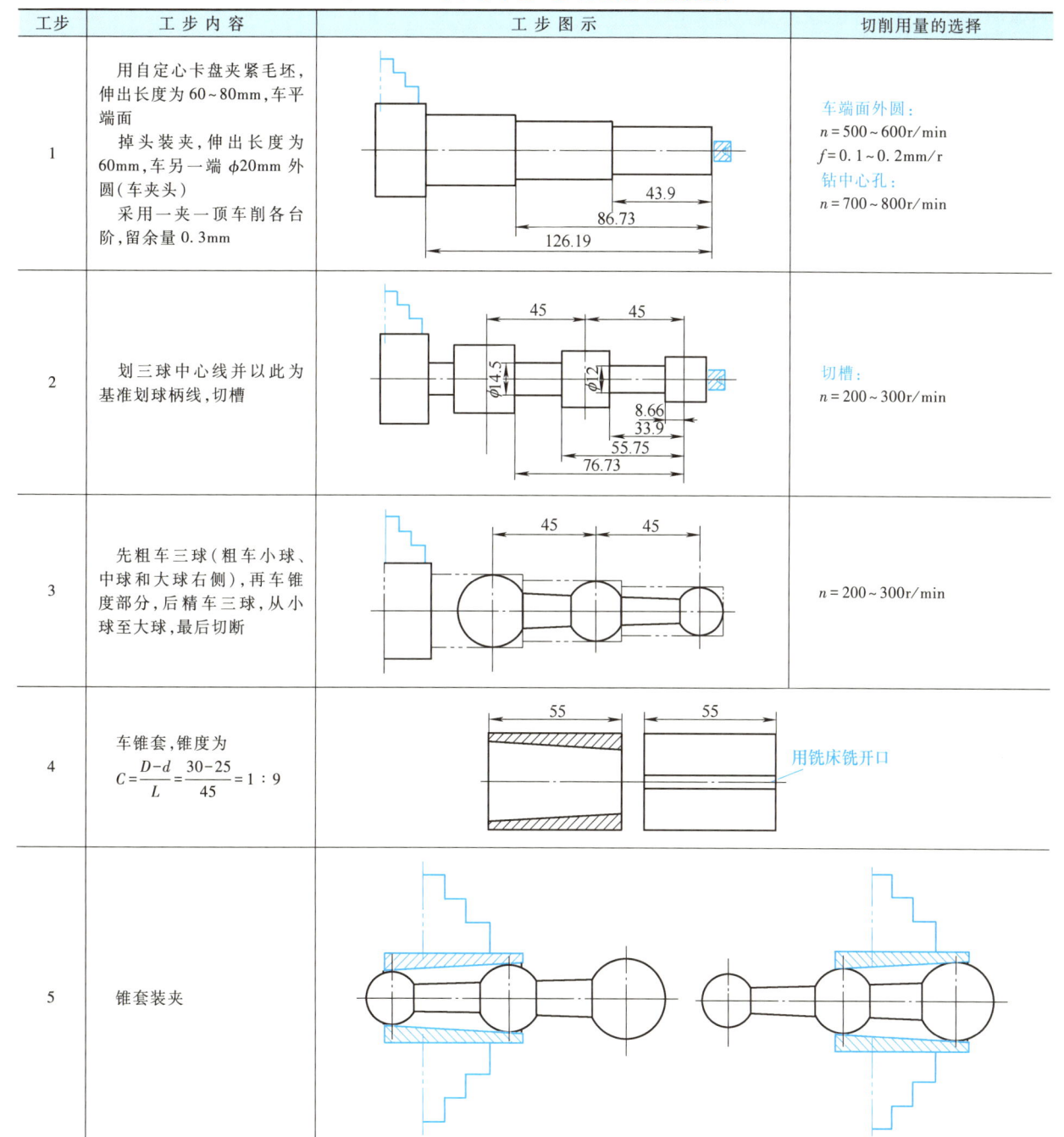

表 6-8 三球手柄车削工步及切削用量的选择

工步	工步内容	工步图示	切削用量的选择
1	用自定心卡盘夹紧毛坯，伸出长度为 60~80mm，车平端面 掉头装夹，伸出长度为 60mm，车另一端 φ20mm 外圆（车夹头） 采用一夹一顶车削各台阶，留余量 0.3mm		车端面外圆： $n=500$~600r/min $f=0.1$~0.2mm/r 钻中心孔： $n=700$~800r/min
2	划三球中心线并以此为基准划球柄线，切槽		切槽： $n=200$~300r/min
3	先粗车三球（粗车小球、中球和大球右侧），再车锥度部分，后精车三球，从小球至大球，最后切断		$n=200$~300r/min
4	车锥套，锥度为 $C=\dfrac{D-d}{L}=\dfrac{30-25}{45}=1:9$		用铣床铣开口
5	锥套装夹		

六、要点提示

1）双手控制法的操作关键是双手配合要协调、熟练。要求准确控制车刀切入深度，防止将工件局部车小。

2）装夹工件时，伸出长度应尽量短，以增强其刚度。若工件较长，可采用一夹一顶的方法装夹。为使每次接刀过渡平滑，应采用主切削刃为圆头的车刀。

3）车削成形面时，车刀最好从成形面高处向低处递进。为了增加工件刚度，先车离卡盘远的一段成形面，后车离卡盘近的成形面。

4）用双手控制法车削复杂成形面时，应将整个成形面分解成几个简单的成形面逐一加工。无论分解成多少个简单的成形面，其测量基准都应保持一致，并与整体成形面的基准重合。对于既有直线又有圆弧的曲线，应先车直线部分，后车圆弧部分。

【考核评价】（表 6-9）

表 6-9 三球手柄检测评分表

序号	检测项目		分值	评分要求	测评结果	得分	备注
1	圆球尺寸	$S\phi 30mm$	20	超差扣 10 分			
		$S\phi 25mm$	20	超差扣 10 分			
		$S\phi 20mm$	20	超差扣 10 分			
2	长度与表面质量	115mm	10	超差扣 5 分			
		$Ra1.6\mu m$	10	超差扣 2 分			
3	设备及工具、量具、刃具的使用维护	工具、量具、刃具的合理使用与保养	10	不符合要求扣分			
		操作车床并及时发现一般故障	10	不符合要求扣分			
	总分						

【知识技能拓展】

锉刀修光和砂布抛光的方法如下：

1）用锉刀修光工件时，不准用无柄锉刀且应注意操作安全。操作时，应左手握锉刀柄，右手握锉刀前端，以免卡盘勾住衣服伤人。应合理选择锉削速度，锉削速度不宜过高，否则容易造成锉齿磨钝；锉削速度也不宜过低，否则容易把工件锉扁。锉削时要努力做到用力轻缓、均匀，推锉的力量和压力不可过大或过猛，以免把工件表面锉出沟纹或锉成节状等。推锉速度要缓慢，一般为 40 次/min 左右。锉削时还要尽量利用锉刀的有效长度，同时锉刀纵向运动时，注意使锉刀平面始终与成形表面各处相切，否则会将工件锉成多边形等不规则形状。精细修锉时，除选用油光锉外，还可在锉刀的锉齿面上涂一层粉笔末，并经常用铜丝刷清理齿缝，以防锉屑嵌入齿缝而划伤工件表面。

2）用砂布抛光工件时，应选择较高的转速，并使砂布在工件表面缓慢而均匀地来回移动。在最后精抛光时，可在砂布上加些机油或金刚砂粉，这样可以获得更好的表面质量。

【练习题】

1）车成形面的方法有哪些？
2）双手控制法车削成形面的基本原理是什么？
3）双手控制法车削成形面的注意事项有哪些？
4）工件表面修饰加工的方法有哪些？
5）工件抛光的目的是什么？
6）怎样检测成形面的加工质量？
7）车削三球手柄时的注意事项有哪些？

模块七

螺纹车削

【教学目标】

序号	教学目标	具体内容
1	素养目标	1）培养学生分析问题、解决问题的能力 2）培养学生勤实践、多动手、爱动脑的好习惯 3）培养学生的团队协作能力，能团结互助完成教学任务
2	知识目标	1）熟悉三角形螺纹车削的相关知识 2）会计算螺纹各部分尺寸 3）学会合理选用切削用量 4）熟悉梯形螺纹车削的相关知识 5）能够刃磨梯形螺纹车刀 6）能够熟练地车削梯形螺纹 7）理解螺纹车削时易产生的问题和注意事项
3	技能目标	1）会刃磨螺纹车刀 2）能熟练地进行刀具和工件的安装 3）能够熟练地车削三角形螺纹 4）能够熟练地车削梯形螺纹 5）熟悉切削用量并能选择合适的切削用量 6）能进行简单的测量

【任务要求】

1) 注重集体协作，严格按照指导教师的安排进行刀具刃磨和螺纹车削。
2) 以小组为单位，分组进行刀具刃磨和螺纹车削。

【任务实施】

以任务驱动法和基于工作过程导向贯穿整个单元的教学过程，在任务实施过程中灵活运用讲授、提问、讨论、演示、巡回指导等教学方法。

【任务耗材】

三角形螺纹坯料：ϕ20mm×250mm（车削多件）。
三角形内螺纹坯料：ϕ35mm×30mm。
梯形螺纹：ϕ35mm×183mm。
梯形螺母坯料：ϕ40mm×38mm。

【工时安排】

任 务	内 容	工 时 安 排
一	车三角形螺纹	10
二	车三角形内螺纹	10
三	车梯形螺纹	18
四	车梯形螺母	24

任务一　车三角形螺纹

螺纹零件是机械设备中的重要零部件之一，不但用途广泛，而且加工方法有多种。螺纹切削一般指用成形刀具或磨具在工件上加工螺纹的方法，主要有车削、铣削、攻螺纹、套螺纹、磨削、研磨和旋风切削等。车削、铣削和磨削螺纹时，工件每转一转，机床的传动链保证车刀、铣刀或砂轮沿工件轴向准确而均匀地移动一个导程。攻螺纹或套螺纹时，刀具（丝锥或板牙）与工件做相对旋转运动，并由先形成的螺纹沟槽引导着刀具（或工件）做轴向移动。其中车削螺纹是螺纹加工常用的方法，也是车工重要的技能之一。

一、任务图样

三角形螺纹工件图如图 7-1 所示。

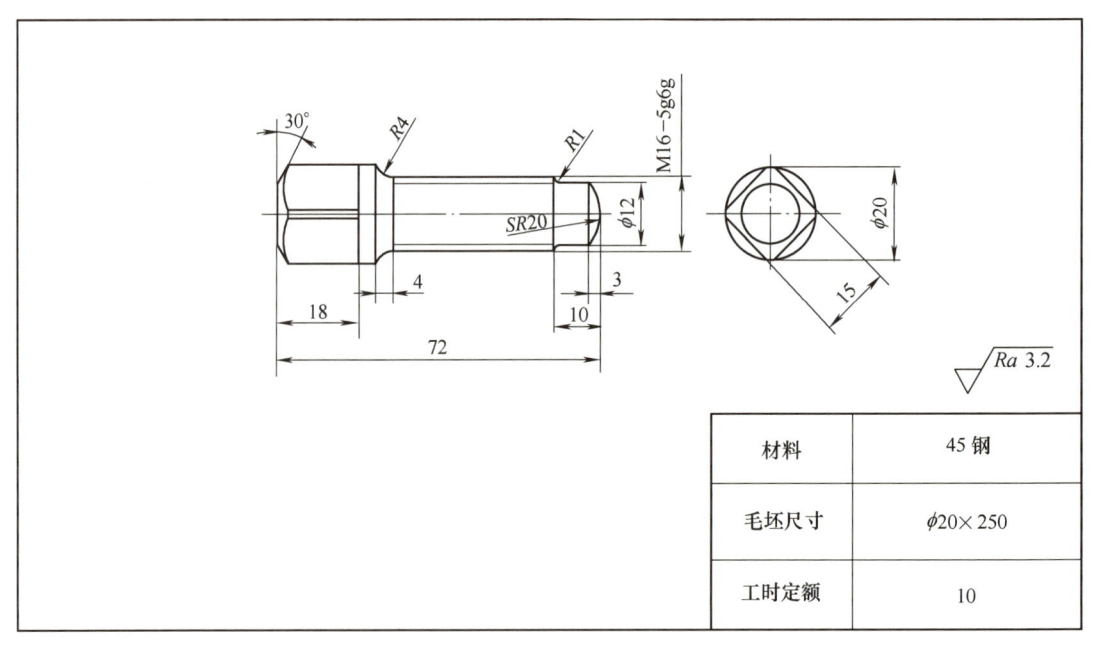

材料	45 钢
毛坯尺寸	$\phi 20 \times 250$
工时定额	10

图 7-1　三角形螺纹工件图

二、图样分析

根据图样中的标记 M16-5g6g 进行分析。

1. 螺纹各部分尺寸计算

大径　$d = 16\text{mm}$

中径　$d_2 = d - 0.6495P = 14.7\text{mm}$

小径　$d_1 = d - 1.08P = 13.84\text{mm}$

96

牙型高度　$h = 0.5413P = 1.0826$mm

2. 螺纹深度与进刀格数（C6136D 车床）

1）螺纹深度指最大牙型高度，即

$$h_1 = 0.6495P = 1.3\text{mm}$$

2）进刀格数 $n = \dfrac{h}{0.02} = 65$ 格 或 $n = \dfrac{h}{0.05} = 26$ 格。

3. 普通三角形螺纹与牙型高度

1）根据 GB/T 192—2003 的规定，三角形螺纹的牙型高度分为四种，如图 7-2 所示。

① 牙型理论高度又称理论牙深，用 H 表示。它是三角形螺纹各几何尺寸计算的基础。

② 牙型高度又称牙型工作高度，用 h 表示，它是外螺纹切削深度的主要参数。

③ 普通外螺纹的最小牙型高度，用 $h_{1小}$ 表示，$h_{1小} = 0.612P$。

④ 普通外螺纹的最大牙型高度，用 $h_{1大}$ 表示，$h_{1大} = 0.6495P$。

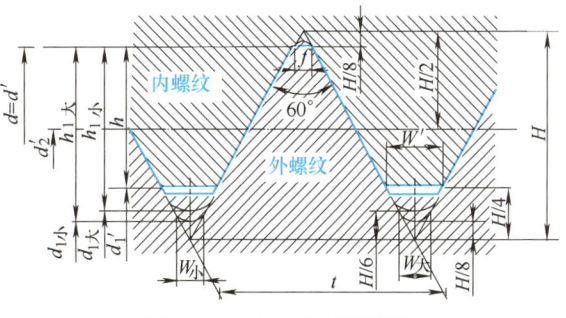

图 7-2　三角形螺纹牙型图

2）三角形外螺纹的主要参数。

① 牙型工作高度 $h = 0.543P$。

② 螺纹牙底槽宽 $W = W'$。

③ 最小牙型高度 $h_{1小} = h + \dfrac{H}{12}$。

④ 最大牙型高度 $h_{1大} = h + \dfrac{H}{8}$。

4. 普通外螺纹的公差与测量

根据 M16-5g6g 查表可知：

1）M16 外螺纹的上极限偏差等于基本偏差 $(es) = -0.038$mm。

2）M16 外螺纹公差 $T_d = 0.28$mm。

3）M16 外螺纹大径为 $\phi 16_{-0.318}^{-0.038}$mm。

4）M16 外螺纹中径上极限偏差 $(es) = -0.038$mm。

5）M16 外螺纹中径公差 $T_{d_2} = 0.125$mm。

6）M16 外螺纹中径为 $\phi 14.7_{-0.163}^{-0.038}$mm。

5. 螺纹升角

螺纹升角的计算公式为

$$\tan\varphi = \frac{nP}{\pi d_2} = \frac{P_h}{\pi d_2} \tag{7-1}$$

式中　n——螺旋线数；

　　　P——螺距；

　　　d_2——中径；

　　　P_h——导程。

三角形螺纹尺寸计算见表 7-1。

三、车削加工准备

90°外圆车刀、三角形螺纹车刀、游标卡尺、螺纹环规、60°对刀样板。

表 7-1　三角形螺纹尺寸计算

	名　称	代号	计 算 公 式
外螺纹	牙型角	α	60°
	原始三角形高度	H	$H = 0.866P$
	牙型高度	h	$h = \dfrac{5}{8}H = 0.5413P$
	中径	d_2	$d_2 = d - 2 \times \dfrac{3}{8}H = d - 0.6495P$
	小径	d_1	$d_1 = d - 2h = d - 1.0826P$
内螺纹	中径	D_2	$D_2 = d_2$
	小径	D_1	$D_1 = d_1$
	大径	D	$D = d = $ 公称直径
螺纹升角		φ	$\tan\varphi = \dfrac{nP}{\pi d_2} = \dfrac{P_h}{\pi d_2}$

四、车削工艺分析

1. 三角形外螺纹车刀的选择

（1）**高速工具钢外螺纹车刀**　高速工具钢外螺纹车刀刃磨方便，切削刃锋利，韧性好，车削时刀尖不易崩裂，车出的螺纹表面粗糙度值小，但其热稳定性差，不适用于高速车削，常用于低速加工塑性材料的螺纹或作为螺纹的精车刀。

（2）**硬质合金外螺纹车刀**　硬质合金外螺纹车刀硬度高、耐磨性好、耐高温、热稳定性好，常用于高速切削脆性材料的螺纹，其缺点是抗冲击能力差。

2. 三角形螺纹车刀的刃磨

以高速工具钢为材料的螺纹车刀因其良好的刃磨工艺性、韧性及不易崩碎的优点，被广泛用于螺纹粗、精车。

（1）**螺纹车刀的前角 γ_o**　低速车削 M16 螺纹时，一般选择 $\gamma_o = 10° \sim 15°$，径向前角的前刀面呈直平面，两切削刃为直线，如图 7-3 所示。其优点是切削刃锋利、排屑顺畅、不易扎刀；缺点是由于前角的加大，造成螺纹牙型角增大，为此刃磨时需要修正角度，即将车刀刀尖角磨成 59°14′。

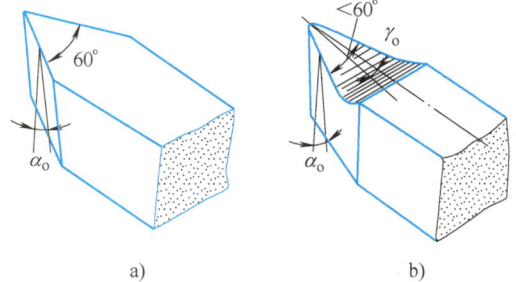

图 7-3　三角形外螺纹车刀的几何形状
a) 纵向前角等于零　b) 纵向前角大于零

（2）**螺纹车刀的后角**　在三角形螺纹车削中，由于螺旋外角的原因，造成切削平面和基面位置变化，而导致车刀前、后角变化明显。为避免车刀后面与螺纹牙侧发生干涉，保证切削顺利进行，将车刀沿进给方向一侧的后角 α_o 磨成 $\alpha_o = (3° \sim 5°) + \varphi$；背向进给方向一侧的后角 α_o 磨成 $\alpha_o = (3° \sim 5°) - \varphi$，见表 7-2。

表 7-2　螺纹车刀左、右切削刃刃磨后角的计算公式

螺纹车刀的刃磨后角	左侧切削刃刃磨后角 α_{oL}	右侧切削刃刃磨后角 α_{oR}
车削右旋螺纹	$\alpha_{oL} = (3° \sim 5°) + \varphi$	$\alpha_{oR} = (3° \sim 5°) - \varphi$
车削左旋螺纹	$\alpha_{oL} = (3° \sim 5°) - \varphi$	$\alpha_{oR} = (3° \sim 5°) + \varphi$

3. 螺纹车刀的装夹

为保证车削出正确的螺纹牙型，装夹螺纹车刀时要求刀尖与工件轴线等高，刀尖的角平分线应垂直于工件轴线，如图 7-4 所示。

4. 三角形螺纹中径的测量

三角形螺纹中径的测量有两种方法：第一种是用螺纹环规测量，如图 7-5 所示；第二种是用螺纹千

分尺测量，如图 7-6 所示。

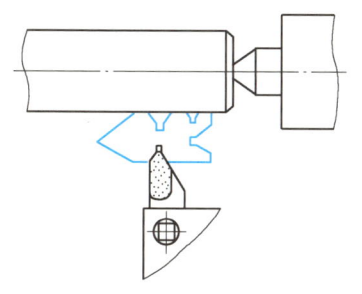

图 7-4 装夹外螺纹车刀的对刀方法

图 7-5 用螺纹环规测量

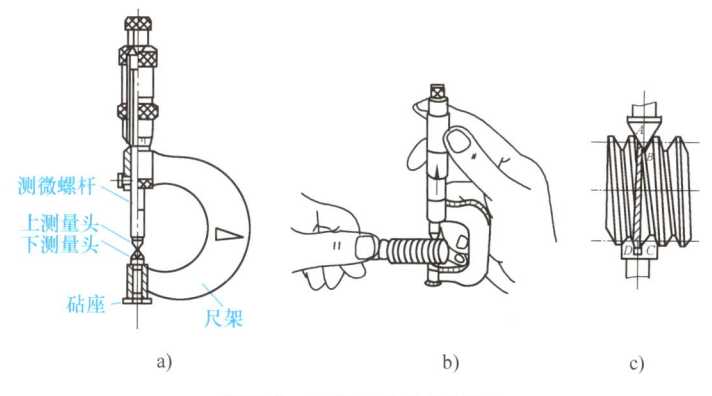

图 7-6 用螺纹千分尺测量
a）螺纹千分尺　b）测量方法　c）测量原理

5. 机床状态调整

1）先确定 M16 螺纹的螺距，以确定进给箱铭牌的手柄位置，如图 7-7 所示。

2）调整中滑板刀架镶条的松紧度，适中即可。

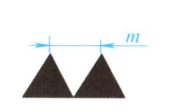

五、车削工步及切削用量的选择

1）M16 螺纹的螺距较小，可采用直进法车削，通过中滑板横向多次进给完成，进刀格数和转速可参照表 7-3。

图 7-7 交换齿轮位置和手柄位置
注：C、M、Ⅲ表示手柄所处位置。

表 7-3　车三角形螺纹中滑板进刀格数和转速（M16，$P=2\text{mm}$）

进 给 次 数	1	2	3	4	5	6	7	8	9	10	…	17
进刀格数	10	10	5	5	5	5	2	2	2	2	…	1
主轴转速/(r/min)	\multicolumn{6}{c}{$n=132$}	\multicolumn{6}{c}{$n=40$}

2）车削螺纹前空车进行练习，选择 $n=90\text{r/min}$，按下开合螺母采用正反车练习。

3）用废料试车削，每次进刀 $a_p=0.1\text{mm}$，反复做进退刀练习。

4）夹持毛坯伸出长度 65mm，选择 $n=300\text{r/min}$，在外圆 $\phi16_{-0.30}^{0}\text{mm}$ 处切退刀槽。

5）选用 $n=132\text{r/min}$，进给次数见表 7-3。

6）切断，掉头车端面，然后倒角。

六、要点提示

1. 容易出现的问题

在三角形螺纹的车削中，经常出现进刀格数不准，即实际进刀格数与理论计算进刀格数存在差异的问题。其原因是粗车螺纹时刀尖圆头磨损，对刀零位发生变化而造成误差。

2. 解决的方法

1) 当完成粗车后，可在工件外圆上重新对刀，重新确定零位。

2) 使用第一把刀粗车，用第二把刀精车进行验证。

【考核评价】（表7-4）

表7-4 三角形螺纹检测评分表

序号	检测项目		分值	评分要求	测评结果	得分	备注
1	外圆尺寸	φ12mm	5	超差酌情扣分			
		φ20mm	5	超差酌情扣分			
2	总长与表面尺寸及质量	72mm	5	超差酌情扣分			
		10mm	5	超差酌情扣分			
		SR20	5	超差扣2分			
		R4mm	5	超差扣2分			
		R1mm	5	超差扣2分			
		Ra3.2μm	5	超差扣2分			
3	螺纹	螺纹环规适配	50	超差酌情扣分			
4	安全文明生产	正确执行安全操作规程	5	不符合要求扣分			
		工作服穿戴正确	5	不符合要求扣分			
	总分						

【知识技能拓展】

刃磨螺纹车刀时的注意事项如下：

1) 刃磨时，人的站立姿势要正确。在刃磨整体式螺纹车刀内侧时，刀尖角平分线应垂直于刀体中线。

2) 磨削时，两手握着车刀与砂轮接触的径向压力应不小于一般车刀。

3) 刃磨外螺纹车刀时，刀尖角平分线应平行于刀体中线；刃磨内螺纹车刀时，刀尖角平分线应垂直于刀体中线。

4) 车削高台阶的螺纹车刀时，靠近高台阶一侧的切削刃应短些，否则易擦伤轴肩。

5) 粗磨时也要用对刀样板检查。对径向前角大于0°的螺纹车刀，粗磨时两刃夹角应略大于牙型角。待磨好前角后，再修磨两刃夹角。

6) 刃磨切削刃时，要一并做左右、上下移动，这样容易使切削刃平直。

7) 刃磨车刀时，一定要注意安全。

任务二 车三角形内螺纹

三角形内螺纹的车削方法与外螺纹的基本相同，但进刀和退刀方向与车削外螺纹时相反。车削三角形内螺纹，由于内螺纹车刀刀体细长、刚性差，切屑不易排出，不易观察等原因，要比车削外螺纹困难。

一、任务图样

三角形内螺纹工件图如图7-8所示。

二、图样分析

1) 三角形内螺纹孔径较小，刀杆细长、刚性差。

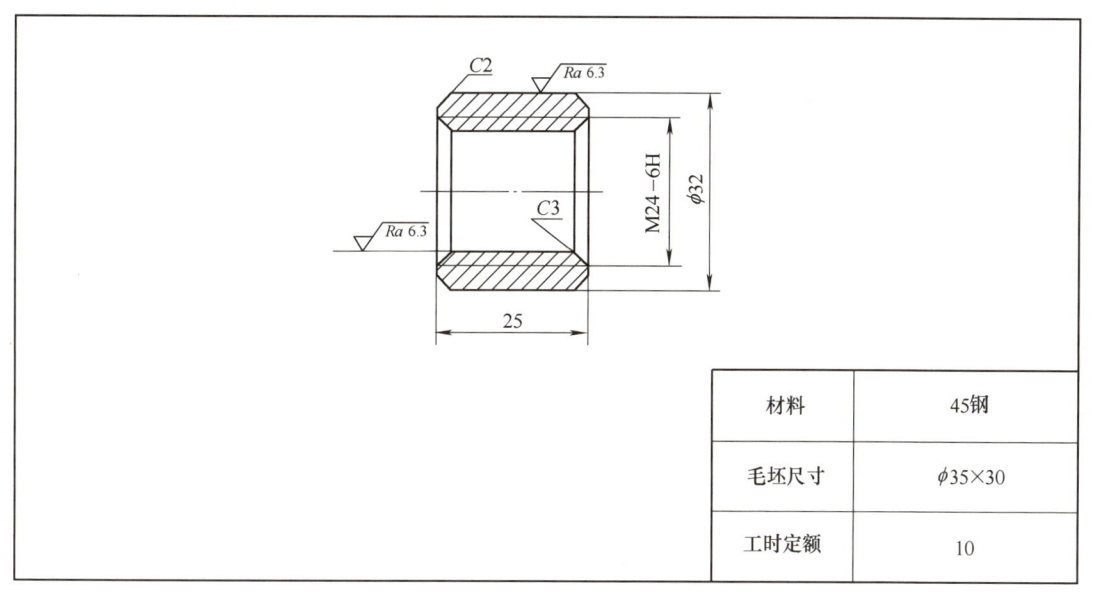

图 7-8 三角形内螺纹工件图

2）三角形内螺纹三面吃刀，切屑易造成扎刀现象，因此要控制好每次的背吃刀量。

3）为使三角形内螺纹车刀的刀尖对准工件中心，在安装刀杆时，应目测刀杆处于孔径中心位置。

三、车削加工准备

中心钻 A3、车内螺纹的 60°刀头、刀杆螺纹环规、游标卡尺。

四、车削工艺分析

1）内螺纹的孔径略大于小径的公称尺寸。

2）孔径的计算公式为

$$D_{孔} = D - P \tag{7-2}$$

式中　D——螺纹大径，其值等于公称直径；

　　　P——螺距，取 3mm。

【例】　车削 M24-6H 内螺纹，试计算孔径应车成尺寸多少。

根据式（7-2）可知　　　　　$D_{孔} = D - P = 21\text{mm}$

切削深度为　　　　　　　　$a_p = 0.5413P = 1.62\text{mm}$

进刀格数　　　　　　$n = \dfrac{1.62}{0.02} = 81$ 格或 $n = \dfrac{1.62}{0.05} = 32.4$ 格

3）内螺纹孔尺寸与公差。根据 $P = 3\text{mm}$，公称直径的公差等级为 6H，查表得上极限偏差 $ES = +0.375\text{mm}$。内螺纹孔径尺寸是 $\phi 21^{+0.375}_{\ 0}\text{mm}$。

五、车削工步及切削用量的选择

1. 车削工步

1）下料，坯料尺寸为 $\phi 35\text{mm} \times 30\text{mm}$。

2）夹紧毛坯，车端面，钻中心孔。

3）夹持 5mm 长，顶住中心孔，车外圆 $\phi 32\text{mm}$。

4）车总长，钻孔 $\phi 20\text{mm}$，车内孔至 $\phi 21^{+0.375}_{\ 0}\text{mm}$。

5）粗、精车螺纹至图样要求。

2. 车削内螺纹进给次数与背吃刀量（表 7-5）

表 7-5 车削内螺纹进给次数与背吃刀量　　　　　　　　　　（单位：mm）

进给次数	1	2	3	4	5	6	7	8	9~19	20	…
背吃刀量	0.2	0.2	0.2	0.2	0.1	0.1	0.1	0.1	0.02	重刀	…

3. 切削用量的选择

1）车端面、钻中心孔选择 $n=700\text{r/min}$。

2）车外圆、车总长选择 $n=500\text{r/min}$。

3）钻孔选择 $n=200\text{r/min}$。

4）车螺纹选择 $n=90\text{r/min}$，精车选择 $n=40\text{r/min}$。

六、要点提示

1）选择加工所需螺纹底孔的钻头或扩孔钻头。钻头的切削刃要锋利、光滑，不得有毛刺和磨损等，避免刮伤底孔或产生锥度等缺陷。钻孔时要选择适当的转速和进给量，根据材料不同，选择合适的切削液，以防止产生过高的切削热而加厚冷硬层，给以后攻螺纹造成困难。

2）车内螺纹的有效长度，可通过在刀柄上划线或用反映床鞍移动的刻度盘控制。

3）车内螺纹时，退刀要及时、准确，尤其要注意退刀方向，先让中滑板前进，使刀尖退出工件表面后再纵向退刀。车内螺纹和车外螺纹的刀尖退出方向相反。

4）对于因让刀而产生的锥形误差，不能盲目地加大切削深度，应重新刃磨刀具后，用车刀在原来的进口位置反复车削，直到逐步消除锥形误差为止。

5）不能用手触摸内螺纹表面，尤其是直径小的内螺纹，否则会把手指旋入螺纹孔内而造成严重的人身事故。

6）不能用锉刀锉削内螺纹去毛刺，更不能使用砂布进行内螺纹表面去毛刺操作，否则也会造成人身事故。

【考核评价】（表 7-6）

表 7-6 三角形内螺纹检测评分表

序号	检测项目		分值	评分要求	测评结果	得分	备注
1	外圆尺寸	$\phi32\text{mm}$	4	超差酌情扣分			
2	总长与表面尺寸及质量	25mm	5	超差酌情扣分			
		$Ra6.3\mu\text{m}$	5	超差扣2分			
3	螺纹	螺纹环规适配	50	超差酌情扣分			
4	倒角	C2、C3 各 2 处	16	超差酌情扣分			
5	安全文明生产	正确执行安全操作规程	10	不符合要求扣分			
		工作服穿戴正确	10	不符合要求扣分			
	总分						

【知识技能拓展】

车削图 7-9 所示的千斤顶，其底座零件图如图 7-10 所示。

千斤顶（底座）车削工艺如下：

1）下料，坯料尺寸为 $\phi40\text{mm}\times48\text{mm}$。

2）用自定心卡盘装夹毛坯，车端面、钻中心孔。

3）划线，车总长，留余量 1mm；车 $\phi38\text{mm}$ 大外圆，留精车余量 0.5mm，长度 15mm。

图 7-9 千斤顶工件实物

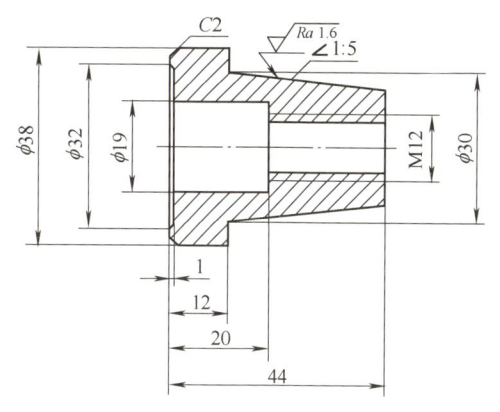

图 7-10 千斤顶底座零件图

4) 掉头夹持 φ38mm 处，顶住中心孔，车 φ30mm 外圆，留精车余量 0.5mm。

5) 掉头夹持 φ30mm 处，车端面（车平即可）；车好 φ38mm 大外圆，车 φ10mm 通孔，钻 φ19mm 孔、孔深 20mm；攻螺纹 M12，车 φ32mm 圆，长 1mm。

6) 夹持 φ38mm（垫铜皮），车 φ30mm 圆，车锥度 1∶5 至图样要求。

千斤顶顶尖工件图如图 7-11 所示。

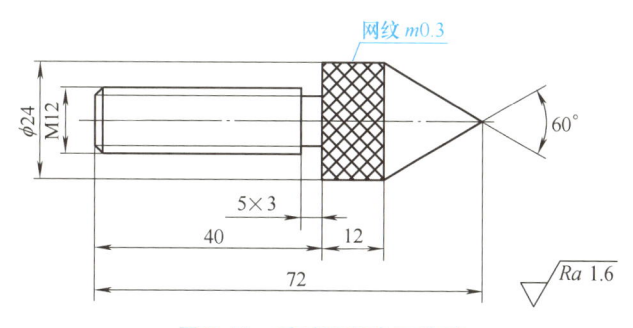

图 7-11 千斤顶顶尖工件图

千斤顶（顶尖）车削工艺如下：

1) 下料，坯料尺寸为 φ25mm×75mm。
2) 夹持毛坯，伸出长度为 50mm，车端面，车 φ24mm 外圆，长 35mm。
3) 掉头划线，车总长，钻中心孔。
4) 采用一夹一顶（伸长 15mm）的装夹方式，车 φ12mm 外圆，长 40mm。在 φ24mm 外圆处滚花，长度为 12mm。
5) 夹持 φ12mm 外圆大端与卡爪端面靠紧，车 60°锥度。
6) 夹持 φ24mm 滚花处（垫铜皮），顶住中心孔，车槽和 M12 螺纹。

任务三　车梯形螺纹

梯形螺纹是应用广泛的一种传动螺纹，其基本特点是精度要求高、传动平稳，在各类机床中被广泛应用，如机床中的丝杠，中、小滑板的丝杠等。因其工作长度较长、使用精度较高，因此梯形螺纹的车削要比三角形螺纹的车削困难。

一、任务图样

梯形螺纹工件如图 7-12 所示。

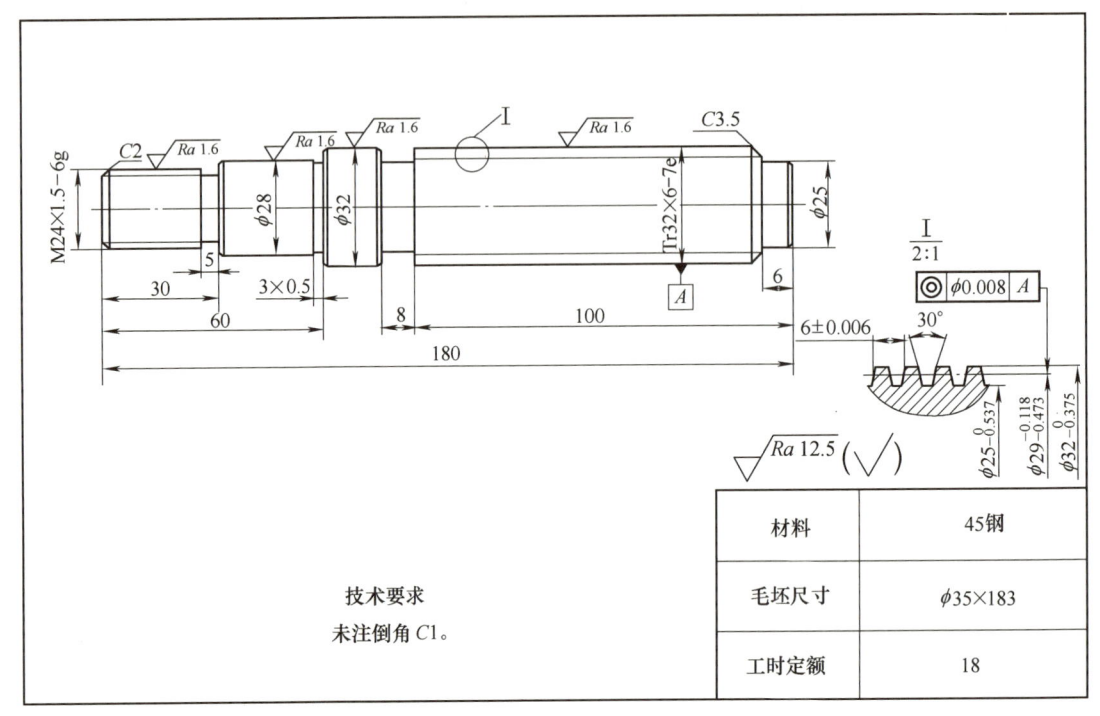

图 7-12 梯形螺纹工件

二、图样分析

1）梯形螺纹标记为

$$Tr32\times6-7e$$

Tr 表示梯形螺纹代号；32 为公称直径；6 为导程（螺距）；7e 表示外螺纹公差带。

2）台阶轴部分的公称直径为 $\phi32mm$、$\phi28mm$。$\phi28mm$ 轴直径细小故刚性较差。

三、车削加工准备

90°外圆车刀、梯形螺纹车刀、对刀样板、三角形螺纹车刀、车槽刀。

四、车削工艺分析

1. 知识点和技能点

1）梯形外螺纹各部分尺寸计算如下：

大径 $\quad d=32mm \quad h_3=0.5P+a_c=3.5mm$

中径 $\quad d_2=d-0.5P=29mm$

小径 $\quad d_3=d-2h_3=25mm$

牙顶宽 $f=f'=0.366P=2.19mm$

牙底宽 $W=W'=0.366P-0.536a_c=1.93mm$

2）梯形内、外螺纹推荐公差带见表 7-7。

梯形螺纹公差如下：

大径公差 $T_d=0.375mm$，大径公差带为 $\phi32_{-0.375}^{0}mm$。

表 7-7 梯形内、外螺纹推荐公差带

公差精度	内螺纹		外螺纹	
	N	L	N	L
中等	7H	8H	7h、7e	8e
粗糙	8H	9H	8e、8c	9c

中径公差 $T_{d2}=0.355$mm，中径公差带为 $\phi 29^{-0.118}_{-0.473}$mm。

小径公差 $T_{d3}=0.537$mm，小径公差带为 $\phi 25^{0}_{-0.537}$mm。

梯形螺纹大径、小径的基本偏差（上极限偏差）为零，中径的基本偏差（上极限偏差）为 -0.118mm。

3) 梯形外螺纹各部分名称、代号及计算公式见表 7-8。

表 7-8 梯形外螺纹各部分名称、代号及计算公式

名称	代号	计算公式			
牙型角	α	$\alpha=30°$			
螺距	P	由螺纹标准确定			
牙顶间隙	a_c	P/mm	1.5~5	6~12	14~44
		a_c/mm	0.25	0.5	1
外螺纹 大径	d	公称直径			
外螺纹 中径	d_2	$d_2=d-0.5P$			
外螺纹 小径	d_3	$d_3=d-2h_3$			
外螺纹 牙型高度	h_3	$h_3=0.5P+a_c$			
牙顶宽	f、f'	$f=f'=0.366P$			
牙槽底宽	W、W'	$W=W'=0.366P-0.536a_c$			

4) 螺纹升角计算如下：

$$\varphi = \arctan\frac{P}{\pi d_2} = 30°20'\tag{7-3}$$

2. 相关知识

1) 查机床交换齿轮箱铭牌，确定螺距 $P=6$mm 的手柄交换齿轮位置是否正确，如图 7-13 所示。按下开合螺母，用车刀在螺纹外圆表面浅浅地划一条螺旋线，测量 10 个牙累计长度，验证螺距是否正确。

车削螺纹前，应先查表计算出大径 d、中径 d_2、小径 d_3、牙型高 h_3、牙槽底宽等后续加工所必需的相关数据。

图 7-13 螺纹车削交换齿轮图示

2) 根据式 (7-4) 求 M 值

$$M = d_2 + 4.864d_D - 1.866P \tag{7-4}$$

式中 M——三针测量时量针测量距的计算值，单位为 mm；

d_D——量针直径，单位为 mm，$d_D=0.518P=3.1$mm。

3) 根据式 (7-5) 求 A 值

$$A = \frac{M+d_0}{2} \tag{7-5}$$

式中 A——单针测量值，单位为 mm；

d_0——螺纹顶径的实际尺寸，单位为 mm；

M——三针测量时量针测量距的计算值，单位为 mm。

4) 梯形螺纹采用三针测量时量针测量距的计算值见表 7-9。

3. 梯形螺纹车刀及其刃磨

车削梯形螺纹一般需要经过粗车、半精车和精车三个阶段的切削过程。

表 7-9 梯形螺纹采用三针测量时量针测量距的计算值　　　　　　　　　　（单位：mm）

螺纹尺寸	公　　差			
	Tr36×6-7e	Tr32×6-7e	Tr28×5-7e	Tr24×5-7e
d	$\phi 36_{-0.375}^{0}$	$\phi 32_{-0.375}^{0}$	$\phi 28_{-0.335}^{0}$	$\phi 24_{-0.335}^{0}$
d_2	$\phi 33_{-0.473}^{-0.118}$	$\phi 29_{-0.473}^{-0.118}$	$\phi 25.5_{-0.406}^{-0.106}$	$\phi 21.5_{-0.406}^{-0.106}$
d_3	$\phi 29_{-0.537}^{0}$	$\phi 25_{-0.537}^{0}$	$\phi 22.5_{-0.481}^{0}$	$\phi 18.5_{-0.481}^{0}$
M	36.89	32.89	28.77	24.77

注：单针测量值 $A = 3.1$mm。

(1) 粗车刀　批量生产丝杠的厂家为保证能低成本、高效率、高质量地生产带梯形螺纹的丝杠，一般使用高速工具钢作为粗车刀的材料。

1) 第一把粗车刀的几何角度及其刃磨。

① 第一把粗车刀的前刀面为直面形径向前角，选择 15°~20°，刀头长度为 6mm，以保持较好的强度和刚性，如图 7-14 所示。

② 顺刀方向的主后角为 5°+φ = 7°40′，背刀方向的主后角为 5°-φ = 2°20′。

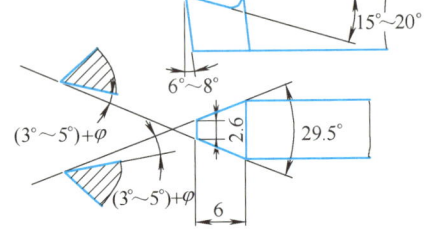

图 7-14　第一把螺纹粗车刀

③ 采用直进法，车刀具体进给次数和背吃刀量见表 7-10。

2) 第二把粗车刀的几何角度及其刃磨。

① 第二把粗车刀的前刀面为圆弧形前角，其值可达 25°，刀头长度为 10mm，刀头宽度为 2mm，刀具如图 7-15 所示。

② 采用直进法加左右进刀法。车刀具体进给次数和背吃刀量见表 7-11。

(2) 精车刀与精车

1) 由于车刀磨有 10° 的径向前角，刀具的牙型角将发生变化，刃磨时牙型角要略小于 30°。

2) 刀头宽度要小于槽底宽。螺纹精车刀如图 7-16 所示。

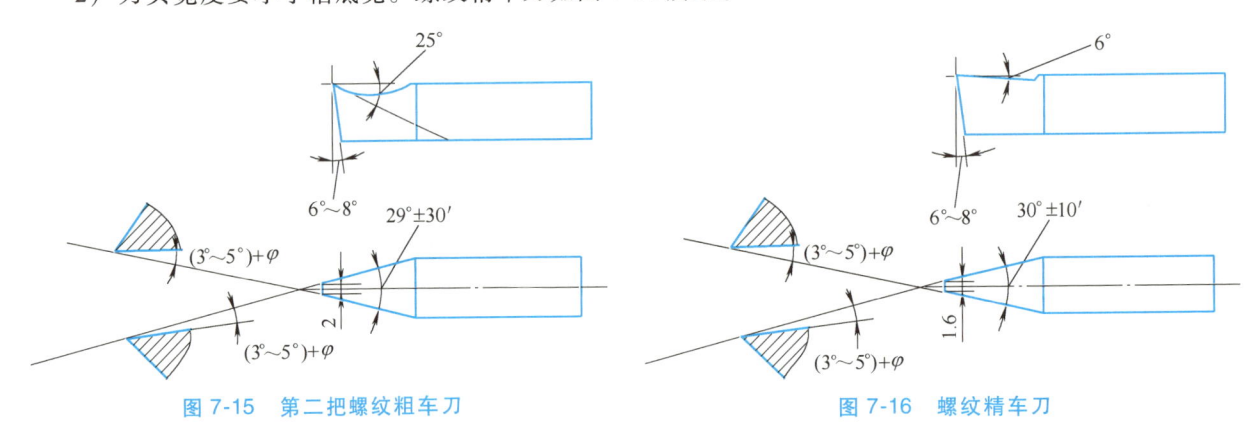

图 7-15　第二把螺纹粗车刀　　　　　图 7-16　螺纹精车刀

3) 精车梯形螺纹时一般采用单面车削，即径向定到零位，移动小刀架车削，背吃刀量 a_p = 0.02mm，转速 n = 30r/min。

4) 切削液选择：乳化液、豆油、菜油、煤油加机油（煤油 30%、机油 70%）。

(3) 梯形螺纹车刀的安装

1) 梯形螺纹车刀一般采用水平安装方式，条件允许、导程较大的也可垂直安装。对于导程较大且没有可调弹簧刀杆的车刀，也可通过刀具的刃磨，使前刀面向顺刀方向倾斜一个螺旋角，这种装刀方式优于水平装刀。

2) 刀具磨损须刃磨后再装刀（即二次装刀），必须在动态情况下完成。

4. 工件的装夹

粗车梯形螺纹时螺距和切削力较大，为防止工件轴向窜动，常采取固定轴向位置的措施（如车出工艺台阶)。

5. 机床调整

调整中、小滑板使其间隙松紧适当,调试主轴箱上左右摩擦片的松紧程度。

6. 梯形螺纹的车削方法

低速车削梯形螺纹时,采用直进法加左右进给法粗车。车刀进给次数与背吃刀量见表7-10~表7-12。

表7-10 第一把粗车刀进给次数与背吃刀量　　　　　　　　　　　(单位:mm)

进给次数	1	2	3	4	5	6	7~8	9	10	11~12	13~14
背吃刀量	0.2	0.2	0.2	0.2	0.1	0.1	赶刀	0.1	0.1	赶刀	0.1

注:总计 $a_p = 1.4$mm。

表7-11 第二把粗车刀进给次数与背吃刀量　　　　　　　　　　　(单位:mm)

进给次数	1~2	3~4	5~9	10	11~13	14~16	17~18	19~21	22~24
背吃刀量	0.2	0.1	赶刀	0.2	0.1	赶刀	0.1	赶刀	0.1

注:总计 $a_p = 2$mm。

表7-12 第三把精车刀进给次数与背吃刀量　　　　　　　　　　　(单位:mm)

进给次数	1	2	3~6	7	8	9	10	11	…
背吃刀量	0.1	0.1	赶刀	0.1	0.1	0.04	0.04	0.04	0.04

粗车(正、反车)时,$n = 44 \sim 90$r/min;精车时,$n = 30$r/min。

五、车削工步及切削用量的选择(表7-13)

表7-13 梯形螺纹车削工步及切削用量的选择

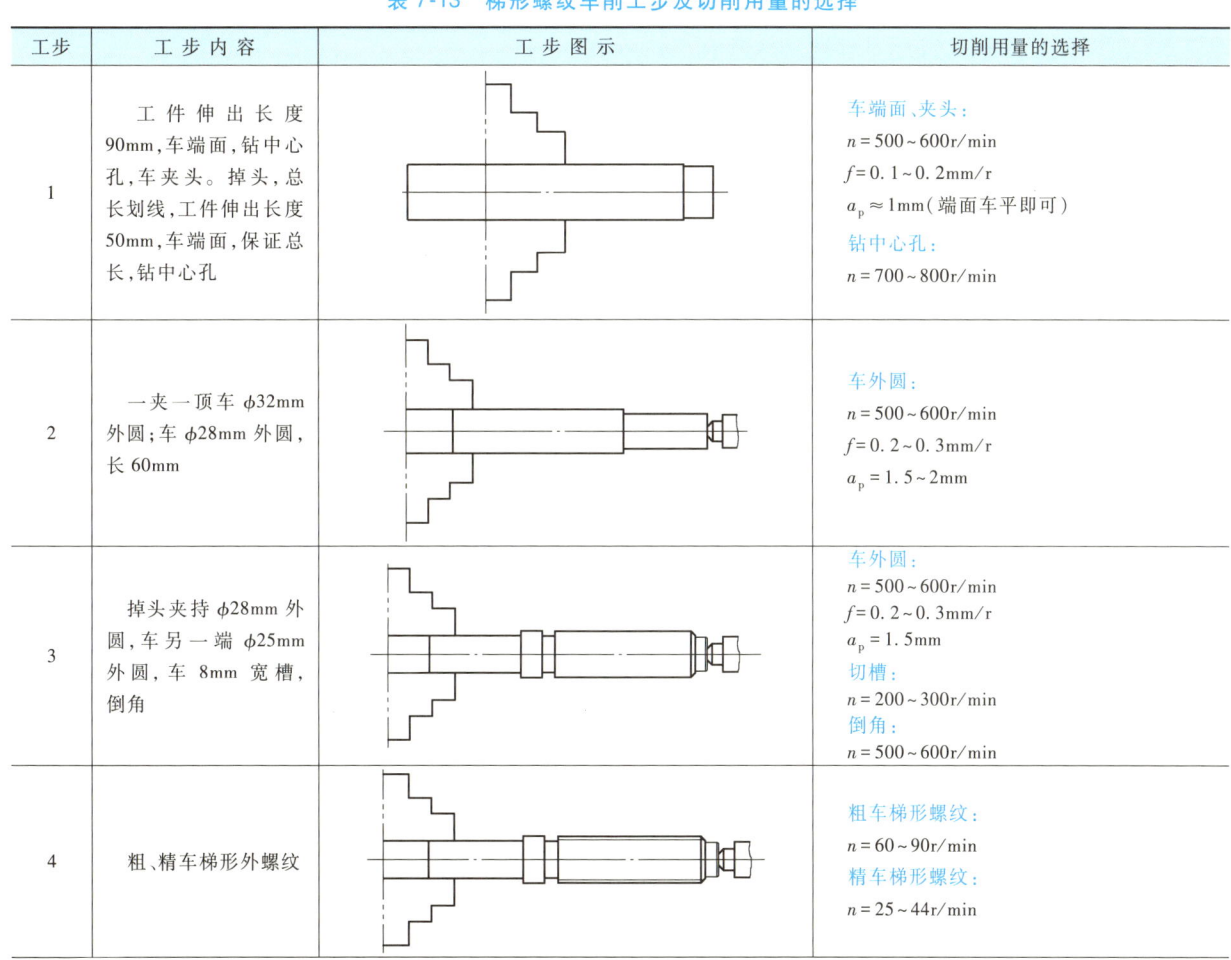

工步	工步内容	工步图示	切削用量的选择
1	工件伸出长度90mm,车端面,钻中心孔,车夹头。掉头,总长划线,工件伸出长度50mm,车端面,保证总长,钻中心孔		车端面、夹头: $n = 500 \sim 600$r/min $f = 0.1 \sim 0.2$mm/r $a_p \approx 1$mm(端面车平即可) 钻中心孔: $n = 700 \sim 800$r/min
2	一夹一顶车 ϕ32mm 外圆;车 ϕ28mm 外圆,长60mm		车外圆: $n = 500 \sim 600$r/min $f = 0.2 \sim 0.3$mm/r $a_p = 1.5 \sim 2$mm
3	掉头夹持 ϕ28mm 外圆,车另一端 ϕ25mm 外圆,车 8mm 宽槽,倒角		车外圆: $n = 500 \sim 600$r/min $f = 0.2 \sim 0.3$mm/r $a_p = 1.5$mm 切槽: $n = 200 \sim 300$r/min 倒角: $n = 500 \sim 600$r/min
4	粗、精车梯形外螺纹		粗车梯形螺纹: $n = 60 \sim 90$r/min 精车梯形螺纹: $n = 25 \sim 44$r/min

(续)

工步	工步内容	工步图示	切削用量的选择
5	掉头(夹持部分垫铜皮),粗、精车另一端台阶,车三角形螺纹		车三角形螺纹: $n = 60 \sim 90 \text{r/min}$
6	两顶尖装夹,精车各台阶并倒角		精车台阶(高速工具钢车刀): $n = 130 \sim 200 \text{r/min}$ $f = 0.05 \text{mm/r}$ $a_p = 0.05 \sim 0.1 \text{mm}$ 倒角: $n = 500 \sim 600 \text{r/min}$

六、要点提示

在梯形螺纹加工中常出现"扎刀"现象,产生"扎刀"的主要原因有以下几种。

1) 刀杆强度低或伸出过长,刚性不足造成"扎刀"。
2) 车刀刀尖一般低于工件中心线,过低容易造成"扎刀"。
3) 刀具接触面积大或进刀量过大易造成"扎刀"。
4) 机床间隙过大易造成"扎刀"。
5) 车刀前角过大,导致径向切削力向工件中心移动造成"扎刀"。
6) 工件刚性不足造成"扎刀"。
7) 切削时切削液使用不充足,因热量过大而磨损刀具造成"扎刀"。

注意:尽可能地保证不要三面吃刀。

【考核评价】(表7-14)

表7-14 梯形螺纹检测评分表

序号	检测项目		分值	评分要求	测评结果	得分	备注
1	外圆尺寸	φ32mm	6	超差酌情扣分			
		φ28mm(2处)	12	超差酌情扣分			
		φ25mm	5	超差酌情扣分			
2	槽	3mm×0.5mm	4	超差酌情扣分			
		5mm	4	超差酌情扣分			
		8mm	4	超差酌情扣分			
3	长度与表面质量	180mm	3	超差酌情扣分			
		100mm	3	超差酌情扣分			
		60mm	3	超差酌情扣分			
		6mm	3	超差酌情扣分			
		30mm	3	超差酌情扣分			
		$Ra1.6\mu m$	5	超差扣2分			
4	倒角	C3.5、C2、C1	3	超差扣分			
5	三角形螺纹	M24×1.5-6g	12	超差扣分			
6	梯形螺纹	Tr32×6-7e	30	超差扣分			
	总分						

【知识技能拓展】

加工图 7-17 所示的梯形螺纹工件，车削工艺如下。

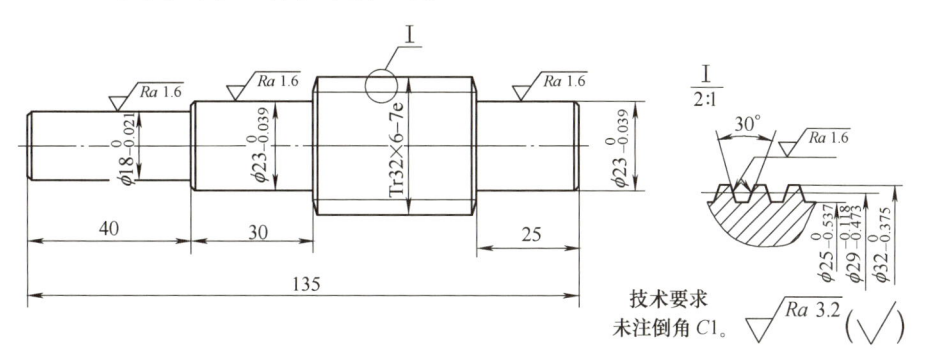

图 7-17 梯形螺纹工件

1. 车台阶轴部分

1）用 45°车刀车端面，车夹头，长度 10mm。

2）掉头，以所车的端面为基准划总长线，钻中心孔。

3）夹头部分采用一夹一顶的装夹方法，粗车 φ32mm 外圆部分至 φ32.3mm，两端台阶外圆车至 φ25mm（牙底尺寸）。

2. 低速车削梯形外螺纹

1）粗车、半精车梯形螺纹，选择 $n=40\sim90\text{r/min}$，采用正、反车削。

2）精车选择 $n=10\sim40\text{r/min}$，单面进给量为 0.02mm/r。

3）两顶尖装夹，精车各尺寸达到图样要求。

任务四　车梯形螺母

一、任务图样

梯形螺母工件如图 7-18 所示。

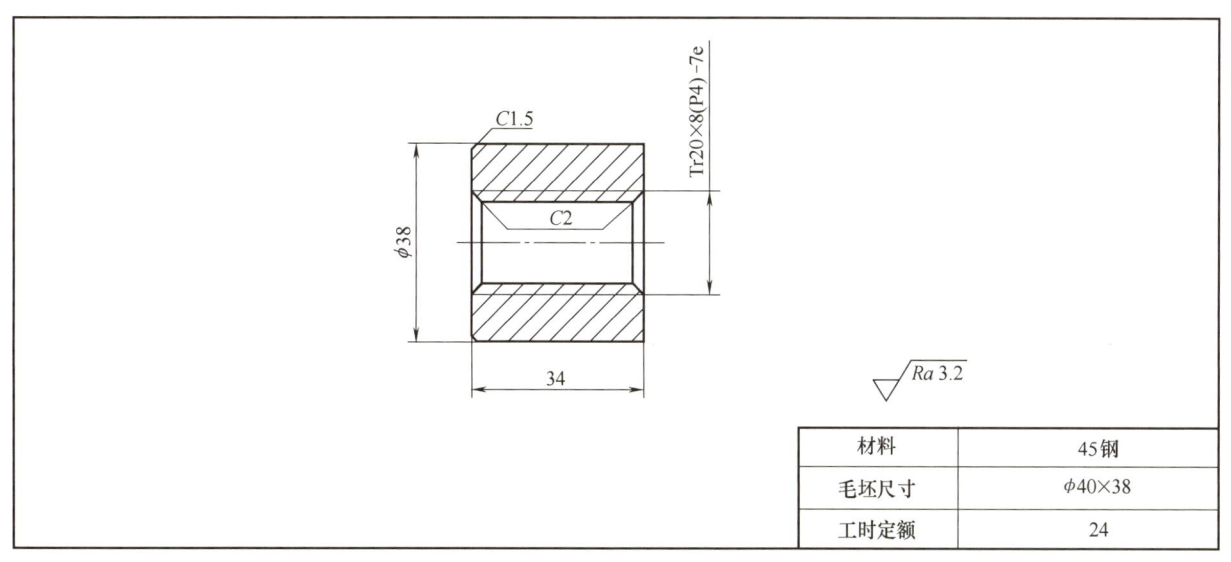

材料	45钢
毛坯尺寸	φ40×38
工时定额	24

图 7-18 梯形螺母工件

109

二、图样分析

梯形螺母标记为

$$Tr20\times8(P4)-7e$$

1) 梯形内螺纹相关尺寸计算见表 7-15。

表 7-15 梯形内螺纹相关尺寸计算

名称	代号及计算公式	名称	代号及计算公式
大径	$D_4 = d + 2a_c = 20.5\text{mm}$	牙型高度	$H_4 = h_3 = 2.25\text{mm}$
中径	$D_2 = d_2 = 18\text{mm}$	牙槽底宽	$W = W' = 0.366P - 0.536a_c = 1.33\text{mm}$
小径	$D_1 = d - p = 16\text{mm}$		

牙槽底宽是内螺纹车削刀具刃磨的指导性数据。

2) 各主要尺寸公差。

D_2、D_1 的基本偏差（下极限偏差）为 0。

中径公差 $T_{D_2} = 0.355\text{mm}$，中径公差带为 $\phi 18^{+0.355}_{0}\text{mm}$。

小径公差 $T_{D_1} = 0.375\text{mm}$，小径公差带为 $\phi 16^{+0.375}_{0}\text{mm}$。

三、车削加工准备

螺纹环规、千分尺、游标卡尺、切断刀、梯形内螺纹车刀、硬质合金（YT15）外圆车刀、$\phi 15\text{mm}$ 钻头、R 规（$R25 \sim R50\text{mm}$）。

四、车削工步及切削用量的选择

1) 夹紧毛坯，伸出长度 50mm。
2) 粗、精车 $\phi 55\text{mm}$ 外圆、端面，钻 $\phi 15\text{mm}$ 孔，切槽。
3) 切断。
4) 夹紧 $\phi 55\text{mm}$ 外圆，找正后车内孔至 $\phi 15.5\text{mm}$。
5) 粗、精车梯形内螺纹 $Tr20\times8(P4)-7e$。
6) 精车 $\phi 35^{+0.03}_{0}\text{mm}$ 孔。
7) 自定心卡盘垫铜皮夹紧，以端面为支承面，精车 $SR27.5\text{mm}$。
8) 双线螺纹的车削采用小刀架分线，粗、精车时采用多次循环分线。

五、要点提示

1) 梯形内螺纹车刀的刚性比梯形外螺纹车刀要差，所以刀杆的截面尺寸应尽量大些。刀杆的截面尺寸与长度应根据工件的孔径和孔深来选取。
2) 不准在开车时用棉纱擦拭工件，以免出现安全事故。
3) 车削梯形内螺纹时，为了防止因溜板箱手轮回转时的不平衡而使床鞍产生窜动，可在手轮上装平衡块，最好采用手轮脱离装置。
4) 车削梯形内螺纹时，应选择较小的切削用量，以减少工件变形，同时应充分使用切削液。
5) 一夹一顶装夹工件时，尾座套筒不能伸出太短，以防止车刀返回时床鞍与尾座相碰。
6) 车削梯形内螺纹横向进给时，为防止进给量过大，每次进给后可用粉笔在刻度盘上做标记。

【考核评价】（表7-16）

表7-16 梯形螺母检测评分表

序号	检测项目		分值	评分要求	测评结果	得分	备注
1	外圆	φ38mm	15	超差0.02mm扣2分			
2	长度与表	34mm	15	超差0.02mm扣2分			
3	面质量	Ra3.2μm	10	一处不合格扣1分			
4	倒角	C1.5	5	不合格不得分			
5		C2	5	不合格不得分			
6	梯形螺纹	Tr20×8(P4)-7e	40	超差0.02mm扣2分			
7	安全文明生产	正确执行安全操作规程	5	不符合要求扣分			
		工作服穿戴正确	5	不符合要求扣分			
	总分						

【练习题】

1）什么是螺纹？螺纹的种类有哪些？

2）螺纹车刀的刃磨步骤有哪些？

3）刃磨螺纹车刀时应注意的问题有哪些？

4）螺纹车刀前角不等于0°时，对螺纹牙型有什么影响？怎样修正？

5）车削螺纹时，车刀的两侧前角有什么变化？如何改进？

6）梯形螺纹的完整标记由哪些内容组成？请举例说明。

7）车削梯形螺纹时造成"扎刀"的原因有哪些？应如何预防？

8）三角形螺纹的测量方法有哪些？

9）高速车削图7-19所示的三角形螺纹。

10）车削图7-20所示的梯形螺纹。

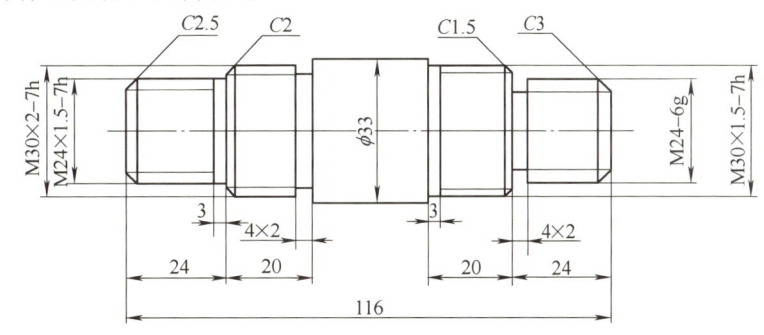

图7-19 三角形螺纹

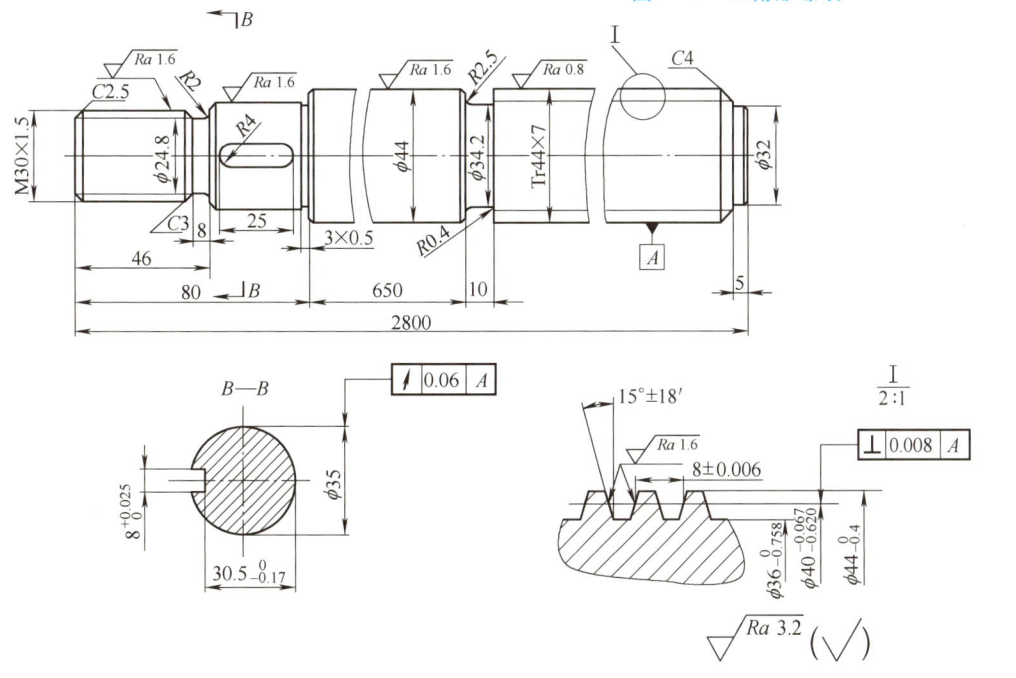

图7-20 梯形螺纹

模块八

蜗杆车削

【教学目标】

序号	教学目标	具 体 内 容
1	素养目标	1) 培养学生分析问题、解决问题的能力 2) 培养学生勤实践、多动手、爱动脑的好习惯 3) 培养学生的团队协作能力,能团结互助完成教学任务
2	知识目标	1) 熟知蜗杆车削的相关知识 2) 了解刃磨蜗杆车刀的方法 3) 熟悉车削蜗杆的方法 4) 熟悉切削用量并能选择合适的切削用量
3	技能目标	1) 能够正确地刃磨蜗杆车刀 2) 能够熟练地车削蜗杆 3) 能正确地选择切削用量 4) 能进行简单的测量

【任务要求】

1) 注重集体协作,严格按照指导教师的安排进行刀具刃磨和工件车削。
2) 以小组为单位,分组进行刀具刃磨和工件车削。

【任务实施】

以任务驱动法和基于工作过程导向贯穿整个单元的教学过程,在任务实施过程中灵活运用讲授、提问、讨论、演示、巡回指导等教学方法。

【任务耗材】

蜗杆毛坯尺寸:$\phi 40mm \times 128mm$(45 钢)。

【工时安排】

任务	内容	工时安排
	车蜗杆	24

车蜗杆

任 务 车 蜗 杆

蜗杆是减速传动零件,用于传递两轴在空间成 90°的交错运动,通过与蜗轮的啮合运动达到减速的目的。蜗杆的齿形与梯形螺纹相似,其轴向断面形状为梯形(压力角为 40°),由于蜗杆牙型深度大,切削面积随之增大,因此车削蜗杆比车削一般螺纹困难。

一、任务图样

蜗杆工件图如图 8-1 所示。

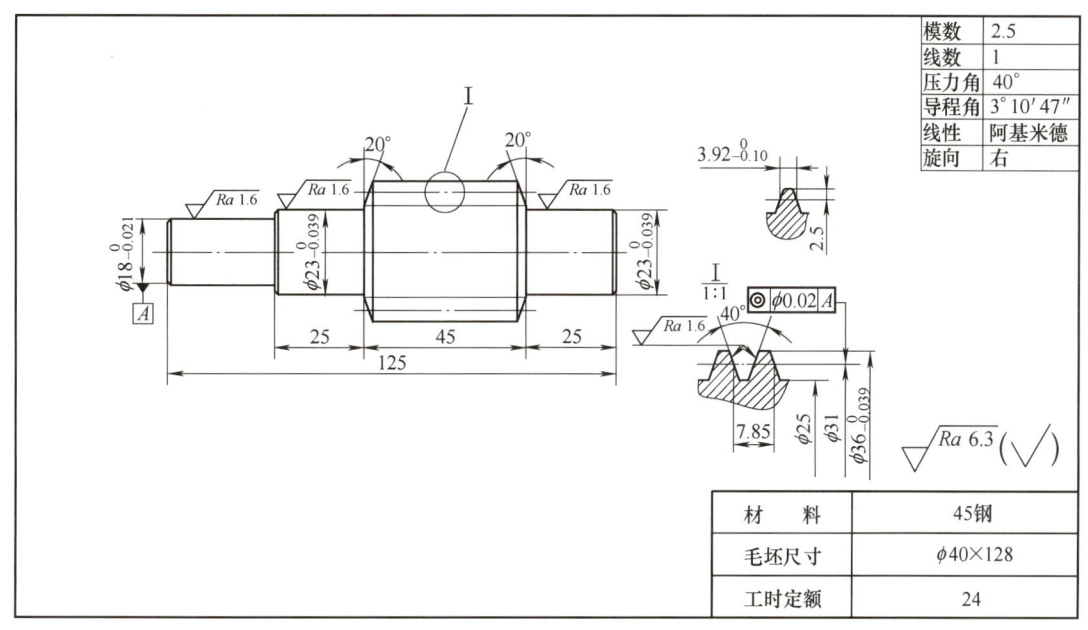

图 8-1 蜗杆工件图

二、图样分析

1）分度圆与工件对称中心有 φ0.02mm 的同轴度要求。
2）法向齿厚为 $3.92_{-0.10}^{0}$ mm。
3）本任务的难点是当切削深度达到 a_p = 4mm 时，应注意避免"扎刀"。
4）本任务的重点是车削工艺的拟定，须保证同轴度的几何公差要求。

三、车削加工准备

1）刀具：高速工具钢蜗杆车刀两把、精车刀一把、90°车刀、45°车刀。
2）量具：齿厚游标卡尺、0~150mm 的游标卡尺、0~25mm 的千分尺、25~50mm 的千分尺。
3）其他：自制 60°前顶尖、鸡心夹、切削液（乳化液）、切削油（20%煤油与80%机油的混合油）。

四、车削工艺分析

1. 蜗杆加工的主要参数和名称（表 8-1）

表 8-1 蜗杆加工的主要参数和名称

名称	计算公式
导程	$L = z_1 \pi m_x$
齿顶圆直径	$d_a = d_1 + 2m_x = 36$ mm
分度圆直径 d_1	$d_1 = d_a - 2m_x = 31$ mm
齿根圆直径	$d_f = d_a - 4.4 m_x = 25$ mm
导程角 γ	$\tan\gamma = \dfrac{L}{\pi d_1}$
齿高	$h_a = 2.2 m_x$

(续)

名称	计算公式
齿顶宽（轴向）	$f_x = 0.843 m_x = 2.11\text{mm}$
齿根宽（轴向）	$W_x = 0.697 m_x = 1.74\text{mm}$

2. 蜗杆的车削与车刀的几何形状

蜗杆车刀选用高速工具钢材料。由于蜗杆牙型较深、导程大，为了提高加工质量，车削时必须按螺纹加工的一般步骤分粗车、半精车、精车的工步进行，车刀的选择见表8-2。

表8-2 车刀的选择

粗精车	刀具序号	刀具图示	刀具参数
粗车	第一把车刀		开径向直面形前角（15°~20°），刀头宽度为2.5mm
粗车	第二把车刀		开圆弧形前角（15°~20°），刀头宽度为1.8~2mm
精车	精车刀		刀头宽度小于齿根槽宽度，开有6°~10°径向前角

3. 蜗杆车刀的安装

蜗杆粗车刀一般以垂直安装为宜。在没有旋转刀杆的情况下，可以通过刀具的刃磨来实现，即磨成两侧切削刃与两齿面垂直。车刀安装如图8-2所示。

（1）精车刀的安装 精车刀必须以水平安装为准。只有采用水平装刀法，才能保证齿形正确，安装方法如图8-3所示。

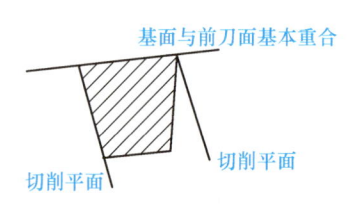

图8-2 车刀安装

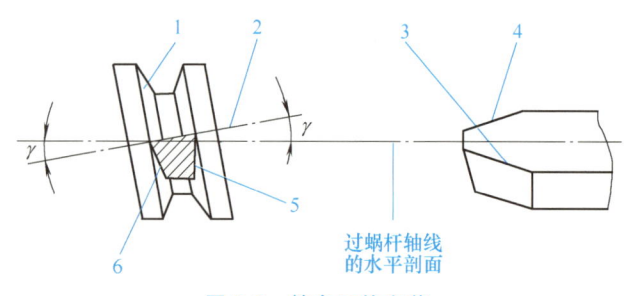

图8-3 精车刀的安装

1—齿面 2—车刀前刀面 3、6—左切削刃 4、5—右切削刃

(2) 垂直安装粗车刀的优点
1) 可以避免背向切削方向的切削刃成为负前角而造成切削不顺畅。
2) 减少刀具振动和"扎刀"。
3) 切屑形状正常，切屑流向合理。

4. 蜗杆车削工艺分析
1) 蜗杆两端台阶轴部分为 $\phi 23$mm，最小处为 $\phi 18$mm，刚性差，易变形、弯曲。
2) 蜗杆车削前应制订工艺，以保证减少变形和弯曲。

5. 蜗杆的测量方法
1) 齿顶圆直径测量。可用公法线千分尺测量，也可用带百分表的 0~300mm 游标卡尺测量。
2) 齿根圆直径的测量一般采用外卡钳（图 8-4）或中滑板刻度盘保证。
3) 蜗杆的测量部位主要是法向齿厚，用齿厚游标卡尺测量，如图 8-5 所示。

图 8-4　外卡钳

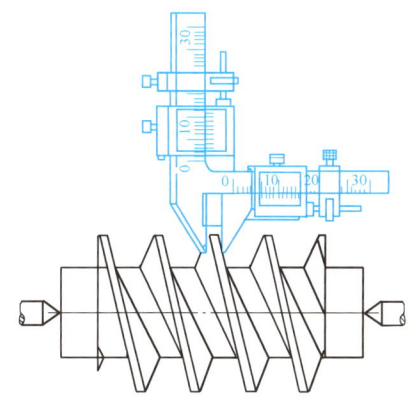

图 8-5　用齿厚游标卡尺测量齿厚

五、车削工步及切削用量的选择（表 8-3）

表 8-3　蜗杆车削工步及切削用量的选择

工步	工步内容	工步图示	切削用量的选择
1	车削端面，钻中心孔，车夹头		车端面： $n = 560 \sim 700$r/min 钻中心孔： $n = 700 \sim 800$r/min
2	掉头，总长划线，工件伸出长度 50mm，车端面，保证总长，钻中心孔		车总长、夹头： $n = 560 \sim 700$r/min $f = 0.4$mm/r $a_p = 1$mm

(续)

工步	工步内容	工步图示	切削用量的选择
3	一夹一顶车 $\phi25$mm 外圆，长 60mm		一夹一顶： $n = 600 \sim 700$r/min $f = 0.3 \sim 0.4$mm/r $a_p = 1.5 \sim 3$mm
4	掉头装夹，伸出长度 90mm，车另一端 $\phi25$mm 外圆、$\phi36$mm 螺纹部分外圆		$n = 600 \sim 700$r/min $f = 0.3 \sim 0.4$mm/r $a_p = 1.5 \sim 3$mm
5	粗车蜗杆		$n = 90 \sim 160$r/min
6	掉头粗车各外圆		$n = 500 \sim 600$r/min $f = 0.2 \sim 0.3$mm/r $a_p = 1 \sim 3$mm
7	两顶尖装夹，精车齿面及各外圆		精车齿面： $n = 7 \sim 30$r/min （加点动配合）

六、要点提示

1) 车蜗杆前应根据给定的模数计算齿距。

2) 由于蜗杆导程角较大，在刀具刃磨时，应对车刀两侧副后角进行适当的增减。精车刀两侧切削刃应平直。

3) 为保证蜗杆车削过程中始终具有良好的刚性，粗车一端最好采用自定心卡盘装夹，粗车另一端则用回转顶尖装夹。

4) 为保证同轴度的要求，精车蜗杆时要以两顶尖孔定位加工。

5) 为保证蜗杆齿面的表面质量，精车时要采用低速切削并使用切削液。

6) 为保证蜗杆精度要求，粗、精加工必须分开进行，避免一次性完成工件的粗、精车。

7）齿顶宽是粗车蜗杆时最主要的尺寸，齿根槽宽是完成牙底车削和选择精车刀刀尖宽度的重要依据。

【考核评价】（表 8-4）

表 8-4 蜗杆检测评分表

序号	检测项目		分值	评分要求	测评结果	得分	备注
1	外圆尺寸	$\phi36$mm	5	超差 0.01mm 扣 2 分			
		$\phi23_{-0.039}^{0}$mm（2 处）	20	超差 0.01mm 扣 5 分			
		$\phi18_{-0.021}^{0}$mm	15	超差 0.01mm 扣 5 分			
2	总长与表面质量	125mm	5	超差酌情扣分			
		25mm	5	超差酌情扣分			
		45mm	5	超差酌情扣分			
		$Ra1.6\mu$m	10	超差酌情扣分			
3	齿厚	$3.92_{-0.10}^{0}$mm	25	超差酌情扣分			
4	倒角	C1	10	超差扣分			
	总分						

【知识技能拓展】

车削图 8-6 所示的蜗杆。

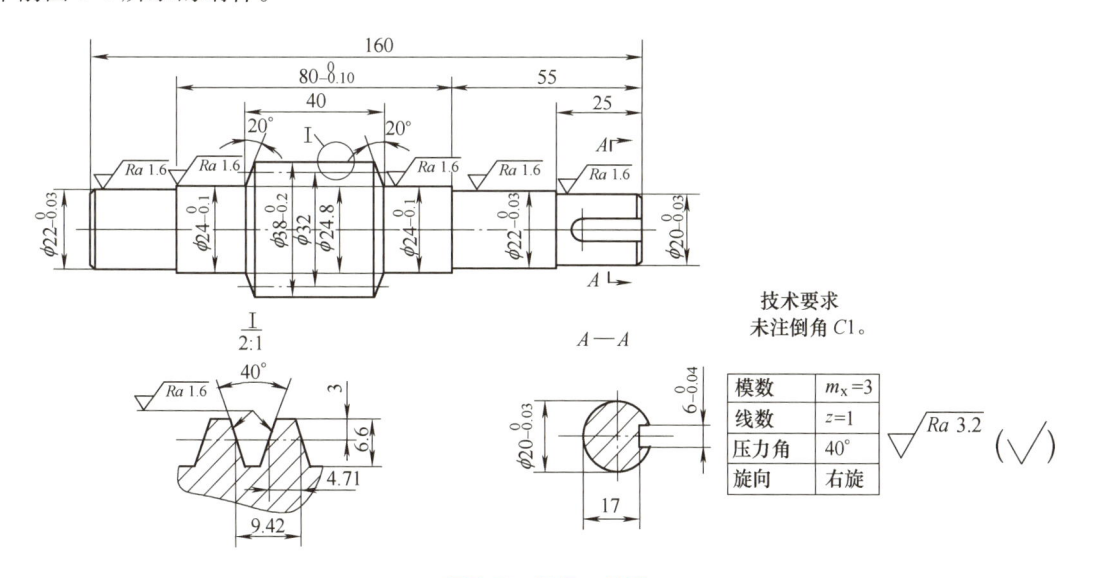

图 8-6 蜗杆工件图

蜗杆车削工艺参照任务中蜗杆车削的相关内容。

【练习题】

1）什么是蜗杆？
2）蜗杆的测量方法有哪些？
3）对蜗杆粗车刀有什么要求？
4）对蜗杆精车刀有什么要求？
5）用齿厚游标卡尺测量蜗杆的法向齿厚时，齿高卡尺应调整到什么尺寸？
6）法向齿厚如何计算？测量法向齿厚时应注意哪些问题？
7）车削图 8-7 所示的蜗杆。

图 8-7 蜗杆

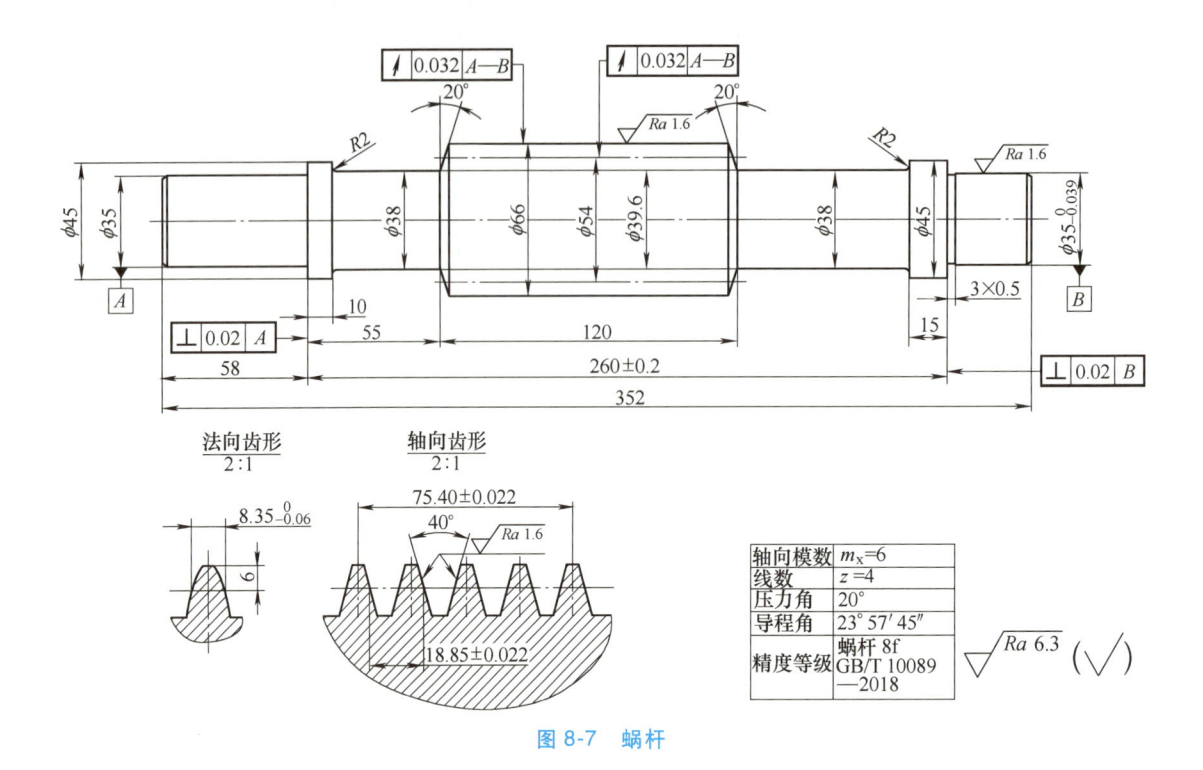

模块九

复杂零件车削

【教学目标】

序号	教学目标	具 体 内 容
1	素养目标	1）培养学生分析问题、解决问题的能力 2）培养学生勤实践、多动手、爱动脑的好习惯 3）培养学生的团队协作能力,能团结互助完成教学任务
2	知识目标	1）熟悉偏心轴的相关知识 2）熟悉单拐曲轴、双拐曲轴车削的相关知识 3）熟悉细长丝杠、小横梁丝杠、中滑板丝杠车削的相关知识 4）选择合适的切削用量
3	技能目标	1）能够熟练地车削偏心轴 2）能够熟练地车削单拐曲轴、双拐曲轴 3）能够熟练地车削细长丝杠、小横梁丝杠、中滑板丝杠 4）选择合适的切削用量 5）能够解决单拐曲轴车削、双拐曲轴车削过程中常出现的问题 6）能够解决细长丝杠、小横梁丝杠、中滑板丝杠车削过程中常出现的问题

【任务要求】

1）注重集体协作，严格按照指导教师的安排进行工件车削。

2）以小组为单位，分组进行工件车削。

【任务实施】

以任务驱动法和基于工作过程导向贯穿整个单元的教学过程，在任务实施过程中灵活运用讲授、提问、讨论、演示、巡回指导等教学方法。

【任务耗材】

偏心轴坯料尺寸：ϕ30mm×100mm。

单拐曲轴坯料尺寸：ϕ55mm×135mm。

双拐曲轴坯料尺寸：ϕ50mm×215mm。

细长丝杠坯料尺寸：ϕ25mm×548mm。

小横梁丝杠坯料：ϕ22mm×1105mm。

中滑板丝杠坯料：ϕ25mm×747mm。

【工时安排】

任务	内容	工时安排
一	车偏心轴	12
二	车单拐曲轴	24
三	车双拐曲轴	22
四	车细长丝杠	24
五	车小横梁丝杠（C6132A 车床）	26
六	车中滑板丝杠	26

任务一　车偏心轴

在机械传动中，要使回转运动转变为直线运动，或由直线运动转变为回转运动，一般采用曲柄滑块（连杆）机构来实现，实际生产中常见的偏心轴、曲柄等就是其应用实例。外圆和外圆的轴线或内孔与外圆的轴线平行但不重合（彼此偏离一定距离）的工件，称为偏心工件。外圆与外圆偏心的工件称为偏心轴，内孔与外圆偏心的工件称为偏心套，两平行轴线间的距离称为偏心距。偏心轴和偏心套一般都在车床上加工，其加工原理基本相同，都是采用适当的装夹方法，将需要加工偏心圆部分的轴线找正到与车床主轴轴线重合的位置后进行车削。

一、任务图样

偏心轴工件如图 9-1 所示。

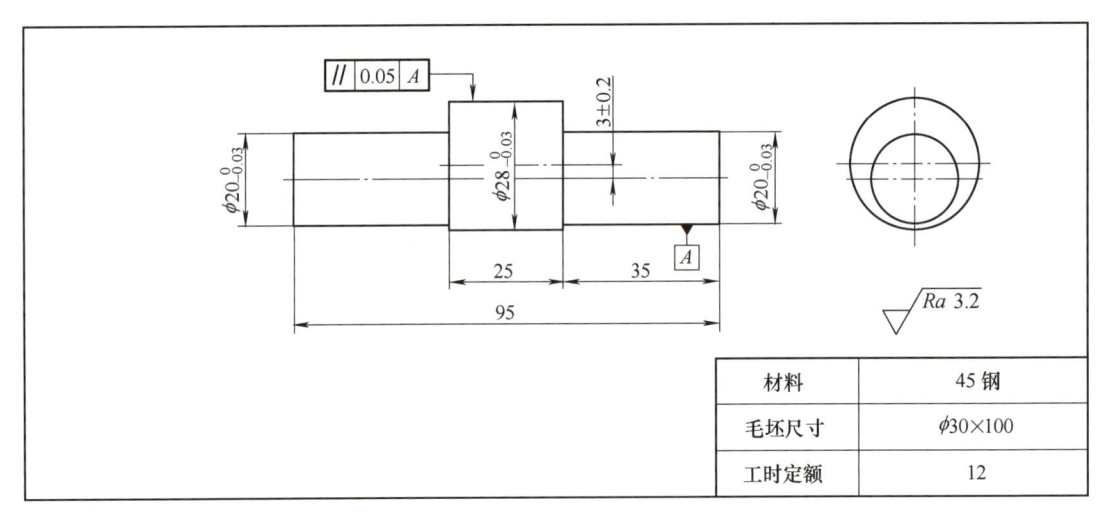

图 9-1　偏心轴工件

二、图样分析

1）工件总长 95mm，偏心尺寸为 ϕ28mm，基准外圆 ϕ20mm。

2）偏心距为（3±0.2）mm。

3）偏心轴两端相互对称。

4）偏心距较小。

5）用自定心卡盘车偏心零件的特点如下：

① 加工精度要求不高。

② 偏心距较小，一般 $e \leqslant 6$mm。

③ 工件较短，形状较简单，适合批量加工。

6）垫片厚度的计算公式为

$$x = 1.5e \pm K \tag{9-1}$$

$$K \approx 1.5\Delta e \tag{9-2}$$

式中　x——垫片厚度，单位为 mm；

　　　e——偏心距，单位为 mm；

　　　K——偏心距修正值，单位为 mm；

　　　Δe——试切后实测偏心误差，单位为 mm。

三、车削加工准备

90°外圆车刀，0～25mm 和 25～50mm 的千分尺，0～10mm 的百分表及磁力表座，中心钻（A3），4.5mm 垫片（垫片厚度根据公式计算而确定）。

四、车削工艺分析

1）由于工件较短，且两端对称，用百分表校准工件表面素线，直线度的有效长度以 60mm 为宜。

2）偏心工件为断续切削，冲击力大，易振动，为防止"扎刀"和因振动而引起工件位移，可采取以下措施：

① 增加工艺中心孔，以增加工件的刚性。

② 为减少断续切削对刀尖的损伤，切削用量的选择应遵循不规则工件外圆车削的一般规律，采用大的背吃刀量、慢的进给速度、中等偏低的转速。

3）由于偏心轴的偏心距较小，且伸出长度短，又有中心孔支承，车削中尽可能一次进给完成粗车（$a_p < 10$mm）。考虑到学生的专业基础，工件可按两次进给完成粗车，但第一刀的切削深度 $a_p \geq (x+1)$mm。

4）偏心外圆 $\phi 28$mm 处由于垫片原因，其中两爪装夹处易产生较深的夹痕，应做好保护措施。

5）在自定心卡盘上车偏心工件如图 9-2 所示。

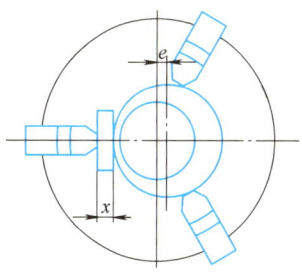

图 9-2　偏心轴装夹示意图

五、车削工步及切削用量的选择（表 9-1）

表 9-1　偏心轴车削工步及切削用量的选择

工步	工步内容	工步图示	切削用量的选择
1	车一工艺夹头，长（15±0.2）mm，直径 $\phi 28$mm		
2	用自定心卡盘装夹毛坯外圆，夹持长度 6mm，用工艺顶头顶住已车好的端面，用划针找正后夹紧，车外圆 $\phi 28^{\ 0}_{-0.03}$mm		车外圆： $n = 200 \sim 300$r/min $f = 0.12$mm/r $a_p = 1 \sim 1.5$mm

(续)

工步	工步内容	工步图示	切削用量的选择
3	装夹已经车好的 $\phi28_{-0.03}^{0}$ mm 外圆,车去夹头部分,车好总长		车总长: $n=500\sim600\text{r/min}$
4	装夹已经车好的 $\phi28_{-0.03}^{0}$ mm 外圆,并在其中一个卡爪与工件接触面间加入垫片,伸出长度40mm,用百分表分别在0°和90°两个方向拉表,工件表面素线的直线度小于 0.05mm,拉表长度60mm,夹紧钻 A3 中心孔,回转顶尖顶中心孔,粗车 ϕ20mm 外圆,留余量0.5mm。退出后顶尖,精车 $\phi20_{-0.03}^{0}$ mm 外圆至图样要求		粗车 ϕ22mm 外圆: $n=200\sim300\text{r/min}$ $f=0.05\text{mm/r}$ $a_\text{p}=6\text{mm}$
5	装夹车好的 $\phi20_{-0.03}^{0}$ mm 外圆(垫铜皮),拉表后钻中心孔,一夹一顶车另一端 $\phi20_{-0.03}^{0}$ mm 外圆至图样要求		粗车 ϕ22mm 外圆: $n=200\sim300\text{r/min}$ $f=0.05\text{mm/r}$ $a_\text{p}=6\text{mm}$

六、要点提示

1) 车削偏心外圆时,不得选择高转速和大的进给量。
2) 开始对刀车削时,必须考虑偏心距增加的距离。

【考核评价】（表 9-2）

表 9-2 偏心轴检测评分表

序号	检测项目		分值	评分要求	测评结果	得分	备注
1	外圆尺寸	$\phi28_{-0.03}^{0}$ mm	10	超差 0.01mm 扣 3 分			
		$\phi20_{-0.03}^{0}$ mm(2 处)	10	超差 0.01mm 扣 2 分			
2	长度与表面质量	95mm	4	超差酌情扣分			
		35mm	4	超差酌情扣分			
		25mm	4	超差酌情扣分			
		Ra3.2μm	10	超差酌情扣分			
3	几何公差	∥ 0.05 A	17	超差不得分			
4	偏心距	(3±0.2)mm	16	超差酌情扣分			
5	设备及工具、量具、刃具的使用维护	工具、量具、刃具的合理使用与保养	5	不符合要求扣分			
		车床的保养工作	10	不符合要求扣分			
6	安全文明生产	正确执行安全操作规程	10	不符合要求扣分			
	总分						

【知识技能拓展】

偏心距的检测如图9-3所示。把偏心轴的基准中心孔顶在两顶尖之间，转动工件，用百分表找出偏心圆的最低点，调整可调量块，使可调量块平面与偏心圆最低点处于同一水平位置，然后固定可调量块平面，再转动偏心工件，找出偏心圆的最高点，并在可调量块平面上放量块，用百分表测定，使量块的高度与偏心圆的最高点等高，则偏心距就等于量块高度的一半。

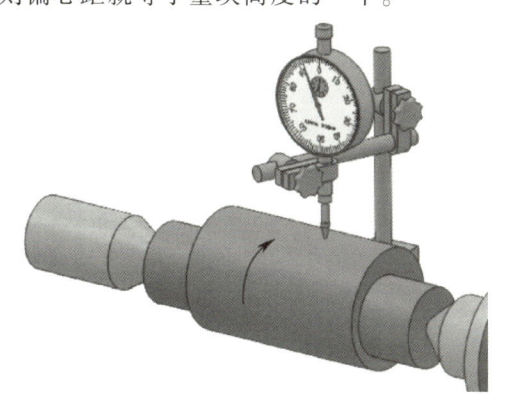

图9-3 在两顶尖间测量偏心距

任务二 车单拐曲轴

曲轴是一种偏心工件，被广泛地应用于压力机、压缩机和内燃机等设备中。根据曲轴曲柄颈的数量，曲轴可有单拐、两拐、四拐、六拐和八拐等多种结构形式。根据曲柄颈数量的不同，曲柄颈可互成90°、120°、180°等形式。曲轴毛坯一般由锻造得到，也有采用球墨铸铁铸造的。曲轴是发动机的重要零部件，是一种复杂的偏心工件，是高速旋转且承受较大交变载荷的零件，为此，对主轴颈与曲柄颈的尺寸精度、形状与位置精度有较高的要求。

一、任务图样

单拐曲轴工件如图9-4所示。

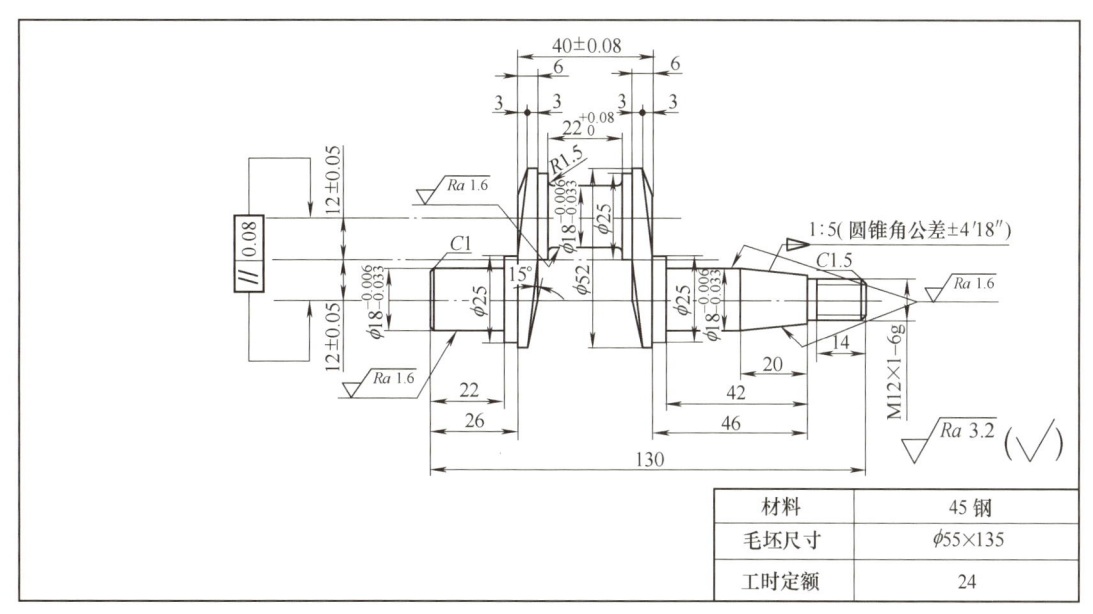

材料	45钢
毛坯尺寸	$\phi55\times135$
工时定额	24

图9-4 单拐曲轴工件

二、图样分析

1) 两端主轴颈为 $\phi 18_{-0.033}^{-0.006}$ mm，曲柄颈为 $\phi 18_{-0.033}^{-0.006}$ mm。
2) 偏心距 $e=(24\pm 0.1)$ mm。
3) 主轴颈轴线与曲柄颈轴线平行度公差为 0.08mm。
4) 圆锥面锥度为 1:5，圆锥角公差为 $\pm 4'18''$。
5) 三角形螺纹标记为 M12×1-6g。

三、车削加工准备

1) 常用工具：25～50mm 的千分尺、0～150mm 的游标卡尺、0～150mm 的钢直尺、环规 M12×1。
2) 刀具：45°车刀、90°外圆车刀、车槽刀 [(3～3.5)×20mm]、光刀、V 形铁、游标高度尺、鸡心夹头。刀具形状尽可能采用鱼肚式切断刀，如图 9-5a 所示，鸡心夹头如图 9-5b 所示。
3) 基准：以主轴颈轴线为基准。

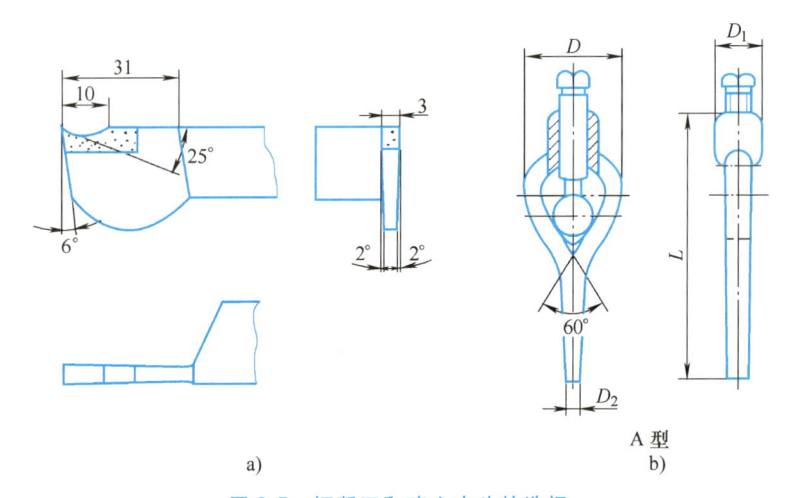

图 9-5 切断刀和鸡心夹头的选择
a) 鱼肚式切断刀　b) 鸡心夹头

四、车削工艺分析

1) 曲柄的偏心距 $e=(24\pm 0.1)$ mm，横向进给应取低转速、慢进给，不允许使用自动进给。使用纵向进给是改变切削力方向、提高工作效率的有效方法。
2) 钻曲柄颈中心孔时，曲轴将会与基准圆（主轴颈）中心孔产生干涉，为此曲轴两端需预留 10mm 毛坯长度，待工件车削完成后将其车去，即可达到不留中心孔痕迹的目的。
3) 在曲轴车削过程中，由于工件旋转一周之内余量变化较大且为断续车削，会产生较大的冲击力和振动，切削力大，故工件变形较大，为此必须分粗、精两次车削完成。
4) 车削曲轴时，切断刀伸出长度如图 9-6 所示。
5) 曲柄颈的划线方法。车削曲轴时，首先应用划线的方法确定曲柄颈的轴线，然后完成车削。曲柄颈划线步骤见表 9-3。
6) 偏心距车削前的工艺准备：
① 用自定心卡盘夹持工件一端，车平端面。

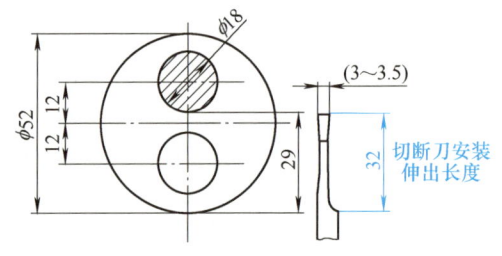

图 9-6 切断刀伸出长度

表9-3 曲柄颈划线步骤

步骤	内容	图示
1	先将工件毛坯车成光轴,直线度控制在0.05mm以内,直径为52mm,要求两端面必须垂直于轴线,表面粗糙度值控制在Ra1.6μm,涂色 用游标高度尺测量光轴最高点,记录数值。再把游标高度尺下移至工件实测尺寸的1/2,并在工件端面划出一条水平线,然后将工件旋转180°,用原高度再在端面划另一条水平线,检查两条线是否重合。若重合,即为工件水平线	划端面及腰上的中心线
2	将工件转过90°,用平行直角尺对齐已经划好的端面线,然后用游标高度尺在轴端面和四周划一道圈线	用直角尺校正中心线垂直
3	将工件放到V形铁上,游标高度尺向上移动一个偏心距尺寸,在轴端面划线并与原端面线相交,转动V形铁180°划另一端面偏心距中心线,再转动工件180°分别划两端面第二条偏心距中心线	划偏心及腰上的中心线
4	偏心距中心线划出后两端分别打样冲眼	打样冲眼

② 工件掉头,划线,车总长。
③ 自定心卡盘夹持毛坯外圆,一夹一顶,用划针找正夹紧,车外圆 ϕ52mm。
④ 掉头车外圆成光轴状,掉头接刀处允许小于0.5mm。
⑤ 将车好的外圆放到V形铁上,首先划出通过轴线的两端十字线,要求必须相互垂直;以十字中心为基准,偏移12mm划主轴颈中心线,以主轴颈中心线为基准偏移(24±0.1)mm划曲柄颈中心线;打样冲眼。
⑥ 在数控铣床或普通铣床上用中心钻钻出两端主轴颈和曲柄颈的中心孔,位置相对应。

五、车削工步及切削用量的选择(表9-4)

表9-4 单拐曲轴车削工步及切削用量的选择

工步	工步内容	工步图示	切削用量的选择
1	两顶尖粗车、精车曲柄颈部分 以单拐曲轴左端面为基准划第一个切断刀切入点位置线60mm,留余量0.5mm。切槽时留线,同时划出32mm线(90°车刀纵向车削时的控制线)	32 60	
2	将切断刀纵向移动到切入点的位置,用右手扳动卡盘,手动横向进给刀具到离工件最大偏心处,避免刀具碰到工件	66	

(续)

工步	工步内容	工步图示	切削用量的选择
3	主轴转速采用低速,手动进给,背吃刀量宜小。待工件车圆后可采用自动进给,切断刀分两次切槽,将槽宽切至7~8mm,方便车槽刀车削		$n = 132$~160r/min (选用高速工具钢车刀)
4	选用车槽刀,刀具横向进给至槽底,主轴采用最低转速,背吃刀量调至最小,采用自动进给,车槽宽至图样要求。两顶尖曲柄颈90°用切断刀切偏心部分,选择 $n = 60$~100r/min,横向手动进给,一般分两刀,切宽7~8mm		用窄小的正偏刀做纵向自动进给,切削用量选择: $n = 90$r/min $f = 0.05$~0.11mm/r
5	用切断刀精车60mm端面,再车左端包括轴肩在内的曲柄颈宽度28mm。车右端26mm及22mm处		$n = 100$~200r/min $f = 0.1$~0.3mm/r
6	用两顶尖顶主轴颈中心孔,分别用切断刀、90°车刀粗车曲柄颈左端φ18mm和轴肩圆φ25mm,留精车余量0.5mm		粗车切削用量选择: $n = 700$r/min $f = 0.05$mm/r
7	车好左端26mm处大端面,划(40±0.08)mm线,车削时留线,一般控制在41mm		
8	以右端大端面为基准划46mm、42mm线		
9	掉头一夹一顶车主轴颈外圆,粗车 $\phi 18_{-0.033}^{-0.006}$mm 的锥度1:5 车螺纹 M12×1		车螺纹选择:$n = 90$~130mm (低速车削)
10	两顶尖装夹,精车各尺寸至图样要求		两顶尖精车: $n = 700$r/min $f = 0.05$mm/r

六、要点提示

1）划线、找正要仔细,钻中心孔要精确,确保偏心距尺寸精度。
2）若工件偏心距较大,工件两顶尖装夹应牢靠。
3）车床各部位间隙应调整好,以保证工件的尺寸精度和几何精度。
4）粗车曲柄颈时,车刀应退至最远处再进行切削,宜选用大的背吃刀量低速车削。
5）为提高工艺系统的刚度,便于车削,宜采用硬质合金固定顶尖。在车削过程中,应经常检查顶尖松紧程度,并始终保持良好的润滑状态。

【考核评价】（表 9-5）

表 9-5 单拐曲轴检测评分表

序号	检测项目		分值	评分要求	测评结果	得分	备注
1	外圆尺寸	$\phi25$mm（4 处）	16	超差扣分			
		$\phi18_{-0.033}^{-0.006}$mm（3 处）	12	超差 0.01mm 扣 2 分			
		$\phi52$mm	2	超差扣分			
2	长度与表面质量	130mm	2	超差扣分			
		46mm	2	超差扣分			
		42mm	2	超差扣分			
		20mm	2	超差扣分			
		14mm	2	超差扣分			
		22mm	2	超差扣分			
		6mm（2 处）	4	超差扣分			
		（40±0.08）mm	6	超差酌情扣分			
		3mm（4 处）	4	超差扣分			
		$Ra1.6\mu m$	6	超差酌情扣分			
3	几何公差	∥ 0.08	3	超差 0 分			
4	倒角	C1、C1.5	2	超差扣分			
5	锥度	1:5	9	超差扣分			
6	偏心距	（12±0.05）mm	9	超差扣分			
7	三角形螺纹	M12×1-6g	9	超差扣分			
8	安全文明生产	正确执行安全操作规程	3	不符合要求扣分			
		工作服穿戴正确	3	不符合要求扣分			
	总分						

【知识技能拓展】

车削图 9-7 所示的双向偏心轴。

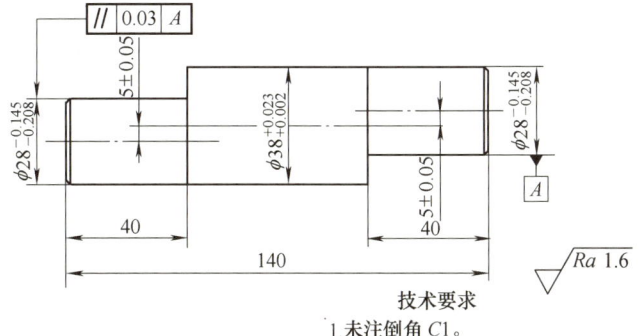

技术要求
1. 未注倒角 C1。
2. 未注公差尺寸按 GB/T 1804—m 加工。

图 9-7 双向偏心轴

车削工艺如下：

1) 该零件为双侧反向偏心轴，其两侧同时偏心分布在180°对称点上。
2) 首先要车削出光轴。
3) 在V形铁上划出两个偏心轴中心，钻中心孔。
4) 再用两顶尖支承同侧偏心孔，车出其中一端偏心轴。
5) 用单动卡盘找正，采用一夹一顶方式车出另一端偏心轴。

任务三　车双拐曲轴

双拐曲轴的基本特征是曲轴颈成180°分布于主轴颈两侧或单双分布。由于多拐曲轴属于高速旋转工件，故要求其有较高的强度、刚性、耐磨性、抗冲击性和抗疲劳性。

一、任务图样

双拐曲轴工件如图9-8所示。

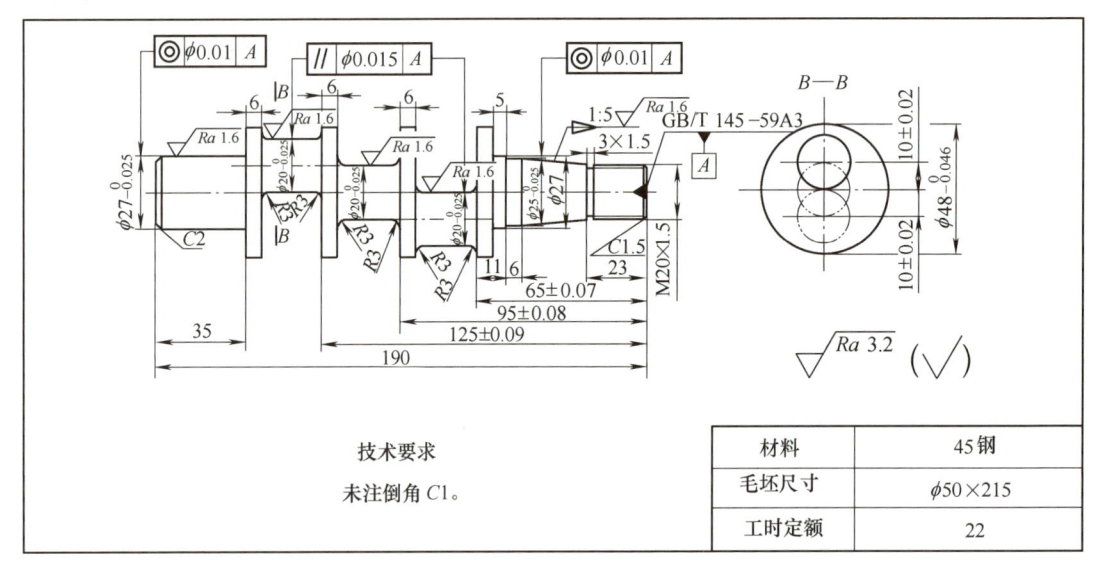

图9-8　双拐曲轴工件

二、图样分析

1) 曲轴偏心距 $e=(10\pm0.02)$ mm，曲柄颈为 $\phi20_{-0.025}^{0}$ mm。
2) 两端轴颈为 $\phi27_{-0.025}^{0}$ mm、$\phi25_{-0.025}^{0}$ mm。
3) 主轴颈与曲柄颈两轴线的平行度为0.015mm。
4) 外锥面锥度为1∶5，螺纹标记为M20×1.5。

三、车削加工准备

1) 下料。为保证加工工艺的流畅和加工过程中工件的刚性，在下料时预留20mm的工艺余量。坯料尺寸为φ50mm×215mm。
2) 工具、量具：25～50mm的外径千分尺、0～150mm的游标卡尺、0～150mm的钢直尺、M20×1.5的环规。
3) 刀具：45°车刀、切断刀、V形铁、游标高度尺、鸡心夹头。
4) 基准：选择主轴颈轴线。

5）刀具的形状与安装。

① 刀具形状如图9-9所示。

② 车刀的安装：切断刀伸出长度为（D-d）+3mm；纵向进给车刀伸出长度为（D-d）+3mm。

图9-9　切断刀

D—主轴颈大径　d—曲柄颈直径

四、车削工艺分析

1）曲轴偏心距 e=（10±0.02）mm，曲柄颈分布在主轴颈中心两侧成180°。

2）由于偏心距较大，可使用切断刀，不可自动进给，需要先手动车削。

3）两曲柄颈距离较近，端面中心孔会留有痕迹，故应增加工艺余量。

4）由于工件刚性差，切断刀宽度应控制在3.5mm以内，以防产生振动。

5）车削前要点提示：

① 为保证车削双拐曲轴时工件具有最大的刚性，必须使用标准固定顶尖（硬质合金顶尖）。

② 车削顺序：应先车削右端第一个曲柄颈，再车削第二个曲柄颈，最后车削主轴颈，以保证工件车削时刚性逐步减小，如图9-10所示。

③ 划线时应首先车出10mm右端台阶作为轴向各线性尺寸的基准，如图9-11所示。

④ 第一个曲柄颈切槽划线以 A 面为基准划（64+0.05）mm 圈线，如图9-12所示。

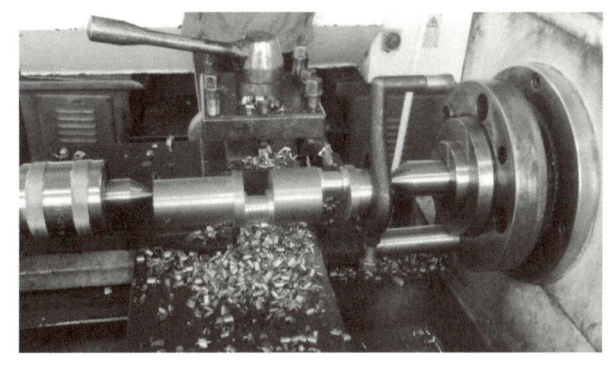

图9-10　曲柄颈的加工

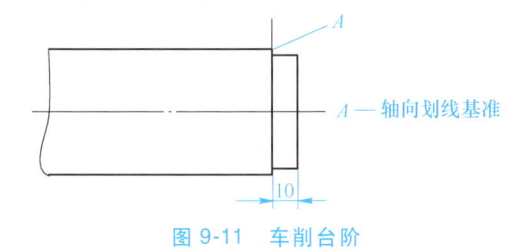

图9-11　车削台阶

图9-12　以 A 面为基准划线

五、车削工步及切削用量的选择（表9-6）

表9-6　双拐曲轴车削工步及切削用量的选择

工步	工步内容	工步图示	切削用量的选择
1	用两顶尖支承曲柄颈中心孔，用刀头宽度为4~6mm的切断刀和刀体宽度为6~8mm的90°车刀		切断刀横向自动进给： f=0.05mm/r 正偏刀自动进给： a_p=10mm f=0.05mm/r n=105r/min
2	车曲柄颈示意图 第一步：切槽 第二步：90°车刀纵向进给	切刀切槽，宽度为7~8mm　　曲柄内外圆车刀车槽，刀头宽度为6~7mm	两顶尖支承曲柄颈，采用切断刀，选择 n=160~298r/min，横向手动进给

(续)

工步	工步内容	工步图示	切削用量的选择
3	以基准A面为起点划(126±0.09+0.5)mm线,用两顶尖支承另一端曲柄中心孔,车曲柄颈		切断刀横向自动进给: $f=0.05$mm/r 90°车刀自动进给: $a_p=10$mm $f=0.05$mm/r $n=105$r/min
4	以A面为基准划主轴颈(96±0.08+0.5)mm线,两顶尖支承主轴颈中心孔,车主轴颈		车削主轴颈: $a_p=2\sim3$mm $f=0.3$mm/r $n=400$r/min
5	两曲柄颈和主轴颈精车顺序是: 1)首先完成(65±0.07)mm 和 $\phi 20_{-0.025}^{0}$mm 轴颈,R3mm 圆弧 2)完成(95±0.08)mm 和 $\phi 20_{-0.025}^{0}$mm 轴颈,R3mm 圆弧 3)完成(125±0.09)mm 和 $\phi 20_{-0.025}^{0}$mm 轴颈,R3mm 圆弧 4)使用切断刀,即使用90°正偏刀和90°反偏刀分别完成 $\phi 20_{-0.025}^{0}$mm 和两槽端面		
6	去除两端中心孔和偏心孔: 1)为了保证双拐曲轴中曲柄颈和主轴颈的轴线平行,需要采用中心架切除两端中心孔和偏心孔 2)重新钻出主轴颈中心孔 3)两端工艺偏心孔可采用中心架端面车刀去除,也可采用切断刀去除		
7	粗车主轴颈上的外圆、螺纹等,用两顶尖装夹,精车各尺寸达到图样要求		

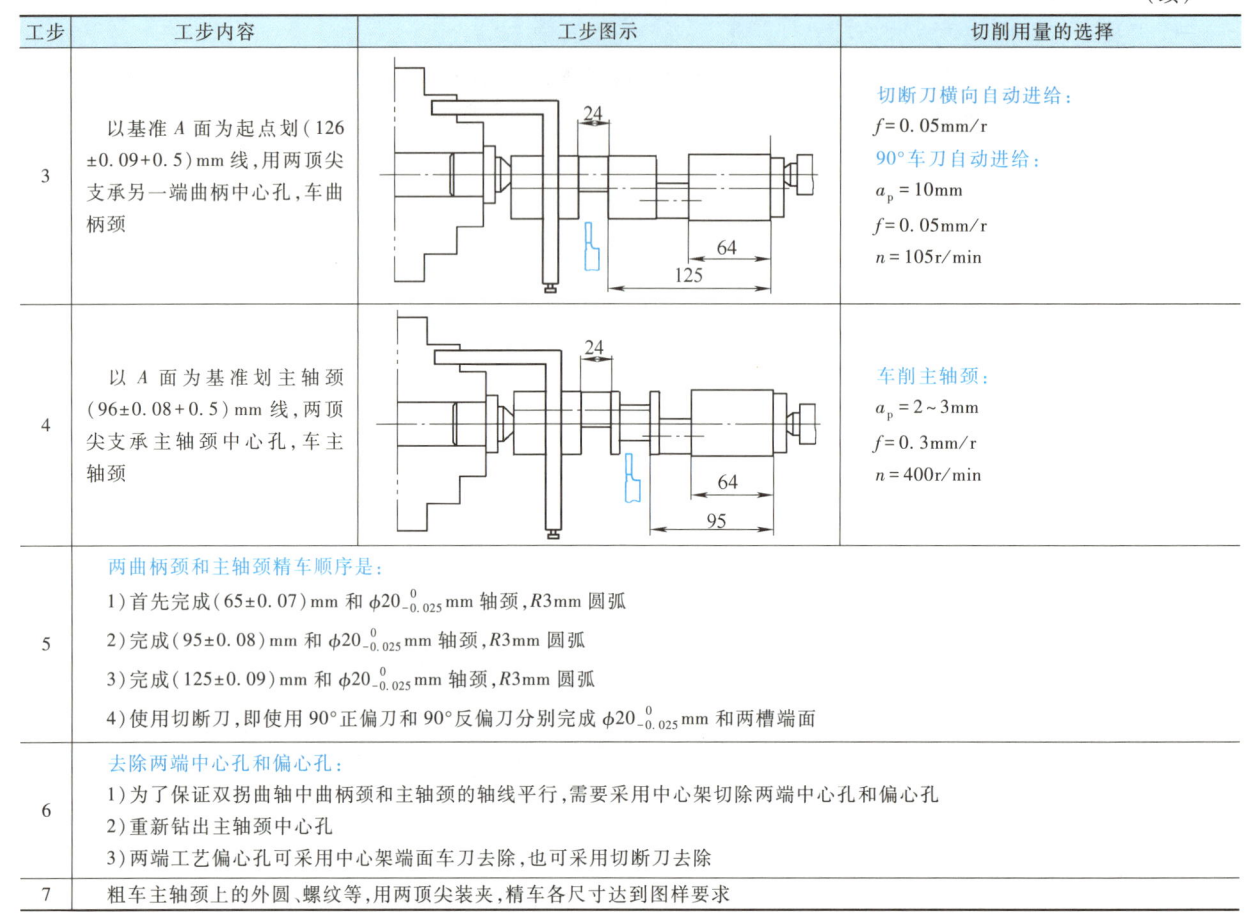

六、要点提示

1. 批量生产

批量车削曲轴时,采用双重卡盘装夹,粗车曲柄颈,可大幅提高工作效率。

1)粗车时可采用单动卡盘夹紧工件,采用一夹一顶方式车削曲柄部分,留余量0.5mm。采用这种方法由于使曲柄刚性加强可大大提高生产率。

2)精车时必须采用两顶尖装夹方式。

2. 要点提示

1)由于曲柄颈直径较小、偏心距较大,而且切槽时为断续切削,冲击力大,切断刀的宽度是切削中重要的技术参数。切断刀宽了易造成闷刀,切断刀窄了则会影响效率,其宽度应控制在3~3.5mm。

2)使用切断刀切削曲柄颈上的槽,尽可能不使用自动进给,手动进给时,每次的背吃刀量应控制在0.03mm以内。

3)刀头伸出长度以26~27mm为宜。

【考核评价】(表9-7)

表9-7 双拐曲轴检测评分表

序号	检测项目	分值	评分要求	测评结果	得分	备注
1	$\phi 48_{-0.046}^{0}$mm(4处)	8	超差不得分			
2	$\phi 20_{-0.025}^{0}$(3处)	6	超差不得分			
3	$\phi 25_{-0.025}^{0}$mm	2	超差不得分			
4	$\phi 27_{-0.025}^{0}$mm(2处)	4	超差不得分			

(续)

序号	检测项目	分值	评分要求	测评结果	得分	备注
5	M20×1.5	5	超差不得分			
6	190mm	2	超差不得分			
7	偏心距(10±0.02)mm(2处)	16	1处超差扣4分			
8	同轴度(2处)	4	1处超差扣2分			
9	平行度(2处)	4	1处超差扣2分			
10	6mm(5处)	5	1处超差扣1分			
11	4mm(2处)	2	1处超差扣1分			
12	(65±0.07)mm	3	超差不得分			
13	(95±0.08)mm	3	超差不得分			
14	(125±0.09)mm	3	超差不得分			
15	35mm	2	超差不得分			
16	23mm	2	超差不得分			
17	11mm	2	超差不得分			
18	10mm	2	超差不得分			
19	槽 3mm×1.5mm	3	超差不得分			
20	锥度 1:5	6	按极限角度检测,超差不得分			
21	$Ra1.6\mu m$(6处)	6	1处超差扣1分			
22	$R3mm$(6处)	6	1处超差扣1分			
23	C2、C1.5	2	1处超差扣1分			
24	中心孔 A3(2处)	2	1处超差扣1分			
	总分					

【知识技能拓展】

车削图 9-13 所示的双拐曲轴。

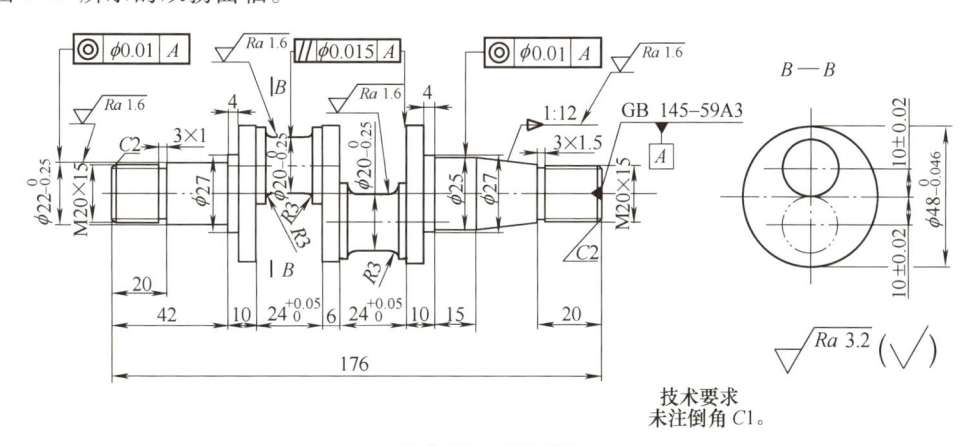

图 9-13 双拐曲轴

技术要求
未注倒角 C1。

1. 加工工步

1）用自定心卡盘夹紧毛坯，分别车两端面，钻中心孔，采用一夹一顶方式车光轴，在 V 形铁上划基准线。

2）以外圆为基准在 V 形铁上划两端十字线，要求相互垂直（参照单拐曲轴划线的方法）。

3）在数控铣床和普通铣床上钻曲柄颈两端共计四个中心孔。

4）用两顶尖顶持曲柄颈中心孔，用切断刀和 90°车刀粗车曲柄颈 φ20mm 外圆和 φ27mm 肩圆，留精车余量 1mm。

5）用两顶尖顶持另一对曲柄颈中心孔，粗车曲柄颈各尺寸，留精车余量 1mm。精车双拐曲柄颈各尺寸。

6）用两顶尖装夹主轴颈中心孔，粗、精车各尺寸到图样要求。

2. 切削用量的选择

1) 一夹一顶方式粗车外圆，选择 $n = 400 \sim 500 \text{r/min}$，$f = 0.4 \text{mm/r}$，$a_p = 4 \text{mm}$。
2) 两顶尖顶持曲柄颈，用切断刀切削，选择 $n = 60 \text{r/min}$，横向手动进给。
3) 用 90°车刀纵向进给，选择 $f = 0.05 \text{mm/r}$，$a_p = 10 \text{mm}$。
4) 粗、精车主轴颈部分，选择 $n = 400 \sim 500 \text{r/min}$，$f = 0.05 \text{mm/r}$，螺纹可选择 $n = 90 \sim 120 \text{r/min}$。

任务四 车细长丝杠

工件长径比大于 25 的长杆零件称为细长轴，其特点是刚性差。切削时因切削力、离心力、切削热、自身重力等因素，会使工件出现弯曲、振动、锥度腰鼓、竹节等问题，很难保证工件的加工精度。为此，用跟刀架作为辅助支承是增强工件刚性、保证精度最有效的方法。

一、任务图样

细长丝杠工件如图 9-14 所示。

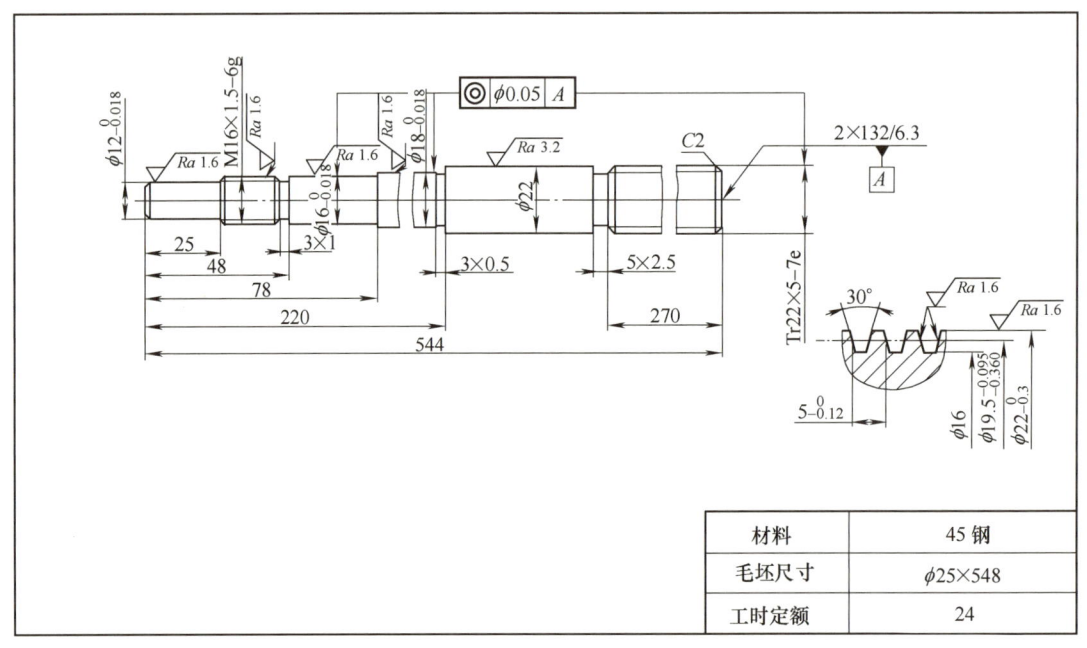

图 9-14 细长丝杠工件

二、图样分析

1) 工件长径比大于 25，属于细长轴。
2) 螺纹部分 $\phi 22 \text{mm}$、$\phi 18 \text{mm}$、$\phi 16 \text{mm}$ 等尺寸有同轴度要求。

三、车削加工准备

1) 选择直径略大于 22mm 的棒料圆钢，车一直径和工件工艺直径相同的外圆。
2) 选择机床转速 $n = 600 \text{r/min}$，研顶（或干研），通过床鞍的纵向运动使它的圆弧逐步和棒料外圆基本吻合。
3) 加切削液和研磨粉，机床选择中速精研，最后与研磨棒完全吻合。
4) 毛坯料的校直：车削细长杆件前，一般要进行材料的热处理，主要目的是获得好的切削性能和均匀组织，同时要进行热校直，减少振动和弯曲。

四、车削工艺分析

1. 遇到的问题

由于细长丝杠刚性差,车削中会出现下列问题:

1)工件车削过程中由于振动会引起"打嘟噜",严重的会出现麻花状外圆。

2)工件会出现热伸长。在细长工件的切削中,尽管切屑和切削液带走了 80% 的切削热,但由于细长杆件散热条件差,在剩余热量的作用下工件会产生线膨胀,会使其产生热变形而弯曲。工件的热变形伸长量为

$$\Delta l = a_1 \Delta e$$

本工件的热变形伸长量约为 0.2mm。

3)产生弯曲的原因与解决方法如下:

① 90°车刀刀尖圆角过大,主切削刃的负倒棱过大,前角过小。

② 转速过高,增大了离心力,使工件弯曲程度增加,产生振动的可能性增加。

③ 为减少工件振动,在切削时应配重来改变振动频率,起到减振的作用。

④ 当工件车削过程中出现振动时,可用双手握住工件已加工表面或用铁棒压住待加工表面,通过人体吸收振动,起到减振作用。

2. 刀具的选择与切削力分析

1)在细长杆件的车削中,径向切削力是造成工件平直度误差的主要原因,会出现两头小、中间大的腰鼓状态。

2)径向切削分力也是导致工件弯曲的主要因素。根据刀具车削中径向分力状态图,细长杆件的车削选择 90°车刀比较理想,45°车刀与 90°车刀径向切削力变化状态如图 9-15 所示。

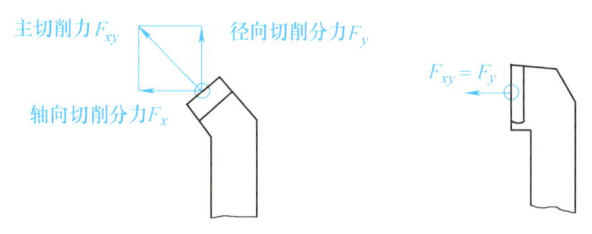

图 9-15 45°车刀与 90°车刀径向切削力变化状态

3. 相关知识

梯形螺纹参数计算见表 9-8。

表 9-8 梯形螺纹参数计算

公称直径	$d = 22\text{mm}$
中径	$d_2 = d - 0.5P = 19.5\text{mm}$
小径	$d_3 = d - 2h_3 = 16\text{mm}$
牙顶宽	$f = f' = 0.366P = 1.65\text{mm}$
牙底槽宽	$W = W' = 0.366P - 0.536a_c = 1.56\text{mm}$
三针测量	$A = \dfrac{M + d_0}{2}$ $M = d_2 + 4.864d_D - 1.866P$ A—单针测量值;M—三针测量,量针测量距的计算值;d_0—螺纹顶径的实际尺寸

4. 跟刀架与研顶

车工俗语"顶",即跟刀架中的支承爪。车工俗语"研顶"是指通过研磨的方法,使支承爪的圆弧与工件工艺外圆吻合。

使用跟刀架的目的如下:

1)通过"顶"的支承作用增强工件的刚性。

2)抵消切削中的背向力。

3)防止工件弯曲。

5. 跟刀架的使用方法与调整

1)跟刀架是固定在床鞍上并与床鞍同步轴向运动的机床辅助配件,它的主要作用是承受工件的切

133

削力，防止工件弯曲。

2）一般选用两爪跟刀架车削的情况如下：

① 车削尺寸较小、质量较小、长度相对较短的工件。

② 车削中切削力 F 的分解力分别向上和向前（横向），并分别贴紧在上支承爪和后支承爪上。

③ 调整跟刀架时一般先调后"顶"，再调上"顶"，根据手感确定松紧程度，一般调整到能在"顶"内自由转动为准。

3）工件的装夹方法。

① 采用一夹一顶的方法，粗车一段长约 30mm、直径为 22.5mm 的外圆，作为跟刀架支承爪的工作基准，退刀处车成约 45°斜面，预防"让刀"和"扎刀"现象的出现。跟刀架的使用如图 9-16 所示。

② 车削时车刀在前，跟刀架在后，与"顶"前相距约 10mm。

③ 后尾座中回转顶尖顶中心孔不能太紧，应适度，达到手指轻扶回转顶尖旋转即停即可。尾座套筒锁紧适中，尾座手轮逆时针方向定位，手柄应停在逆时针方向 10 点至 11 点的位置。

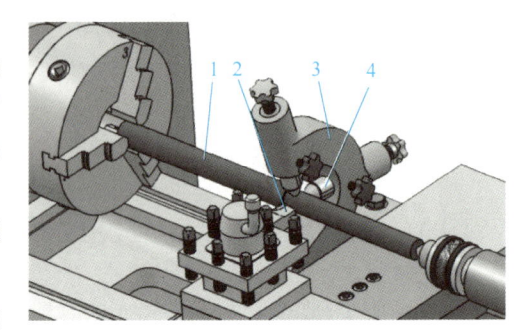

图 9-16 跟刀架的使用
1—细长轴 2—车刀 3—跟刀架 4—支承爪

五、车削工步及切削用量的选择（表 9-9）

表 9-9 细长丝杠车削工步及切削用量的选择

工步	工步内容	工步图示	切削用量的选择
1	1）夹持毛坯车端面，钻中心孔，车一段 20mm 的夹头。划线，车总长，钻中心孔 2）一夹一顶方式车一段 ϕ20.5mm×30mm 的工艺外圆作为"顶"的定位基准。退刀处要车成约 45°的斜面，接刀时可避免"让刀"和"扎刀"现象的发生。车刀在前、支承爪在后，车外圆 ϕ20.5mm		车端面： $n = 560\sim700$r/min 钻中心孔： $n = 700\sim800$r/min 车总长和夹头： $n = 560\sim700$r/min $f = 0.4$mm/r $a_p = 1$mm
2	掉头接刀车去氧化皮，切退刀槽，粗车螺纹		粗车螺纹： $n = 160\sim298$r/min
3	进行低温时效处理，直弯误差控制在 0.1mm 内，低速使用光刀车 ϕ22mm 外圆至 $\phi22_{-0.1}^{\ 0}$mm，长度为 340mm，车刀在前、支承爪在后，半精车、精车螺纹		光刀车削： $n = 132\sim202$r/min $f = 0.11\sim0.22$mm/r 精车螺纹： $n = 30\sim90$r/min

（续）

工步	工步内容	工步图示	切削用量的选择
4	掉头夹持 Tr20×4-7e 螺纹外圆（夹铜套）部分，粗车外圆 φ18mm、φ16mm，留余量 0.5mm，车 φ12mm 外圆，车好 M16×1.5 螺纹	铜套	粗车： $n = 560 \sim 700$r/min $f = 0.2$mm/r $a_p = 1$mm 车螺纹： $n = 160 \sim 298$r/min
5	精车各台阶轴，保证尺寸公差，夹持螺纹端约长 20mm 处，顶另一端中心孔，中间用中心架支承来夹紧工件，精车各尺寸至图样要求 $n = 90 \sim 160$r/min	铜套	

【考核评价】 （表 9-10）

表 9-10 细长丝杠检测评分表

序号	检测项目	分值	评分要求	测评结果	得分	备注
1	φ22mm	3	超差扣 2 分			
2	$φ18_{-0.018}^{0}$mm	4	超差 0.01mm 扣 2 分			
3	$φ16_{-0.018}^{0}$mm	4	超差 0.01mm 扣 2 分			
4	$φ12_{-0.018}^{0}$mm	4	超差 0.01mm 扣 2 分			
5	M16×1.5-6g	11	超差酌情扣分			
6	Tr20×4-7e	12	超差酌情扣分			
7	544mm	4	超差扣 2 分			
8	270mm	4	超差扣 2 分			
9	220mm	4	超差扣 2 分			
10	78mm	4	超差扣 2 分			
11	48mm	4	超差扣 2 分			
12	25mm	4	超差扣 2 分			
13	Ra1.6μm	8	超差扣 2 分			
14	3mm×1mm	4	超差扣 2 分			
15	3mm×0.5mm	4	超差扣 2 分			
16	5mm×2.5mm	4	超差扣 2 分			
17	◎ φ0.05 A	8	超差不得分			
18	C2（5 处）	10	超差扣分			
	总分					

【知识技能拓展】

车削图 9-17 所示的细长丝杠工件。

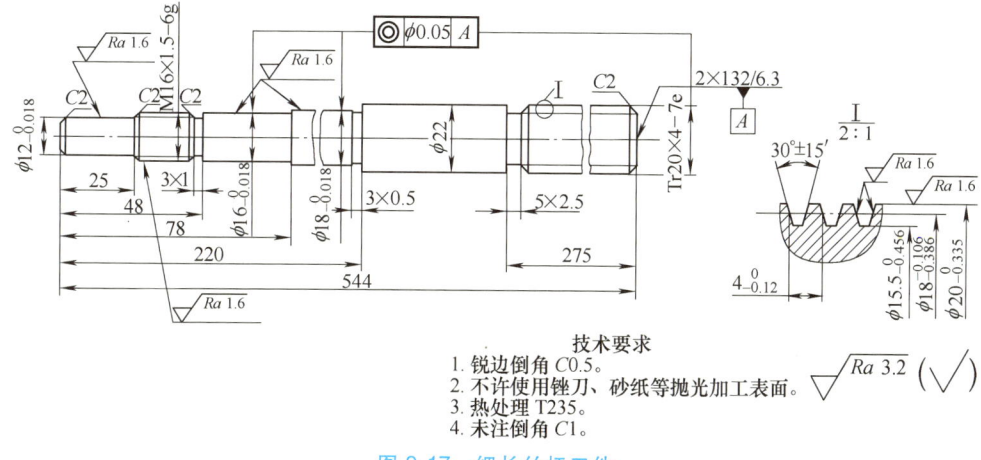

技术要求
1. 锐边倒角 C0.5。
2. 不许使用锉刀、砂纸等抛光加工表面。
3. 热处理 T235。
4. 未注倒角 C1。

图 9-17 细长丝杠工件

车削工艺如下：

1）夹持毛坯，车端面，钻中心孔，车一段 20mm 的夹头。

2）划线，车总长，钻中心孔。

3）一夹一顶方式车一段 φ20.5mm×30mm 的工艺外圆，作为"顶"的定位基准。退刀处要车成约 45°的斜面，接刀时可避免"让刀"和"扎刀"现象的发生。采用车刀在前、支承爪在后的方法车外圆 φ20.5mm。

4）掉头接刀车去氧化皮，切退刀槽，粗车螺纹。

5）热处理低温时效及直弯控制在 0.1mm 内，低速，使用光刀车 φ22mm 外圆，长度为 340mm，车刀在前、支承爪在后，半精车、精车螺纹。

6）掉头夹持 Tr20×4-7e 螺纹外圆（夹铜套）部分，粗车 φ18mm、φ16mm 外圆，留余量 0.5mm，粗车 φ12mm 外圆，车好 M16×1.5 螺纹。

7）精车各台阶轴，保证尺寸公差，夹持螺纹端约长 20mm 处，顶另一端中心孔，中间用中心架支承夹紧工件，精车各尺寸至图样要求。

任务五　车小横梁丝杠（C6132A 车床）

多线梯形螺纹主要用于机床快速移动机构，是较长距离快速移动的常用机构，车削时，采用乱扣盘的工作原理。分头是目前企业常态化的分线方法，它具有分线准确、循环分线便利、质量稳定、效率高的特点，是车工需要掌握的重要的技能之一。

一、任务图样

小横梁丝杠工件如图 9-18 所示。

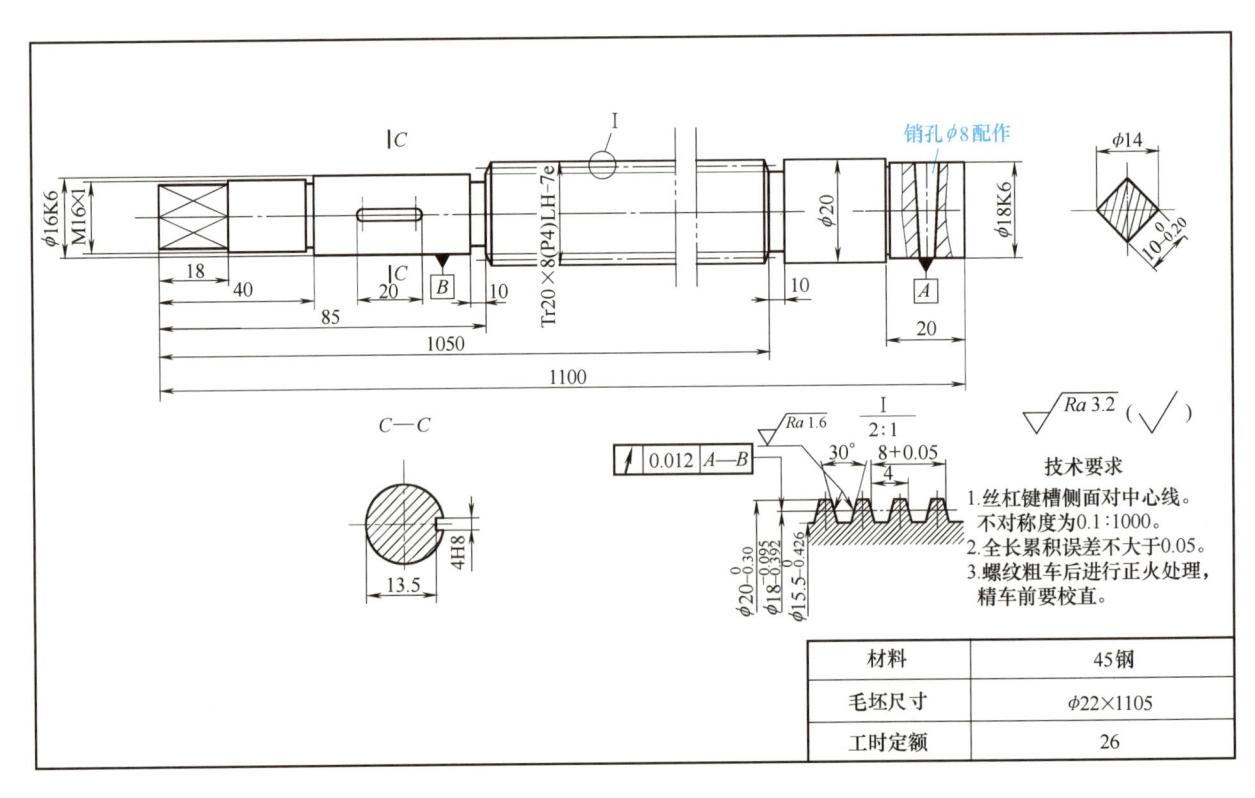

图 9-18　小横梁丝杠工件

二、图样分析

1. 梯形螺纹的计算

车削螺纹前，应先查表计算出大径 d、中径 d_2、小径 d_3、牙型高度 h_3、牙槽底宽等后续加工所必需的相关数据，见表9-11。

表 9-11 梯形外螺纹各部分名称、代号及计算公式

名称		代号	计算公式及计算结果	备注
外螺纹	大径	d	$d = 20\text{mm}$	
	中径	d_2	$d_2 = d - 0.5P = 18\text{mm}$	
	小径	d_3	$d_3 = d - 2h_3 = 15.5\text{mm}$	
	牙型高度	h_3	$h_3 = 0.5P + a_c = 2.25\text{mm}$	
牙顶宽		$f、f'$	$f = f' = 0.366P = 1.46\text{mm}$	
牙槽底宽		$W、W'$	$W = W' = 0.366P - 0.536a_c = 1.33\text{mm}$	
三针测量		M	$d_D = 0.518P = 2.07\text{mm}$ $M = d_2 + 4.864d_D - 1.866P$	

注：由于牙槽宽度 $= P - f$ 是粗车时重要的参照依据，需留余量1.5mm用于精车，因此 $P - f = 2.54\text{mm}$。

2. 尺寸公差计算

梯形螺纹 d、d_3 的基本偏差（上极限偏差）为零。

大径公差 $T_d = 0.30\text{mm}$，大径 d 的公差带为 $\phi 20_{-0.3}^{0}\text{mm}$。

中径公差 $T_{d_2} = 0.297\text{mm}$，中径 d_2 的公差带为 $\phi 18_{-0.392}^{-0.095}\text{mm}$。

小径公差 $T_{d_3} = 0.426\text{mm}$，小径 d_3 的公差带为 $\phi 15.5_{-0.426}^{0}\text{mm}$。

中径 d_2 的基本偏差（上极限偏差）为 -0.095mm。

三、车削工艺分析

1. 主要车削工艺

1）双线梯形螺纹丝杠的长径比是55:1，接近细长轴车削；双线螺纹由于导程的增加，导程角相应地增加近一倍。

2）由于梯形螺纹车削过程中三面吃刀，切削力较大，为增加工件的刚性，车削时应使用跟刀架。

3）如果使用小刀架刻度分线，车削中第一条参照尺寸是上槽宽。如果用乱扣盘分线，车削中第一参照尺寸是牙顶宽。

4）为了最大限度地减小因分线产生的误差，精车时应多次循环分线，最好做到一刀一分线。精车中，不得用小滑板赶刀，赶刀是产生大小牙误差的主要原因。

2. 多线梯形螺纹车削分线的方法

多线梯形螺纹有四种分线方法。

（1）**齿轮分线** 这种分线方法是按齿轮齿数进行端面角度分线。其特点是分线准确，但效率低且分线烦琐，同时受到奇数限制。

① 交换齿轮箱主动轮与被动轮分线时，脱开主动轮转动轮一半齿数，闭合后，车削第一线螺纹。

② 利用 z_3 轮与 z_4 轮，脱开转动轮一半齿数，即机床丝杠转动半圈，车削第二线螺纹。

（2）**小刀架分线** 其原理是轴向等距分线。用小刀架车削多线螺纹，适用于精度要求较低、工时要求宽松的单件产品。在企业常规生产中，这种方法只能用于有限的粗加工。

① 利用小刀架刻度分线。

② 利用百分表移动小刀架分线。

③ 利用挡块、量块移动小刀架分线。

（3）**利用分度盘分线** 这种方法的分线原理是圆周等角度分线。分别用定位销、定位槽分度定位，

适用于蜗杆等较短工件的精加工分线。这种方法的分线精度极高且准确。

（4）利用乱扣盘分线　在多线螺纹加工中使用乱扣盘分线是中长螺纹车削中最主要的分线方法之一，其操作简单，分度准确，刀具循环有序、合理，是企业中多线螺纹的常态化车削方法。

① 首先确定工件的乱扣数。

$$乱扣数 = \frac{z_1}{z_2} \frac{z_3}{z_4} = \frac{工件螺距}{机床丝杠螺距}（分子为乱扣数）$$

② 与机床丝杠啮合的乱扣盘齿数必须是乱扣数的倍数。
③ 乱扣盘盘面格数是多线螺纹车削中的指导性依据。
④ 当被加工的螺纹乱扣数确定后：

$$乱扣数 = \frac{盘面格数}{蜗轮齿数}$$

约最简分数，分子为乱扣盘格数，它是多线螺纹车削中按下闸瓦的第一线定位起点。

⑤ 利用乱扣盘上的刻线格数控制机床丝杠的转速，得到整数转速，以达到车削不乱扣的目的。对于 Tr20×8（P4）-7e 螺纹，首先确定乱扣数，$\frac{z_1}{z_2}\frac{z_3}{z_4} = \frac{8}{6} = \frac{4}{3}$，即乱扣数 = 4；接着确定乱扣盘格数 $4 \times \frac{10}{20} = 2$ 格。

根据计算，可以得出以下结果：

① 机床丝杠转过 4 圈，工件旋转 3 圈或丝杠旋转 2 圈时，工件转 1.5 圈。此时按下闸瓦为第一条螺旋线起始位置且不乱扣。
② 根据多线螺纹分线轴向等距的原则，第二条螺旋线应在第一条螺旋线按闸确定的格数中间，即当丝杠转过 2 圈、工件旋转 1.5 圈时，为第二条螺旋线的按闸位置。
③ 第一条螺旋线按闸点为 2、4、6、8、10，第二条螺旋线按闸点为 1、3、5、7、9。

3. 细长丝杠的接刀

在 C6132A 车床上加工长度为 1100mm 的细长丝杠，因该车床的最大加工长度是 750mm，要想在这样的机床上完成工件的加工必须接刀。

接刀车削的方法如下：

1）用自定心卡盘装夹已车好的 φ20.5mm 外圆，采用一夹一顶的方式车削 φ20mm 外圆，如图 9-19 所示。
① 采用反偏刀。
② 向尾座方向进给。
③ 跟刀架在卡盘处完成支承过程。
④ 切削用量选择 $n = 130 \text{r/min}$，$a_p = 2.25\text{mm}$，$f = 0.2 \sim 0.3 \text{mm/r}$。

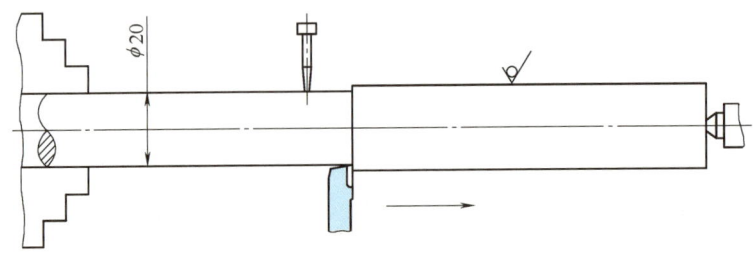

图 9-19　装夹方法

2）梯形螺纹部分的接刀与车细长轴基本相同，用螺纹车刀粗车梯形螺纹，如图 9-20 所示。

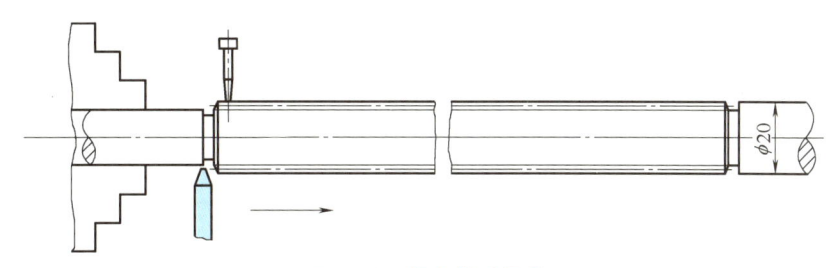

图 9-20 粗车梯形螺纹

4. 刀具的刃磨和安装

1）刀具的刃磨。

① 顺刀面主后角 $\alpha_{o顺} = (3°+5°)+\varphi = 11°42'$。

② 背刀面主后角 $\alpha_{o背} = (3°-5°)-\varphi = -2°42'$。

2）刀具的安装。由于双线螺纹的导程是其螺距的 2 倍，导程角随之增加近 4°。此时，背切削刃的切削会出现严重的负切屑状态，车削中会出现严重的螺距误差，采用法向装刀法可以改善切屑效果，可采用旋转刀杆。

3）刀具磨成左右侧切屑刃均为 0°前角并带有卷屑槽的径向大前角车刀。

4）采用乱扣盘分线车削螺纹是保证质量和效率的最佳途径。

5）良好的冷却、润滑效果是提高效率的重要保证。

四、车削工步及切削用量的选择

1）用自定心卡盘装夹，车端面，钻中心孔。

2）掉头划线车总长，车夹头，钻中心孔。

3）一夹一顶用跟刀架粗车外圆，切槽。

4）掉头粗车另一端。

5）粗车螺纹，半精车螺纹和精车螺纹。

6）掉头车各台阶。

五、要点提示

1）车削双线梯形螺纹时，无论采用何种分线方法，保证螺距轴向等距是技能要点。

2）分线前应先调整小滑板间隙，松紧程度要偏紧。

3）精车多线螺纹时，保证精度的基本原则是尽可能多地循环分线，最好一刀一循环，要使用乱扣装置。

4）精车时尽可能避免用小刀架赶刀。采用双面进给是保证多线螺纹车削精度的重要方法。

5）若采用单面进给，则必须按照如下顺序进行：

① 首先明确第一线顺刀面精车结束时确定的轴向大滑板位置，即开合螺母按下车削的结束位置。

② 横向车刀的结束位置为中滑板刻度盘结束时的读数。

③ 当顺刀面精车结束时，第一线螺纹的顺刀基准面已确定。

④ 以第一线螺纹顺刀面精车结束时为基准，用小刀架轴向移动一个螺距，车削到与第一线螺纹相等的位置，第二线螺纹顺刀面精车完成。

⑤ 当顺刀面多线螺纹精车完成后，可以此为基准面，通过赶刀（微量进给）、借刀（主要是螺纹车削时控制齿厚或槽宽的一种加工技巧，一般中滑板不进给，每次只小滑板进给车螺纹牙两侧）来完成背刀面精车。

6）双线螺纹精车要保证中径值一致。

【考核评价】 （表9-12）

表9-12 小横梁丝杠检测评分表

序号	检测项目	分值	评分要求	测评结果	得分	备注
1	φ16K6	5	超差不得分			
2	φ20mm	3	超差不得分			
3	M16×1	5	超差不得分			
4	φ18K6	5	超差不得分			
5	Tr20×8（P4）LH-7e	20	试配超差不得分			
6	φ14mm	3	超差不得分			
7	1100mm	3	超差不得分			
8	1050mm	3	超差不得分			
9	85mm	3	超差不得分			
10	40mm	3	超差不得分			
11	18mm	3	超差不得分			
12	20mm（2处）	6	超差不得分			
13	10mm（2处）	6	超差不得分			
14	$10_{-0.20}^{0}$mm	6	超差不得分			
15	13.5mm	5	超差不得分			
16	4H8	5	超差不得分			
17	Ra3.2μm	6	1处不合格扣1分			
18	销孔φ8mm配作	5	超差不得分			
19	安全文明生产	5	违章操作酌情扣分			
	总分					

任务六 车中滑板丝杠

中滑板丝杠全长745mm，最大直径为22mm，长径比为34∶1，属于细长轴工件，车削时，应增加跟刀架作为辅助支承来增加工件刚性、保证加工质量。

一、任务图样

中滑板丝杠工件如图9-21所示。

二、图样分析

1. 梯形螺纹参数计算（表9-13）

表9-13 梯形螺纹参数计算

名称		代号	计算公式及计算结果	备注
外螺纹	大径	d	$d=22$mm	
	中径	d_2	$d_2=d-0.5P=19.5$mm	
	小径	d_3	$d_3=d-2h_3=16.5$mm	
	牙型高度	h_3	$h_3=0.5P+a_c=2.75$mm	
牙顶宽		f、f'	$f=f'=0.366P=1.83$mm	
牙槽底宽		W、W'	$W=W'=0.366P-0.536a_c=1.7$mm	
牙顶间隙		a_c	$a_c=0.25$mm	

2. 细长丝杠车削的工艺流程

下料→正火处理→热效应→钳工直弯（1mm以内）→一夹一顶车外圆→钳工校直→车台阶、切槽→

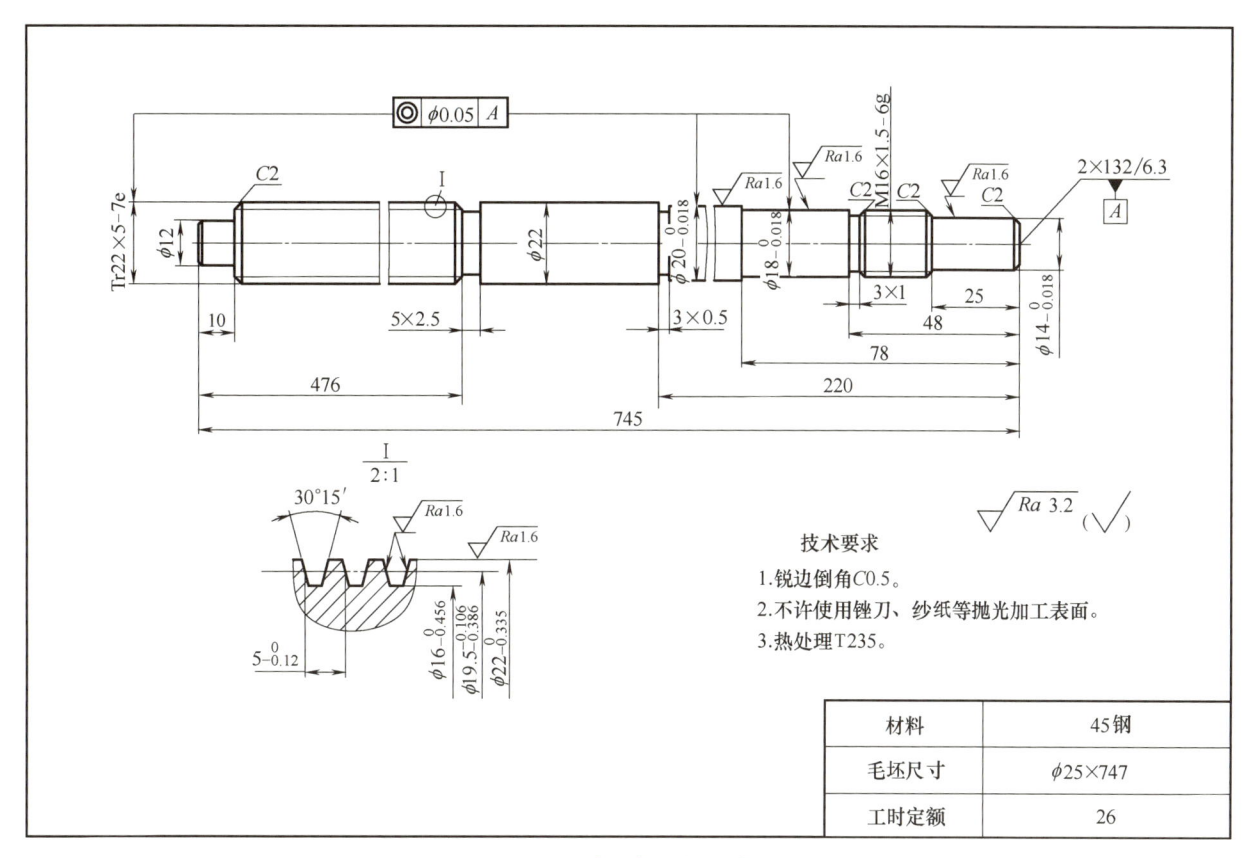

图 9-21 中滑板丝杠工件图

粗车螺纹→钳工校直→半精车→精车螺纹及外圆。

3. 细长丝杠质量分析

由于细长丝杠长径比达到 34∶1，属于细长工件，刚性差，车削时会出现以下问题：

1）由振动引起工件"打嘟噜"，由"打嘟噜"引起的共振现象以及因刚性差而产生的竹节、麻花、腰鼓等问题。

2）工件的热膨胀即轴向热伸长将导致其变形和弯曲，中滑板丝杠的热伸长约 0.2mm。

3）产生弯曲的原因与解决方法

① 90°偏刀刀尖圆头过大，主切削刃负倒棱过大，前角太小。

② 转速选择得过高，离心力增大，弯曲程度增加，变形的概率增加。

③ 切削时应在工件中间配重来改变振动频率，可起到减振作用。

④ 车削过程中如出现振动和"打嘟噜"现象，可用双手握住工件表面或用铁棒压住，增加工件的支承，可有效减轻振动。

三、车削工艺分析

1）在细长杆件的车削中，径向切削力是造成工件平直度误差的主要原因，会出现两头小、中间大的腰鼓状态。

2）径向切削分力也是导致工件弯曲的主要因素，细长杆件的车削选择 90°偏刀比较理想。

3）当径向切削分力过大时，跟刀架后支承顶与工件已加工表面摩擦加剧，造成后支承顶磨损加快，工件的几何误差发生变化。

4）车削过程中，切削速度一般不宜过大，以避免切削热的产生。

5）切削用量的选择。车削外圆时，$f=0.2\sim0.3$mm/r；粗车螺纹时，$n=130\sim160$r/min；精车时的

最低转速 $n = 25\text{r}/\min$。

四、车削工步及切削用量的选择（表9-14）

表9-14 中滑板丝杠车削工步及切削用量的选择

工步	工步内容	工步图示	切削用量的选择
1	1）夹持毛坯车端面，钻中心孔，车一段20mm的夹头；划线、车总长，钻中心孔。 2）一夹一顶车一段 $\phi22.5\text{mm} \times 30\text{mm}$ 的工艺外圆作为"顶"的定位基准，退刀处要车成45°左右的斜面，接刀时可避免"让刀"和"扎刀"现象的发生。采用车刀在前、支承爪在后的方式车外圆 $\phi22.5\text{mm}$		车端面： $n = 560 \sim 700\text{r}/\min$ 钻中心孔： $n = 700 \sim 800\text{r}/\min$ 车总长、夹头： $n = 560 \sim 700\text{r}/\min$ $f = 0.4\text{mm}/\text{r}$ $a_p = 1\text{mm}$
2	掉头接刀车去氧化皮，切退刀槽，粗车螺纹		粗车螺纹： $n = 160 \sim 298\text{r}/\min$
3	热处理低温时效，弯曲控制在0.1mm内，光刀低速车 $\phi22\text{mm}$ 外圆至 $\phi22_{-0.1}^{0}\text{mm}$，长度为525mm，车刀在前、支承顶在后，半精车、精车螺纹		光刀车削： $n = 132 \sim 202\text{r}/\min$ $f = 0.11 \sim 0.22\text{mm}/\text{r}$ 精车螺纹： $n = 30 \sim 90\text{r}/\min$
4	掉头夹持Tr22×5-7e螺纹外圆（夹铜套）部分，粗车 $\phi20\text{mm}$、$\phi18\text{mm}$ 外圆，留余量0.5mm，车 $\phi14\text{mm}$ 外圆，车好 M18×1.5-6g 螺纹		粗车： $n = 560 \sim 700\text{r}/\min$ $f = 0.2\text{mm}/\text{r}$ $a_p = 1\text{mm}$ 车螺纹： $n = 160 \sim 298\text{r}/\min$
5	精车各台阶轴，保证公差尺寸，夹持螺纹端约长500mm处，顶另一端中心孔精车各部分至公差尺寸		$n = 90 \sim 160\text{r}/\min$

五、要点提示

1）采用一夹一顶的方法，粗车一段约长30mm的 $\phi22.5\text{mm}$ 外圆，作为跟刀架支承爪的工作基准，退刀处车成约45°的斜面，预防"让刀"和"扎刀"现象的出现。

2）车削时车刀在前、跟刀架在后，与"顶"前相距约10mm，如图9-22所示。

3）后尾座中回转顶尖顶中心孔不能太

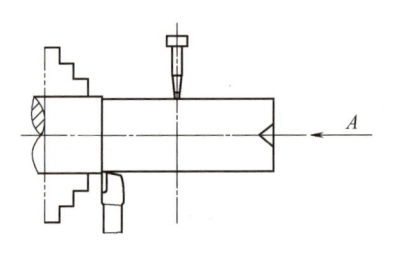

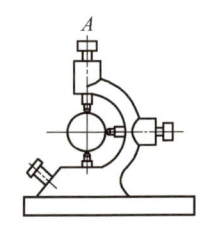

图9-22 跟刀架装夹示意图

紧，应适度，达到手指轻扶回转顶尖旋转即停即可。尾座套筒锁紧适中，尾座手轮逆时针方向定位，手柄应停在逆时针方向1点至4点的位置。

【考核评价】（表9-15）

表9-15 中滑板丝杠检测评分表

序号	检测项目	分值	评分要求	测评结果	得分
1	$\phi22$mm	3	超差0.02mm扣2分		
2	$\phi18_{-0.018}^{\ 0}$mm	5	超差不得分		
3	$\phi20_{-0.018}^{\ 0}$mm	5	超差不得分		
4	M16×1.5-6g	8	试配超差不得分		
5	$\phi14_{-0.018}^{\ 0}$mm	5	超差不得分		
6	Tr22×5-7e	15	试配超差不得分		
7	$\phi12$mm	3	超差不得分		
8	745mm	3	超差不得分		
9	476mm	3	超差不得分		
10	220mm	3	超差不得分		
11	78mm	3	超差不得分		
12	48mm	3	超差不得分		
13	25mm	3	超差不得分		
14	10mm	3	超差不得分		
15	5mm×2.5mm	3	超差不得分		
16	3mm×0.5mm	3	超差不得分		
17	3mm×1mm	3	超差不得分		
18	$5_{-0.12}^{\ 0}$mm	6	超差不得分		
19	$Ra3.2\mu m$、$Ra1.6\mu m$	7	1处不合格扣1分		
20	几何公差	2	超差不得分		
21	C2、C1	6	超差不得分		
22	安全文明生产	5	违章操作酌情扣分		
	总分				

【练习题】

1）什么是偏心工件？

2）偏心轴的加工原理是什么？

3）偏心轴的车削方法有哪些？各采用什么夹具安装？

4）曲轴的加工原理是什么？

5）曲轴车削变形的主要原因有哪些？纠正方法有哪些？

6）偏心距的检查方法有哪几种？

7）什么是细长轴？

8）跟刀架的工作原理是什么？

9）防止和减少细长轴变形的方法有哪些？

10）采用跟刀架车削细长轴时，产生竹节的原因是什么？

11）采用一夹一顶方法车削细长轴时，为什么要用弹性回转顶尖？在卡爪处夹紧位置的长度尽量要短是什么原因？

12）加工图9-23、图9-24所示的工件。

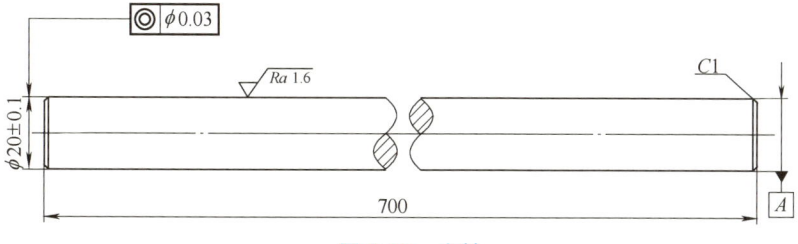

图9-23 光轴

技术要求
未注倒角C1。

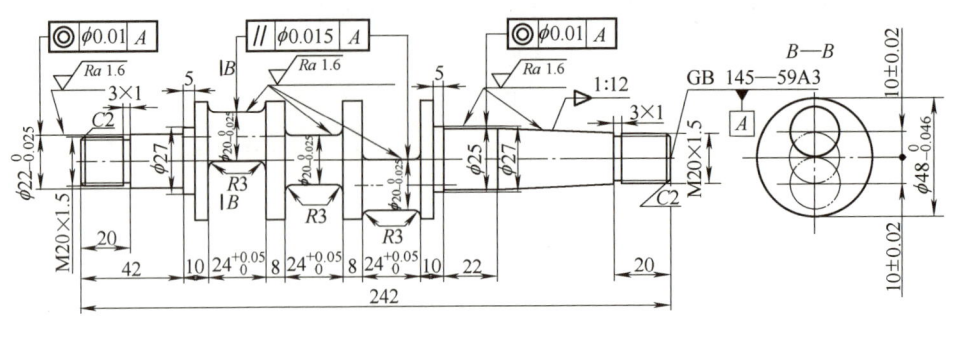

图 9-24 双拐曲轴

模块十

异型零件车削

【教学目标】

序号	教学目标	具 体 内 容
1	素养目标	1）培养学生分析问题、解决问题的能力 2）培养学生勤实践、多动手、爱动脑的好习惯 3）培养学生的团队协作能力,能团结互助完成教学任务
2	知识目标	1）熟知孔加工和螺纹加工的相关知识 2）了解刃磨车刀的方法 3）熟知用单动卡盘装夹工件的要点 4）熟悉车削轴头螺母、十字孔、双孔连杆的方法 5）熟悉切削用量并能选择合适的切削用量
3	技能目标	1）能刃磨车刀 2）能熟练使用单动卡盘装夹工件 3）能够熟练地车削轴头螺母、十字孔、双孔连杆 4）能进行简单的测量

【任务要求】

1）注重集体协作，严格按照指导教师的安排进行刀具刃磨和工件车削。
2）以小组为单位，分组进行刀具刃磨和工件车削。

【任务实施】

以任务驱动法和基于工作过程导向贯穿整个单元的教学过程，在任务实施过程中灵活运用讲授、提问、讨论、演示、巡回指导等教学方法。

【任务耗材】

轴头螺母毛坯尺寸：$\phi 65mm \times 42mm$（45钢）。
十字孔毛坯尺寸：$\phi 50mm \times 100mm$（45钢）。
双孔连杆毛坯尺寸：铸造尺寸。

【工时安排】

任务	内容	工时安排
一	车轴头螺母	22
二	车十字孔	22
三	车双孔连杆	22

任务一　车轴头螺母

一、任务图样

轴头螺母工件如图 10-1 所示。

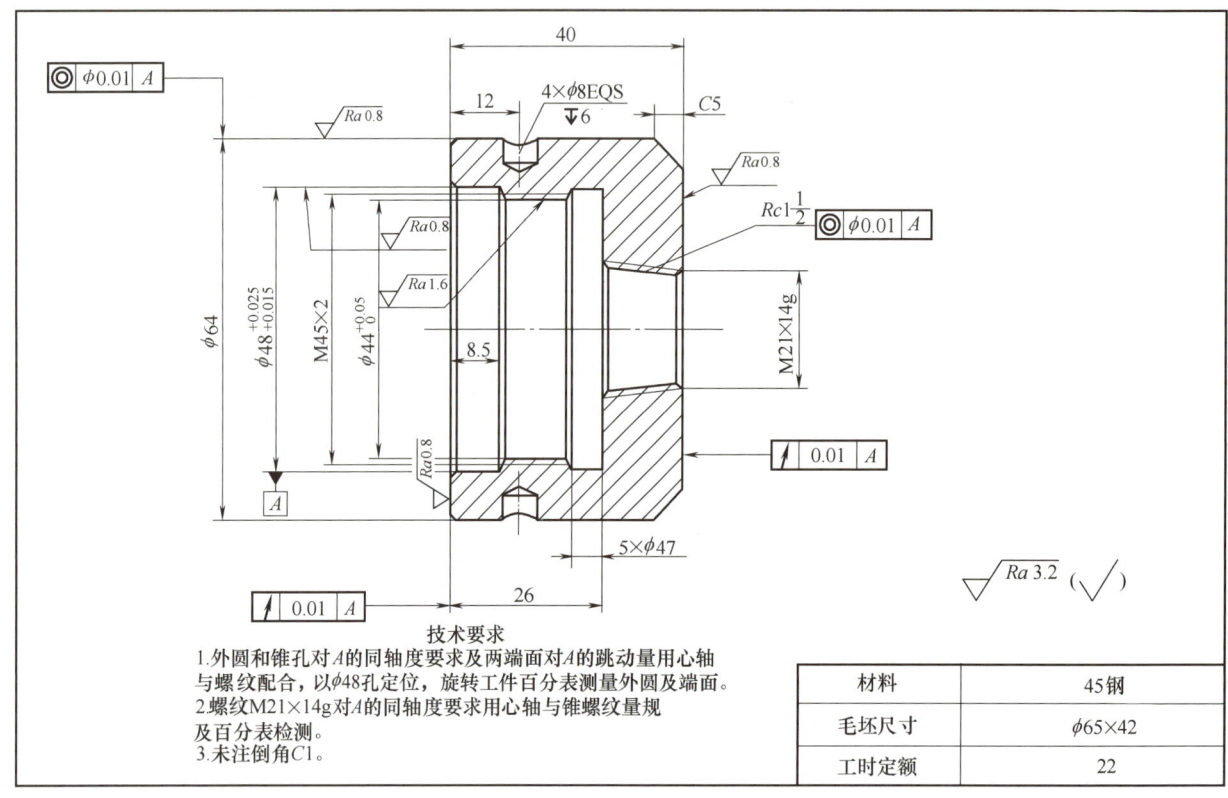

图 10-1　轴头螺母工件图

材料	45钢
毛坯尺寸	φ65×42
工时定额	22

二、图样分析

1）螺母具有 55°圆锥管螺纹及密封管螺纹。
2）螺纹大径、锥孔螺纹小端面对基准 A 的几何公差要求严格。
3）M45×2 内螺纹近似为不通孔螺纹车削，退刀难度大。
4）圆锥内螺纹（正）车削难度大。
5）工件上多孔、多台阶，各螺纹内部结构较为复杂，必须有科学的工艺指导，才能保证质量。

三、车削加工准备

1）圆锥管螺纹专用心轴如图 10-2 所示。
2）螺纹参数见表 10-1。

表 10-1　螺纹参数

参数	尺寸
公称直径/in	1/2
螺距/mm	$P = \dfrac{25.4}{n} = 1.814$
牙型高度/mm	$h = 0.8P = 1.45$

(续)

参数		尺寸
基准平面上螺纹直径/mm	外径	$D = d = 21.223$
	中径	$D_2 = d_2 = 19.772$
	内径	$D_1 = d_1 = 18.321$
每25.4mm 内牙数		$n = 14$

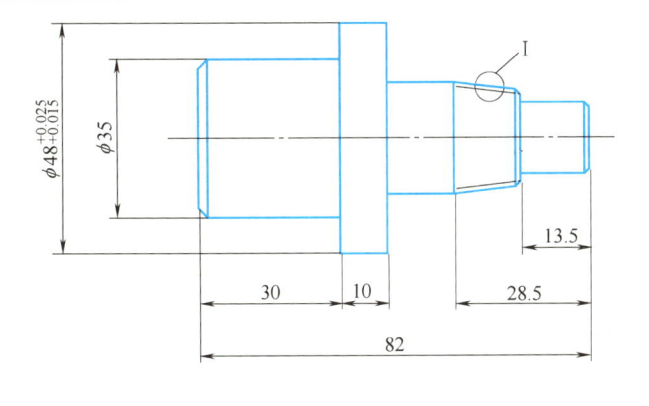

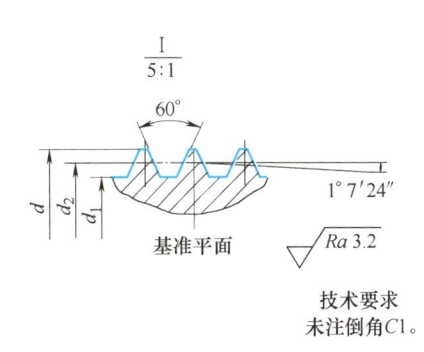

图 10-2 专用心轴

四、车削工艺分析

1. 相关知识

1) 55°密封管螺纹的标准锥度为 1∶16，圆锥半角为 1°47′24″。
2) d_2 是钻孔和车小端孔的指导性尺寸。
3) d_1 是管螺纹基准平面上的小径，是车削中进给深度的依据。
4) 锥孔大端孔径等于管螺纹大径，是车削中的测量依据。
5) 螺纹参数计算见表 10-2。

表 10-2 螺纹参数计算 （单位：mm）

参数		数值
公称直径		$\text{Re}1\frac{1}{2}$
牙型角		$\alpha = 60°$
螺距		$P = \dfrac{25.4}{n} = 1.814$
原始三角形高度		$H = 0.866P = 1.57$
牙型高度		$h = 0.8P = 1.45$
基准平面上螺纹直径	大径	$D = d = 21.223$
	中径	$D_2 = d_2 = 19.772$
	小径	$D_1 = d_1 = 18.321$
螺纹有效长度		$l_1 = 13.5$
自管端至基面平面长度		$l_2 = 8.128$
管端螺纹内径		$d_T = 17.813$
每25.4mm 内牙数		$n = 14$

2. 55°密封管螺纹的车削方法

车削 55°密封管螺纹的方法与车削普通螺纹相似，所不同的是需要解决螺纹锥度的问题，常采用靠模法、尾座偏移法及手赶法等。这里仅介绍手赶法，具体方法是依据圆锥锥度，径向手动退刀或进刀来保证螺纹的锥度和尺寸，用于精度较低的单件生产。

1) 正车 55°密封管螺纹。床鞍由尾座向车头机动进给的同时，将中滑板径向手动匀速退刀（符合锥度的要求），车出圆锥管螺纹。

2）反车55°密封管螺纹。车刀反装，主轴做反向旋转，车刀由车头一端进刀，床鞍向尾座方向机动进给的同时，将中滑板径向手动匀速进刀，车出55°密封管螺纹。

五、车削工步及切削用量的选择

1）下料 $\phi 65mm \times 42mm$。
2）用自定心卡盘夹持毛坯，车端面，钻中心孔。
3）采用一夹一顶方式车外圆至 $\phi 64mm$。
4）掉头夹持 $\phi 64mm$ 外圆，车总长至41mm，钻 $\phi 6mm$ 孔。
5）夹持 $\phi 64mm$ 外圆，车 $\phi 48^{+0.025}_{+0.015}mm$、M45×2螺纹、退刀槽、M21×14g管螺纹。
6）用专用螺纹心轴车 $\phi 64mm$ 外圆和两端面。

六、要点提示

1）圆锥内螺纹的车削必须配标准55°密封管螺纹量规。
2）车削 $Rc\frac{1}{2}$ 55°密封管螺纹作为量规用。
3）车削时可采用主轴反转、刀具反装，从小端向大端车削的方法。
4）由于圆锥螺纹车削中，中滑板进退刀很难做到匀速，故应采用低速车削。

【考核评价】（表10-3）

表10-3 轴头螺母检测评分表

序号	检测项目	分值	评分要求	测评结果	得分	备注
1	$\phi 64mm$	5	超差不得分			
2	$\phi 48^{+0.025}_{+0.015}mm$	8	超差不得分			
3	$\phi 44^{+0.05}_{-0}mm$	8	超差不得分			
4	M45×2	10	试配超差不得分			
5	C5mm	5	超差不得分			
6	M21mm×14g 管螺纹	12	试配超差不得分			
7	12mm	5	超差不得分			
8	40mm	5	超差不得分			
9	8.5mm	6	超差不得分			
10	26mm	5	超差不得分			
11	4×ϕ8EQS、▼6mm	8	超差不得分			
12	5mm×ϕ47mm	5	超差不得分			
13	$Ra0.8\mu m、Ra1.6\mu m、Ra3.2\mu m$	6	1处不合格扣1分			
14	几何公差	4	超差不得分			
15	C1	2	超差不得分			
16	安全文明生产	6	违章操作酌情扣分			
	总分					

任务二 车十字孔

一、任务图样

十字孔工件如图10-3所示。

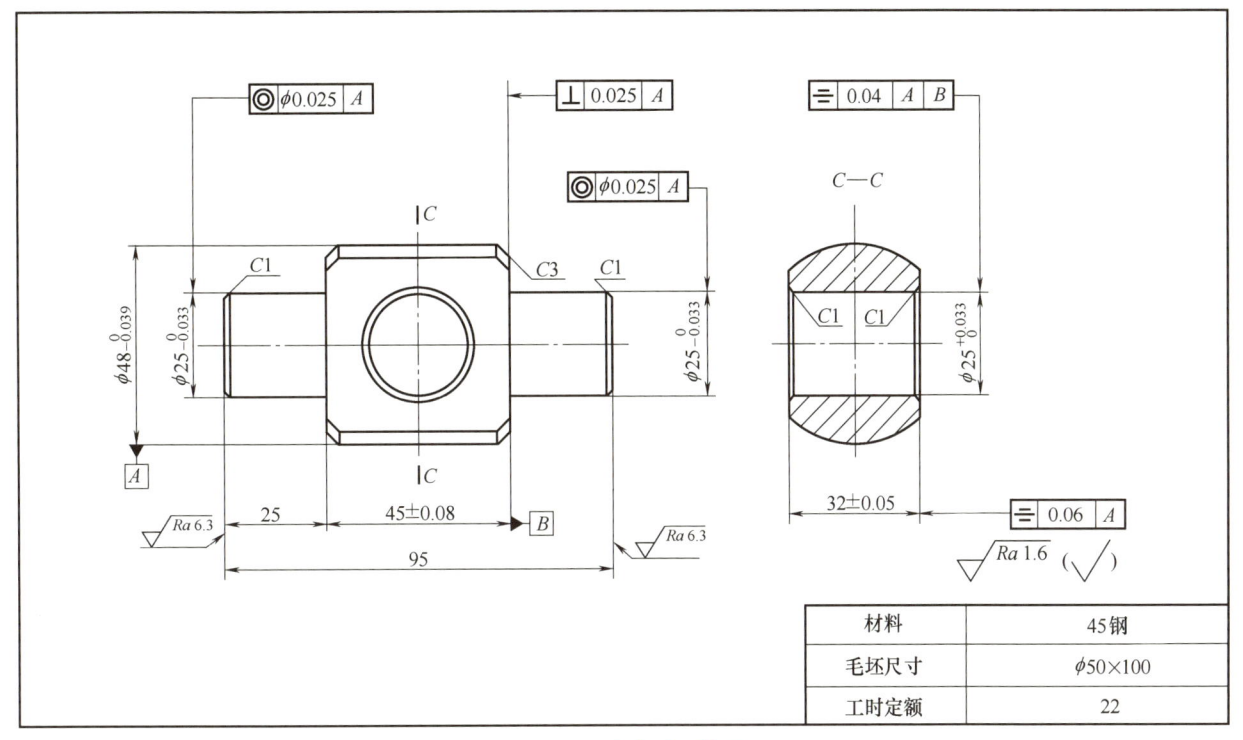

图 10-3 十字孔工件图

二、图样分析

根据图样，以台阶轴十字孔为主要特征，且同轴度、垂直度要求多为轴类工件几何公差的要求，为此本工件可分三大工步进行车削。

1. 粗车台阶轴

车削加工基准应选择轴线，即设计基准与加工基准重合。采用这种加工工艺可以使位置误差降到最小值（即两顶尖加工）。但是，两顶尖粗车外圆存在稳定性不够、切削用量的选择受到限制的问题，故生产率较低。

为此，同时选用设计基准（中心孔轴线）与外圆表面做双基准，即"一夹一顶"，在保证生产率的同时，还可保障良好的位置精度。

2. 采用两顶尖装夹精车台阶轴

使用两顶尖装夹精车台阶轴，可获得方便快捷、耗时短、质量稳定的效果，从而使保证位置精度变得简单、容易且有保障。

3. 采用单动卡盘装夹车十字孔

1）首先用标准套筒做划线基准，用划线游标高度尺划 $\phi48_{-0.039}^{0}$ mm 大外圆的中间线，如图 10-4 所示。

2）将 ϕ48mm 大外圆放到 V 形铁上划中心线，在两线相交处打样冲眼，划十字孔中心线。

3）车孔时要仔细测量孔径 4 个方向的对称度误差，可边车边调。

三、车削加工准备

90°正偏刀、内孔车刀、45°车刀、单动卡盘、游标高度尺、标准套筒。

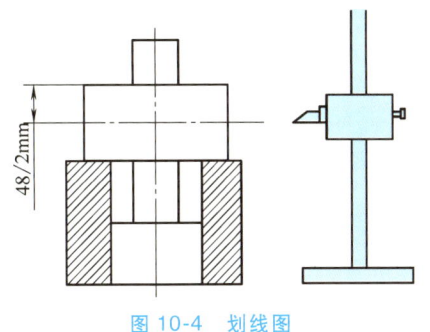

图 10-4 划线图

四、车削工艺分析

1) 该工件为对称轴,两端为 $\phi 25_{-0.033}^{0}$ mm。
2) 十字孔 $\phi 25_{0}^{+0.033}$ mm 与基准 A、B（即在两个方向上对称）的对称度公差均为 0.04mm。
3) 两端外圆 $\phi 25$mm 与基准大外圆的同轴度公差为 $\phi 0.025$mm。
4) 台阶端面与基准大外圆轴线的垂直度公差为 0.025mm。
5) 大外圆与两平面（32±0.05）mm 相对基准线的对称度公差为 0.06mm。

五、车削工步及切削用量的选择（表10-4）

表10-4 十字孔车削工步及切削用量的选择

工步	工步内容	工步图示	切削用量的选择
1	用自定心卡盘夹持毛坯,车端面,钻中心孔		车端面： $n = 560 \sim 700$r/min 钻中心孔： $n = 700 \sim 800$r/min
2	掉头车另一端面,总长,钻中心孔,车夹头		车端面、车夹头： $n = 560 \sim 700$r/min 钻中心孔： $n = 700 \sim 800$r/min
3	采用一夹一顶方式装夹,粗车台阶轴,留余量0.5mm,长度留余量1mm		粗车： $n = 560 \sim 700$r/min
4	用两顶尖装夹精车 $\phi 48_{-0.039}^{0}$ mm 外圆和两端 $\phi 25_{-0.033}^{0}$ mm,车大端面,保证（45±0.08）mm		精车： $n = 700 \sim 800$r/min
5	用单动卡盘（垫铜板）装夹工件,首先校正小径 $\phi 25$mm 最远点,百分表读数一致,以保证十字孔与轴线垂直		粗车：$n = 560 \sim 700$r/min 精车：$n = 700 \sim 800$r/min

（续）

工步	工步内容	工步图示	切削用量的选择
6	钻中心孔，钻孔，再用车孔刀车削内孔，用带表游标卡尺检测4个方向的对称度，边车边调，车（32±0.05）mm 两平面	（铜板、单动卡盘示意图）	粗车：$n=560\sim700$r/min 精车：$n=700\sim800$r/min

【考核评价】（表 10-5）

表 10-5 十字孔检测评分表

序号	检测项目	分值	评分要求	测评结果	得分	备注
1	$\phi 48_{-0.039}^{\ 0}$ mm	10	超差 0.01mm 扣 2 分			
2	$\phi 25_{-0.033}^{\ 0}$ mm（2处）	15	超差 0.01mm 扣 2 分			
3	$\phi 25_{\ 0}^{+0.033}$ mm	10	超差 0.01mm 扣 2 分			
4	25mm	6	超差 0.02mm 扣 2 分			
5	（45±0.08）mm	10	超差 0.01mm 扣 2 分			
6	95mm	5	超差 0.02mm 扣 2 分			
7	（32±0.05）mm	8	超差 0.01mm 扣 2 分			
8	$Ra1.6\mu m$、$Ra3.2\mu m$	8	1 处不合格扣 1 分			
9	几何公差	15	超差不得分			
10	C1、C3	8	超差不得分			
11	安全文明生产	5	违章操作酌情扣分			
	总分					

任务三 车双孔连杆

支架类工件是各类型机床的基础性部件，是箱体类工件的主要组成部分，其主要特征是形状复杂、不规则，呈畸形状，因此使用常规车床夹具很难完成支架类工件的加工。采用花盘、角铁类夹具能很好地达到加工目的。

一、任务图样

双孔连杆工件如图 10-5 所示。

二、图样分析

1）双孔连杆是支架类工件，是在花盘上完成加工的典型工件。
2）双孔连杆通常采用铸造工艺，材料多采用球墨铸铁，因而具有良好的刚性和加工性能。
3）支架类工件的加工工艺特点是遵循先面后孔的原则，即先加工基准平面后加工支承孔，为孔的加工提供稳定、可靠的定位基准。
4）粗加工与精加工分开进行是车削支架类工件的基本特点。
5）两孔中心距为（100±0.05）mm，位置公差要求很高。
6）两端面对轴线的垂直度公差 0.05mm，两孔的平行度公差为 0.03mm。

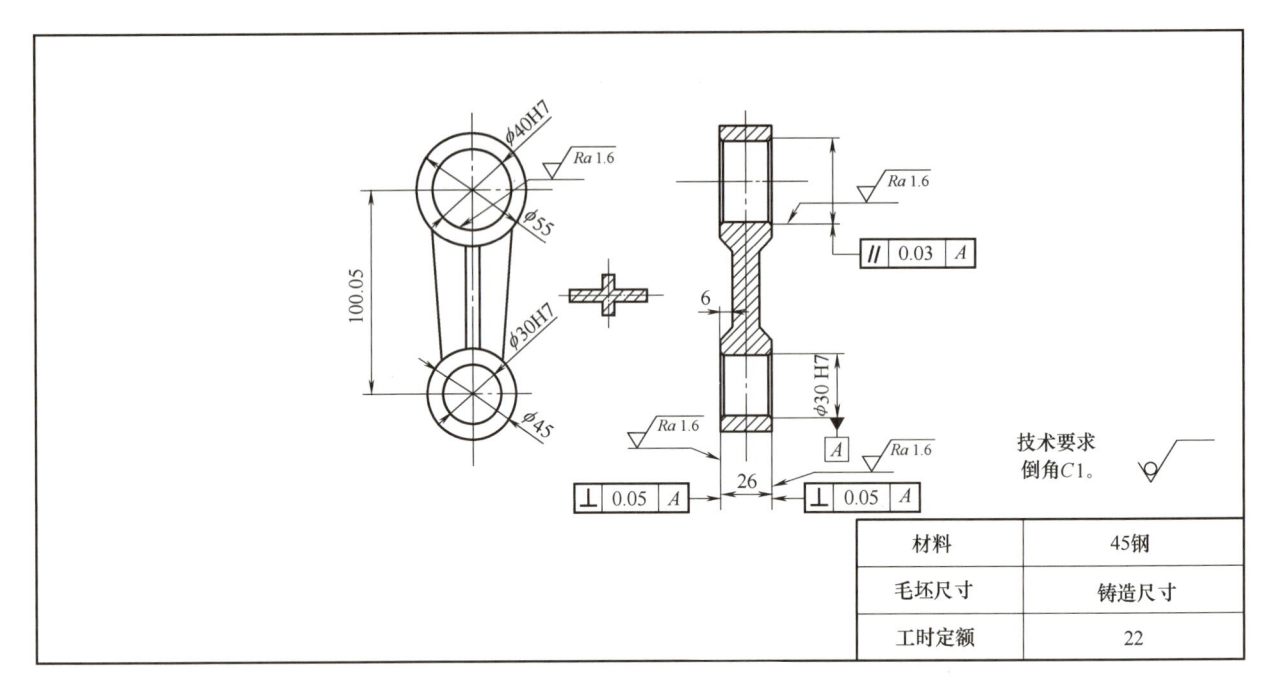

图 10-5 双孔连杆工件图

三、车削加工准备

1）划线：合理调整切削余量，确定加工基准。

2）确定无加强筋一面的两孔端面为粗基准，粗、精铣削两端面，在一次装夹中完成。要求两端面基准垂直于十字孔毛坯件的中心。

3）工件掉头，铣削另外两孔端面至 26mm。

4）准备 ϕ40H7 内径塞规或内径百分表。

5）准备 ϕ38mm 钻头。

6）在上孔端划十字线和 ϕ38mm 外圆。

四、车削工艺分析

1. 确定两孔中心距（100±0.05）mm

1）分别在花盘轴孔和定位套孔中放入检验棒，用千分尺测量 M 值，然后计算出实际中心距，再调整到图样要求，如图 10-6 所示。

2）M 值的测量。

① 在主轴孔中安装检验棒，并找正其径向圆跳动和轴向跳动。

② 在花盘上安装定位套。

③ 用千分尺测量定位套外圆和检验棒轴向读数，即距离 M。

④ 计算中心距，计算公式为

$$L = M - \frac{D+d}{2}$$

式中 L——两孔实际中心距；

M——千分尺测得的距离；

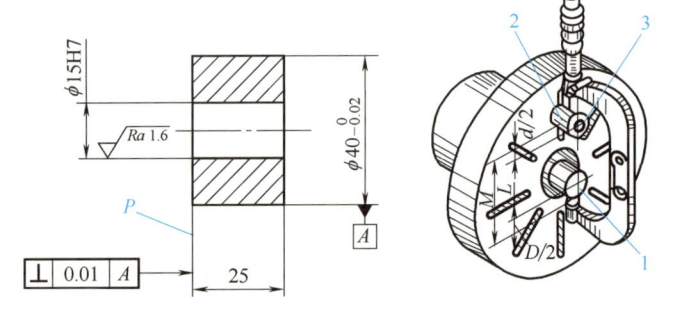

图 10-6 在花盘上测量中心距的方法

1—检验棒　2—定位套　3—螺母

D——检验棒直径;

d——定位套直径。

⑤ 两孔中心距可通过多次测量和调整获得。

2. 工件在花盘上的安装与内孔车削

1)双孔连杆有四个平面需要加工,即上孔和下孔各两个端面。

2)在铣床上粗、精加工四个端面。

3)将工件装夹在花盘上,并找正端面与轴线垂直,按 $\phi40mm$ 孔的中心线划线找正内孔位置,压紧压板,如图 10-7~图 10-9 所示。

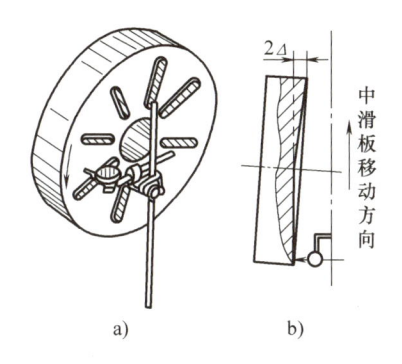

图 10-7 用百分表检查花盘平面

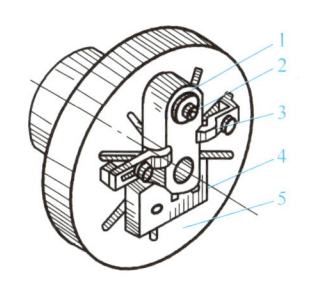

图 10-8 双孔连杆装夹方法
1—连杆 2—压紧螺钉 3—压板 4—V 形架 5—花盘

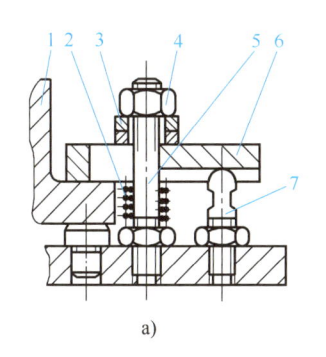

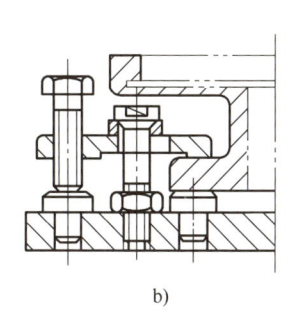

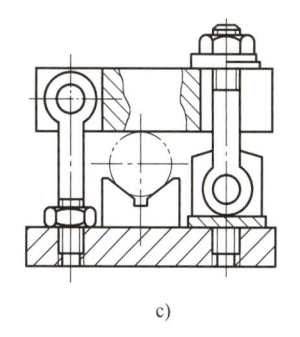

图 10-9 螺旋压板夹紧机构
a)螺旋压板夹紧机构 b)旁边压紧的螺旋压板夹紧机构
c)中间压紧的螺旋压板夹紧机构
1—工件 2—弹簧 3—球面垫圈 4—螺母 5—螺栓 6—压板 7—支柱

4)安装平衡块,调整至花盘平衡为止。

5)车削 $\phi40H7$ 内孔至图样要求。

6)车削第二孔 $\phi30H7$,用花盘装夹。

7)当中心距测量确定后,将加工好的基准孔 $\phi40H7$ 套在定位套上找正第二孔中心线,然后压紧工件车削第二孔。

3. 保证双孔连杆的精度与测量方法

1)车削第一孔时,应同时用压板调整压紧工件毛坯,在距离已精铣表面最近处达到同方向的大小两端平面与花盘无间隙。

2)当车削完 $\phi40H7$ 孔后同时车削端面一刀,以保证孔与端面的垂直度要求。

3)用车偏心工件的方法车削端面一刀,以保证同一方向两端面的平行度要求,背吃刀量应控制在

0.05mm 以内。

4）以刚车削过的大端面为基准与花盘端面压平，用相同的方法车削第二孔。

5）测量两端面与 φ40H7 中心线的垂直度误差。

① 测量两孔中心线的平行度误差，将两个检验棒分别塞入 φ40H7、φ30H7 孔中，分别在检验棒的 A、B 两个位置测量读数，测得值即为平行度误差，如图 10-10 所示。

平行度误差的计算公式为

$$f = \frac{L_1}{L_2}(M_1 - M_2)$$

式中　f——平行度误差；

　　　L_1——被测轴线长度；

　　　L_2——百分表在两轴测定的距离。

② 将检验棒连同工件装夹在带有 V 形架的夹具中，并放到平板上，用百分表在工件的 180°两个平面方向拉表，最大读数差即为垂直度误差，如图 10-11 所示。

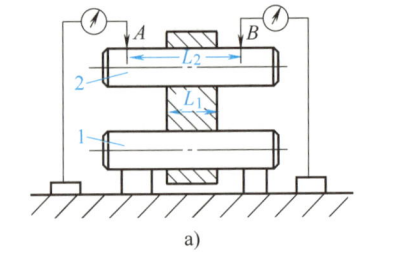

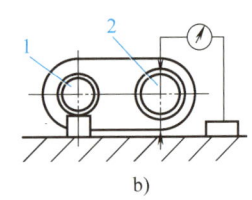

图 10-10　平行度误差的测量
1、2—检验棒

五、要点提示

1）由于双孔连杆属畸形工件，故加工基准的确定是保证质量的前提条件。

2）划线是调整加工余量、确定基准面的主要步骤。

3）精铣大、小孔两端四个平面是保证工件垂直度和平行度的重要工序，是保证车削质量的前提条件。

4）压板用力不当是工件变形和几何公差异常的主要外力因素。

5）切削力过大会造成工件位置变动，是造成质量不稳定的主要因素。

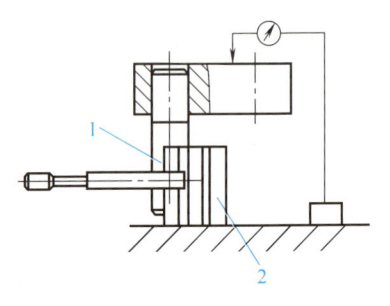

图 10-11　垂直度误差的测量
1—检验棒　2—V 形架

【考核评价】（表 10-6）

表 10-6　双孔连杆检测评分表

序号	检测项目	分值	评分要求	测评结果	得分	备注
1	φ55mm	5	超差 0.02mm 扣 2 分			
2	φ45mm	5	超差 0.02mm 扣 2 分			
3	φ30H7	20	试配超差不得分			
4	φ40H7	20	试配超差不得分			
5	(100±0.5)mm	8	超差 0.02mm 扣 2 分			
6	26mm	5	超差 0.02mm 扣 2 分			
7	6mm	8	超差 0.02mm 扣 2 分			
8	$Ra1.6\mu m$、$Ra3.2\mu m$	8	超差 1 处扣 1 分			
9	几何公差	9	超差不得分			
10	C1	4	超差不得分			
11	安全文明生产	8	违章操作酌情扣分			
	总分					

模块十一

多件组合车削

【教学目标】

序号	教学目标	具体内容
1	素养目标	1）培养学生分析问题、解决问题的能力 2）培养学生勤实践、多动手、爱动脑的好习惯 3）培养学生的团队协作能力，能团结互助完成教学任务
2	知识目标	1）熟知各种工件加工的相关知识 2）了解刃磨车刀的方法 3）熟知车削各类型工件的要点 4）熟悉切削用量并能选择合适的切削用量
3	技能目标	1）能刃磨车刀 2）能够熟练地车削各类型工件 3）能进行组合件的装配 4）能进行简单的测量

【任务要求】

1）注重集体协作，严格按照指导教师的安排进行刀具刃磨和工件车削。
2）以小组为单位，分组进行刀具刃磨和工件车削。

【任务实施】

以任务驱动法和基于工作过程导向贯穿整个单元的教学过程，在任务实施过程中灵活运用讲授、提问、讨论、演示、巡回指导等教学方法。

【任务耗材】

组合件耗材根据实际情况进行准备。

【工时安排】

任务	内容	工时安排
一	车梯形螺纹偏心组合件	36
二	车偏心四件套组合件	36

组合件是由多个工件装配组合而成的，装配精度和各个单独工件的精度关系密切。只有保证了各个单独工件的精度要求，才能保证组合件达到图样的精度要求。

在包含多个工件的组合件中，用作其他工件组合基准的工件称为装配基准。装配基准可以是一个完整的工件，也可是某个工件的一部分。针对车削加工而言，因外圆尺寸精度比较容易控制，装配基准选择外圆类的较多。在加工组合件时，可利用加工好的装配基准作为量规或塞规，用来检验与其组合的相关件。这样，不但能使组合件具有较高的配合精度，满足工件组合要求，同时也便于控制内圆锥、内螺纹等较难测量部分的尺寸。

在对组合件进行工艺分析后，正确选择装配基准，合理拟定装配基准的加工方法和工序是至关重要的。

一、常见组合

常见组合有内外圆配合、圆锥配合、螺纹配合和偏心配合。

二、组合件的装配基准

1. 内外圆配合

在内圆、外圆、台阶尺寸配合的组合件中，影响工件配合精度的内圆、外圆、台阶尺寸应控制为上极限尺寸和下极限尺寸的中间值。

2. 圆锥配合

车削内、外圆锥配合的组合件时，应选择外圆锥作为装配基准并将其先车削出来。精车装配基准圆锥面时，精车刀具应保持锋利，进给要均匀，使车出的圆锥面表面粗糙度值小；车刀刀尖应严格对准工件的旋转中心，防止圆锥素线形成双曲线误差而影响内、外圆锥面的接触面积。

3. 螺纹配合

螺纹组合件应将螺杆作为装配基准并先加工。装配基准螺纹应直接车出，以保证其轴线与其他部位轴线的同轴度。精车基准螺纹装配时，力求牙型角准确，不得有倒牙，以及牙型角误差大、表面粗糙度值过大等缺陷，否则会造成组合困难、尺寸误差超差。

4. 偏心配合

车削偏心配合的组合件时，应选择偏心轴作为装配基准并先加工。精车偏心件的偏心部分时，为保证能顺利组装，参与配合的内、外圆尺寸应分别靠近上、下极限尺寸。装配基准与配合件找正的误差值相差越小，越应取外圆的下极限尺寸和内圆的上极限尺寸。找正偏心距时，偏心部分的轴线一定要与工件轴线平行。

任务一　车梯形螺纹偏心组合件

梯形螺纹轴偏心组合件为竞赛任务工件，其工艺编制为单件车削，材料长度为多件累计综合长度，毛坯为圆棒料。主要学习活动见表 11-1。

表 11-1　主要学习活动

活动序号	学习活动内容	工时安排
一	组装图	1
二	任务工件加工	34
三	考核评价	1
合计工时		36

一、组装图

梯形螺纹偏心组合件组装图如图 11-1 所示，装配评分表见表 11-2。

图 11-1 梯形螺纹偏心组合件组装图

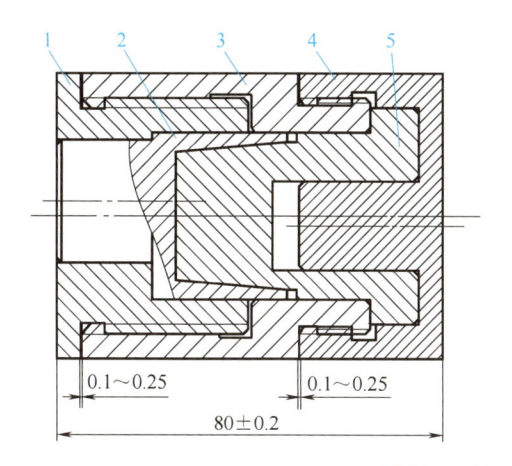

5	外锥体	1	45 钢
4	螺母	1	45 钢
3	螺套	1	45 钢
2	内锥套	1	45 钢
1	螺纹轴	1	45 钢
件号	名称	数量	材料

表 11-2 装配评分表

检测单元	分值	评分要求	测评结果	得分	备注
件 2 与件 5 锥度配合,接触面面积>70%	30	超差酌情扣分			
件 1 与件 3 螺纹配合	20	超差酌情扣分			
0.1~0.25mm(2 处)	30	超差不得分			
(80±0.2)mm	20	超差不得分			
总分					

二、任务工件加工

1. 螺纹轴（图 11-2）加工

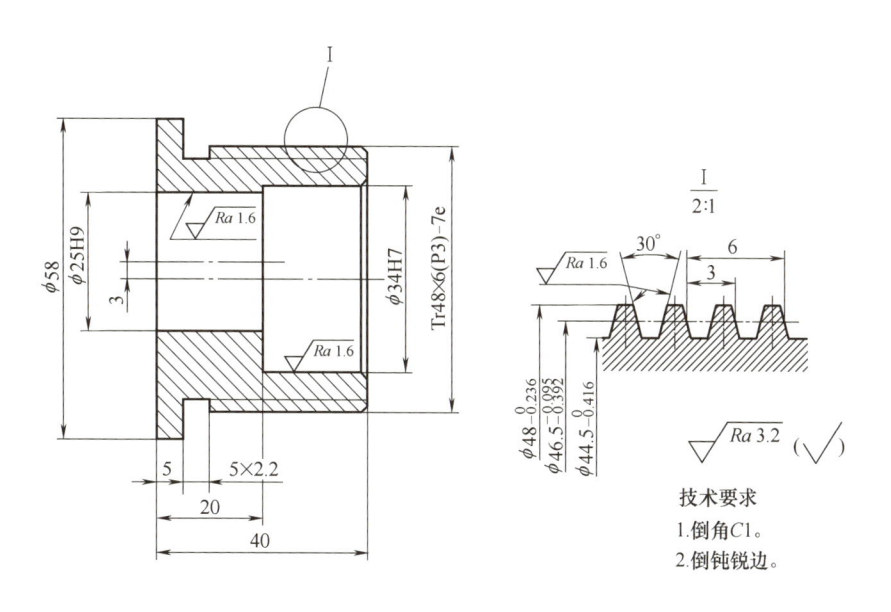

图 11-2 螺纹轴

（1）车削工艺

1）用自定心卡盘装夹毛坯，伸出长度为 55mm，车端面，钻中心孔。

2）粗、精车 Tr48×6（P3）-7e，车 φ58mm 外圆，钻 φ18mm 孔。使用群钻或平钻钻孔，车孔至 φ34H7。

3）切断，保证长度 41mm。

4）用专用垫块，车偏心孔 φ25H9，车大端面，保证总长 40mm。

（2）相关知识

1）用自定心卡盘加垫片车削偏心件。

专用垫块厚度的计算公式为

$$x = 1.5e \pm K \qquad K \approx 1.5\Delta e$$

式中　x——垫片厚度，单位为 mm；

　　　e——偏心距，单位为 mm；

　　　K——偏心距修正值，单位为 mm；

　　　Δe——试切后实测偏心误差，单位为 mm。

通过计算得出垫片厚度 $x = 4.5$mm。

2）梯形外螺纹的尺寸计算（表 11-3）。

表 11-3　梯形外螺纹各部分的名称、代号及计算公式

名称		代号	计算公式			
牙型角		α	$\alpha = 30°$			
螺距		P	由螺纹标准确定			
牙顶间隙/mm		a_c	P	1.5~5	6~12	14~44
			a_c	0.25	0.5	1
外螺纹	大径	d	公称直径			
	中径	d_2	$d_2 = d - 0.5P$			
	小径	d_3	$d_3 = d - 2h_3$			
	牙型高度	h_3	$h_3 = 0.5P + a_c$			
牙顶宽		f、f'	$f = f' = 0.366P$			
牙槽底宽		W、W'	$W = W' = 0.366P - 0.536a_c$			

（3）车削步骤

1）查机床交换齿轮箱铭牌，确定螺距 $P = 3$mm 的滑板手柄交换齿轮位置是否正确，如图 11-3 所示。

2）按下开合螺母，用车刀在螺纹外圆表面浅浅地划一条螺旋线，测量 10 个牙累计长度，验证螺距是否正确。

3）车削螺纹前应先查表计算出大径 d、中径 d_2、小径 d_3、牙型高度 h_3、牙槽底宽等后续加工所必需的相关数据。

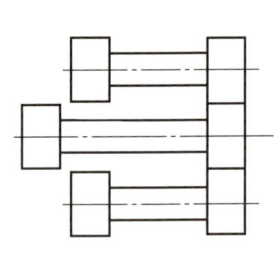

图 11-3　交换齿轮位置图

① 公称直径。

$$d = 48\text{mm} \quad h_3 = 0.5P + a_c = 1.75\text{mm}$$

$$d_2 = d - 0.5P = 46.5\text{mm}$$

$$d_3 = d - 2h_3 = 44.5\text{mm}$$

牙顶宽 $f = f' = 0.366P = 1.098$mm

牙槽底宽 $W = W' = 0.366P - 0.536a_c = 1.616$mm

② 公差值。标准规定梯形螺纹大径、小径的基本偏差（上极限偏差）为零，则有

大径公差 $T_d = 0.375$mm，大径 d 公差带为 $\phi 48_{-0.236}^{0}$mm。

中径公差 $T_{d_2} = 0.355$mm，中径 d_2 公差带为 $\phi 46.5_{-0.392}^{-0.095}$mm。

小径公差 $T_{d_3} = 0.537$mm，小径 d_3 公差带为 $\phi 44.5_{-0.416}^{0}$mm。

中径 d_2 的基本偏差（上极限偏差）为 -0.095mm。

4）求 M 值。

三针测量时，量针测量距 M 的计算公式为

$$M = d_2 + 4.864d_D - 1.866P$$

式中 d_D——量针直径，$d_D = 0.518P = 1.554$mm。

计算得 $M = 46.5\text{mm} + 4.864 \times 1.554\text{mm} - 1.866 \times 3\text{mm} = 48.46$mm

5）求 A 值。单针测量值 A 的计算公式为

$$A = \frac{M + d_D}{2} = \frac{48.46 + 1.554}{2} = 25.007\text{mm}$$

(4) 要点提示

1）确定 Tr48×6(P3)-7e 外圆为偏心孔 ϕ25H9 的加工基准，是加工的要点。

2）偏心垫片厚度的准确计算是车削的重点。

3）双线梯形螺纹 Tr48×6(P3)-7e 两螺旋槽轴向等距是加工的难点。

(5) 考核评价（表 11-4）

表 11-4 螺纹轴检测评分表

序号	检测单元	分值	评分要求	测评结果	得分	备注
1	ϕ58mm	10	超差 0.01mm 扣 2 分			
2	ϕ34H7	10	超差 0.01mm 扣 1 分			
3	ϕ25H9	10	超差 0.01mm 扣 1 分			
4	Tr48×6(P3)-7e	30	超差酌情扣分			
5	5mm×2.5mm	5	超差不得分			
6	5mm	5	超差 0.02mm 扣 2 分			
7	20mm	5	超差 0.02mm 扣 2 分			
8	40mm	5	超差 0.02mm 扣 2 分			
9	偏心距 3mm	10	超差酌情扣分			
10	$Ra3.2\mu m$	5	酌情扣分			
11	C1（2 处）	5	超差扣分			
	总分					

2. 内锥套（图 11-4）加工

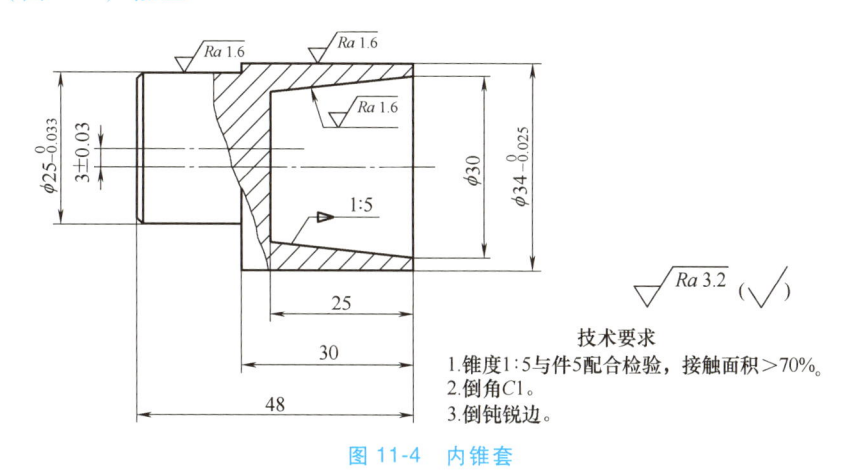

图 11-4 内锥套

(1) 车削工艺

1）用自定心卡盘装夹毛坯，伸出长度为 55mm，车端面；粗、精车 $\phi34_{-0.025}^{0}$mm，钻孔 ϕ22mm，车锥孔，切断，保证总长 49mm。

2）使用 45mm 厚垫片，用自定心卡盘装夹，车偏心轴。

(2) 相关知识

1）锥孔锥度为 1∶5。

2）通过计算得出垫片厚度 $x = 4.5$mm。

(3) 要点提示

1）车刀刀尖必须对准工件旋转中心，避免产生双曲线（素线不直）误差。

2) 车圆锥体前对圆柱直径的要求，一般应按圆锥体大端直径留余量1mm左右。

3) 车刀切削刃要始终保持锋利，工件表面应一刀车出。应两手握小滑板手柄，均匀均移动小滑板。

4) 粗车时，进刀量不宜过大，应先找正锥度，以防将工件车小而报废，一般留精车余量0.5mm。

5) 用角度尺检查锥度时，测量边应通过工件中心；用套规检查锥度时，工件表面粗糙度值要小，涂色要均匀，转动量一般正、反向各旋转半圈。

6) 车削前要适当调整小滑板，使其在车削过程中能起到良好的作用。

(4) 考核评价（表11-5）

表11-5 内锥套检测评分表

序号	检测单元	分值	评分要求	测评结果	得分	备注
1	$\phi34_{-0.025}^{0}$mm	10	超差0.01mm扣2分			
2	$\phi25_{-0.033}^{0}$mm	10	超差0.01mm扣2分			
3	$\phi30$mm	10	超差0.01mm扣1分			
4	25mm	3	酌情扣分			
5	30mm	3	超差扣分			
6	48mm	4	超差扣分			
7	锥度1:5	20	酌情扣分			
8	偏心距(3±0.03)mm	20	酌情扣分			
9	$Ra1.6\mu m$	10	酌情扣分			
10	$Ra3.2\mu m$	5	酌情扣分			
11	C1	5	超差扣分			
	总分					

3. 螺套（图11-5）加工

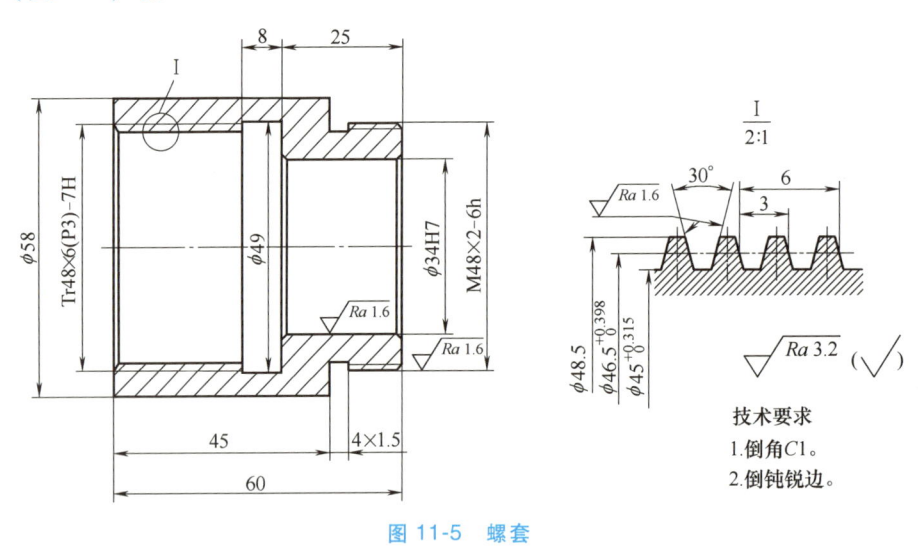

图11-5 螺套

(1) 车削工艺

1) 用自定心卡盘装夹毛坯，伸出长度为65mm。

2) 粗、精车$\phi58$mm外圆，车M48×2-6h螺纹，车槽；钻孔$\phi32$mm，切断工件。

3) 用自定心卡盘装夹M48×2-6h（垫铜片）外圆，粗、精车$\phi34$H7孔，车内螺纹Tr48×6(P3)-7H至图样要求。

(2) 相关知识 螺纹各部分尺寸计算：

$$大径\ d = 48\text{mm}$$

$$中径\ d_2 = d - 0.6495P = 46.7\text{mm}$$

$$小径\ d_1 = d - 1.08P = 45.84\text{mm}$$

牙型高度 $h = 0.5413P = 1.0826\text{mm}$

（3）要点提示

1）由于 M48 螺纹螺距较小，可采用直进法，通过中滑板横向多次进给完成车削，进刀格数和转速可参照表 11-6。

2）螺纹最大切削深度 $h_{max} = 0.6495P \approx 1.3\text{mm}$。

3）进刀格数 $= h_{max}/0.02 = 65$ 格或格数 $= n_{max}/0.05 = 26$ 格。

表 11-6　车 M48×2 螺纹中滑板进刀格数和转速

进刀次数	1	2	3	4	5	6	7	8	9	10	…	17
进刀格数	10	10	5	5	5	5	2	2	2	2	1	1
主轴转速	\multicolumn{6}{c}{$n = 132\text{r/min}$}	\multicolumn{6}{c}{$n = 40\text{r/min}$}

选用 $n = 132\text{r/min}$ 时，车螺纹切削深度与进刀格数见表 11-7。

表 11-7　车螺纹切削深度与进刀格数（C6132D/C6136D）

螺距/mm	1	1.5	1.75	2	2.5	3	3.5	4
最大切削深度/mm	0.65	0.97	1.14	1.30	1.62	1.95	2.27	2.60
进刀格数（0.02mm/格）	32.48	48.71	56.83	65.95	81.19	97.43	113.66	129.0
进刀格数（0.05mm/格）	12.98	19.46	22.73	25.98	38.97	38.97	45.47	51.96

注：格数（0.02mm/格、0.05mm/格）是指中滑板分度值。

（4）考核评价（表 11-8）

表 11-8　螺套检测评分表

序号	检测单元	分值	评分要求	测评结果	得分	备注
1	$\phi58\text{mm}$	10	超差 0.01mm 扣 2 分			
2	$\phi49\text{mm}$	10	超差 0.01mm 扣 2 分			
3	$\phi34\text{H7}$	10	超差 0.01mm 扣 1 分			
4	M48×2-6h	20	超差酌情扣分			
5	Tr48×6(P3)-7H	20	超差酌情扣分			
6	4mm×1.5mm	5	超差酌情扣分			
7	45mm	3	超差扣 2 分			
8	60mm	4	超差扣 2 分			
9	8mm	3	超差扣 2 分			
10	25mm	4	超差扣 2 分			
11	$Ra1.6\mu\text{m}$	4	酌情扣分			
12	$Ra3.2\mu\text{m}$	3	酌情扣分			
13	C1(4 处)	4	超差扣分			
	总分					

4. 螺母（图 11-6）加工

（1）车削工艺

1）用自定心卡盘装夹毛坯，伸出长度为 40mm。

2）车端面，车外圆至 $\phi58\text{mm}$，切端面槽，深 24mm；粗、精车 $\phi44^{+0.039}_{0}\text{mm}$ 外圆，车螺纹，车 $\phi46\text{mm}$ 孔，切退刀槽达到尺寸要求，中间留 $\phi23\text{mm}$ 圆，粗、精车螺纹，切断，保证总长 30mm。

3）夹持外圆 $\phi58\text{mm}$ 部分（使用垫片），在自定心卡盘上车偏心部位，车中间留圆至 $\phi18^{0}_{-0.027}\text{mm}$。

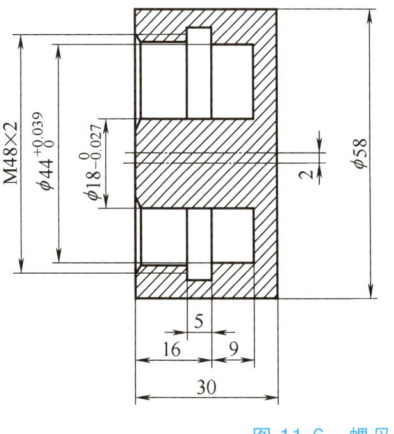

技术要求
1. $\phi44\text{H}8$ 用内卡钳测量。
2. M48×2 与件3配合测量。
3. 倒角C1。
4. 倒钝锐边。

图 11-6　螺母

(2) 相关知识 偏心垫片厚度的计算公式为

$$x = 1.5e \pm K \quad K \approx 1.5\Delta e$$

(3) 要点提示 由于该工件是不通孔螺母，加工难度较大，内螺纹车刀的选择要合理，进给量要选择适当。

(4) 考核评价（表 11-9）

表 11-9 螺母检测评分表

序号	检测单元	分值	评分要求	测评结果	得分	备注
1	$\phi 58$mm	10	超差 0.01mm 扣 2 分			
2	$\phi 44^{+0.039}_{0}$mm	10	超差 0.01mm 扣 1 分			
3	$\phi 18^{0}_{-0.027}$mm	10	超差 0.01mm 扣 1 分			
4	M48×2	20	超差酌情扣分			
5	30mm	5	超差扣分			
6	5mm	5	超差扣分			
7	9mm	5	超差扣分			
8	16mm	5	超差扣分			
9	偏差距 2mm	20	超差酌情扣分			
10	$Ra3.2\mu m$	5	酌情扣分			
11	C1	5	超差扣分			
	总分					

5. 外锥体（图 11-7）加工

(1) 车削工艺

1）用自定心卡盘装夹毛坯，伸出长度为 55mm。

2）粗、精车 $\phi 34^{0}_{-0.025}$mm 外圆，车锥度 1∶5 至图样要求，车 $\phi 44^{0}_{-0.039}$mm，切断，保证总长 48mm。

3）以 $\phi 34^{0}_{-0.025}$mm 外圆为装夹基准，夹紧垫片，钻孔、车偏心孔、倒角至图样要求。

(2) 相关知识 通过计算得出垫片厚度 $x = 3$mm。

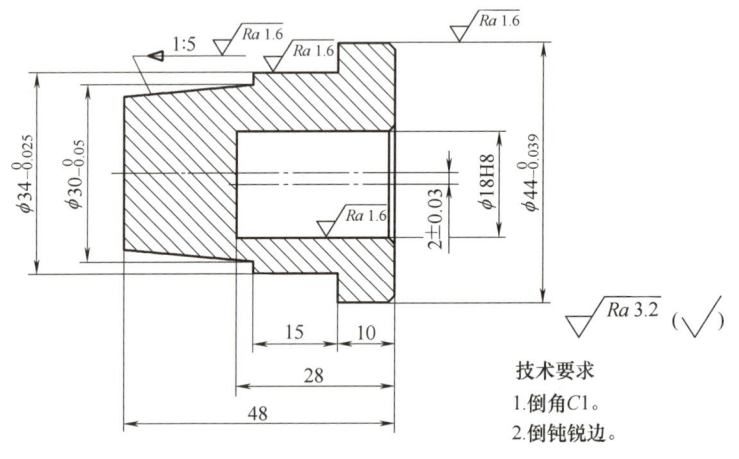

图 11-7 外锥体

(3) 要点提示

1）车圆锥体前的圆柱直径，一般应根据圆锥体大端直径留约 1mm 余量。

2）车刀切削刃要始终保持锋利，工件表面应一刀车出。

3）应两手握小滑板手柄，均匀地移动小滑板。

(4) 考核评价（表 11-10）

表 11-10 外锥体检测评分表

序号	检测单元	分值	评分要求	测评结果	得分	备注
1	$\phi 44^{0}_{-0.039}$mm	10	超差 0.01mm 扣 2 分			
2	$\phi 34^{0}_{-0.025}$mm	10	超差 0.01mm 扣 2 分			
3	$\phi 30^{0}_{-0.05}$mm	10	超差 0.01mm 扣 2 分			
4	$\phi 18$H8	10	超差 0.01mm 扣 1 分			
5	10mm	2	超差扣分			
6	15mm	2	超差扣分			
7	48mm	2	超差扣分			
8	28mm	2	超差扣分			
9	锥度 1∶5	20	超差酌情扣分			

(续)

序号	检测单元	分值	评分要求	测评结果	得分	备注
10	偏心距(2±0.03)mm	20	超差酌情扣分			
11	$Ra1.6\mu m$	5	酌情扣分			
12	$Ra3.2\mu m$	5	酌情扣分			
13	C1	2	超差扣分			
	总分					

任务二　车偏心四件套组合件

作为竞赛任务工件，偏心四件套组合件的工艺编制为单件车削，材料长度为多件累计综合长度，毛坯为圆棒料。主要学习活动见表11-11。

表 11-11　主要学习活动

活动序号	学习活动内容	工时安排
一	装配图	1
二	任务工件加工	34
三	考核评价	1
	合计工时	36

一、装配图

偏心四件套组合件装配图如图 11-8 所示，装配评分表见表 11-12。

图 11-8　偏心四件套组合件装配图

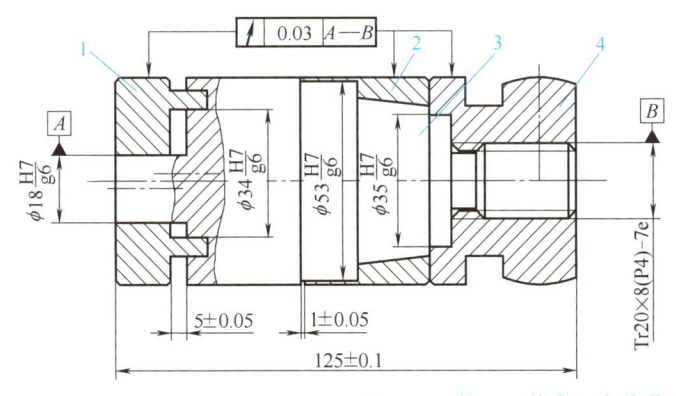

4	螺母	45
3	偏心螺杆轴	45
2	锥套	45
1	偏心套	45
件号	名称	材料

技术要求
零件装配应符合技术要求，外观无磕碰。

表 11-12　装配评分表

检测单元	分值	评分要求	测评结果	得分	备注
件2与件3锥度配合，接触面积>75%	30	超差酌情扣分			
件3与件4梯形螺纹配合，轴向间隙<0.1mm	30	超差酌情扣分			
(5±0.05)mm	10	超差不得分			
(1±0.05)mm	10	超差不得分			
(125±0.1)mm	10	超差不得分			
径向圆跳动 0.03mm	10	超差酌情扣分			
总分					

二、任务工件加工

1. 偏心套（图 11-9）加工

(1) 车削工艺

1) 用自定心卡盘装夹棒料毛坯，伸出长度为 35mm，车端面，粗、精车 $\phi 55_{-0.03}^{-0.01}$ mm 外圆，钻 $\phi 16$ mm 孔，长 27mm。

163

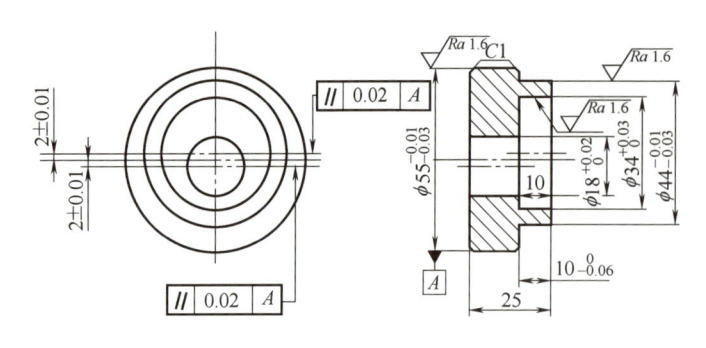

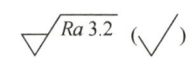

图 11-9 偏心套

2）粗、精车 $\phi18^{+0.02}_{0}$ mm 孔。

3）切断工件，总长 25mm，要求端面表面粗糙度值达到 $Ra1.6\mu m$。

4）用自定心卡盘加垫片车削偏心 $\phi44^{-0.01}_{-0.03}$ mm 部位，垫铜皮车 $\phi34^{+0.03}_{0}$ mm 外圆。用百分表找正端面，控制在 0.01mm，保证偏心套的平行度要求。分别在 0°和 90°两个方向，在总长 25mm 方向拉表校直控制在 0.02mm。

5）按图样中的其他要求完成加工。

（2）注意事项

1）在加工过程中注意保证偏心套的平行度要求。

2）因工件长度较小，要选择合理的加工工艺。

（3）考核评价（表 11-13）

表 11-13 偏心套检测评分表

序号	检测单元	分值	评分要求	测评结果	得分	备注
1	$\phi55^{-0.01}_{-0.03}$mm	10	超差 0.01mm 扣 2 分			
2	$\phi44^{-0.01}_{-0.03}$mm	10	超差 0.01mm 扣 2 分			
3	$\phi34^{+0.03}_{0}$mm	10	超差 0.01mm 扣 1 分			
4	$\phi18^{+0.02}_{0}$mm	10	超差 0.01mm 扣 1 分			
5	$10^{0}_{-0.06}$mm	5	超差扣 3 分			
6	25mm	2	超差不得分			
7	10mm	2	超差不得分			
8	偏心距(2±0.01)mm(2 处)	20	超差酌情扣分			
9	平行度 0.02mm(2 处)	20	超差酌情扣分			
10	$Ra1.6\mu m$	5	酌情扣分			
11	$Ra3.2\mu m$	2	酌情扣分			
12	C1(2 处)	2	酌情扣分			
13	C0.3	2	酌情扣分			
	总分					

2. 锥套（图 11-10）**加工**

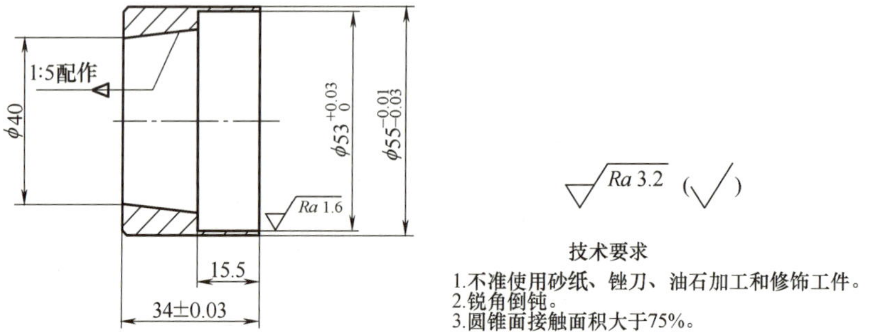

图 11-10 锥套

技术要求
1. 不准使用砂纸、锉刀、油石加工和修饰工件。
2. 锐角倒钝。
3. 圆锥面接触面积大于75%。

（1）车削工艺

1）夹持毛坯伸出长度 40mm。

2）粗、精车 $\phi55_{-0.03}^{-0.01}$ 外圆端面。

3）钻 $\phi38$mm 孔，粗、精车锥孔。

4）粗、精车 $\phi53_{\ 0}^{+0.03}$ mm 内孔。

5）切断时，用小刀架控制长度（34±0.003）mm，要求端面的表面粗糙度值达到 $Ra1.6\mu m$。

（2）相关知识

1）锥度。采用转动小滑板法车削锥度 1∶5，圆锥半角 $\tan\frac{\alpha}{2}=5°42'38''$。

2）以锥孔大端延长线为加工基准。

（3）注意事项 保证套类工件技术要求的方法如下。

1）在一次安装中完成加工。在单件小批量车削套类工件时，应尽可能在一次安装中把工件全部或大部分表面加工完成。这种方法不存在因安装产生的定位误差，如果车床精度较高，可获得较高的几何精度。但采用这种方法车削时，需要经常转换刀架，尺寸较难掌握，切削用量也需要经常改变。

2）以外圆为基准保证位置精度。车床上以外圆为基准保证工件位置精度时，一般应用软卡爪装夹工件。软卡爪用未经淬火的 45 钢制成，这种卡爪是在所使用的车床上车削成形的，因此可以确保装夹精度。并且装夹已加工表面或软金属时，不易夹伤工件表面。

（4）考核评价（表 11-14）

表 11-14 锥套检测评分表

序号	检测单元	分值	评分要求	测评结果	得分	备注
1	$\phi55_{-0.03}^{-0.01}$mm	20	超差 0.01mm 扣 2 分			
2	$\phi53_{\ 0}^{+0.03}$mm	20	超差 0.01mm 扣 1 分			
3	$\phi40$mm	10	超差 0.01mm 扣 1 分			
4	15.5mm	10	超差酌情扣分			
5	（34±0.03）mm	10	超差 0.02 扣 1 分			
6	锥度 1∶5	20	超差酌情扣分			
7	$Ra1.6\mu m$	5	酌情扣分			
8	$Ra3.2\mu m$	5	酌情扣分			
	总分					

3. 偏心螺杆轴（图 11-11）加工

（1）车削工艺

1）下料 $\phi60$mm×128mm。

2）车端面，钻 A3 中心孔。

3）夹持右端毛坯，伸出长度为 70mm，粗车 $\phi55$mm 外圆，留余量 0.5mm。

4）用自定心卡盘装夹左端 $\phi55$mm 外圆，采用一夹一顶方式粗车 $\phi53$mm、$\phi44$mm、$\phi35$mm，留余量 0.5mm，螺纹外圆车至 $\phi20_{-0.1}^{\ 0}$mm。

5）用自定心卡盘装夹 $\phi53$mm 外圆，精车 $\phi55_{-0.03}^{-0.01}$mm。

6）夹持 $\phi55$mm 外圆（垫铜皮）找正，精车 $\phi53_{-0.03}^{-0.01}$mm，精车锥度（配作）、$\phi35_{-0.03}^{-0.01}$mm 外圆，切槽，车双线梯形螺纹 Tr20×8(P4)-7e。

7）采用自定心卡盘加垫片车偏心轴 $\phi18_{-0.02}^{-0.01}$mm，车端面孔 $\phi44_{+0.04}^{+0.12}$mm、$\phi34_{-0.03}^{-0.01}$mm。

（2）相关知识

1）双线梯形螺纹 Tr20×8(P4)-7e 的公称直径：

$$d = 20mm$$

$$d_2 = d - 0.5P = 18mm$$

165

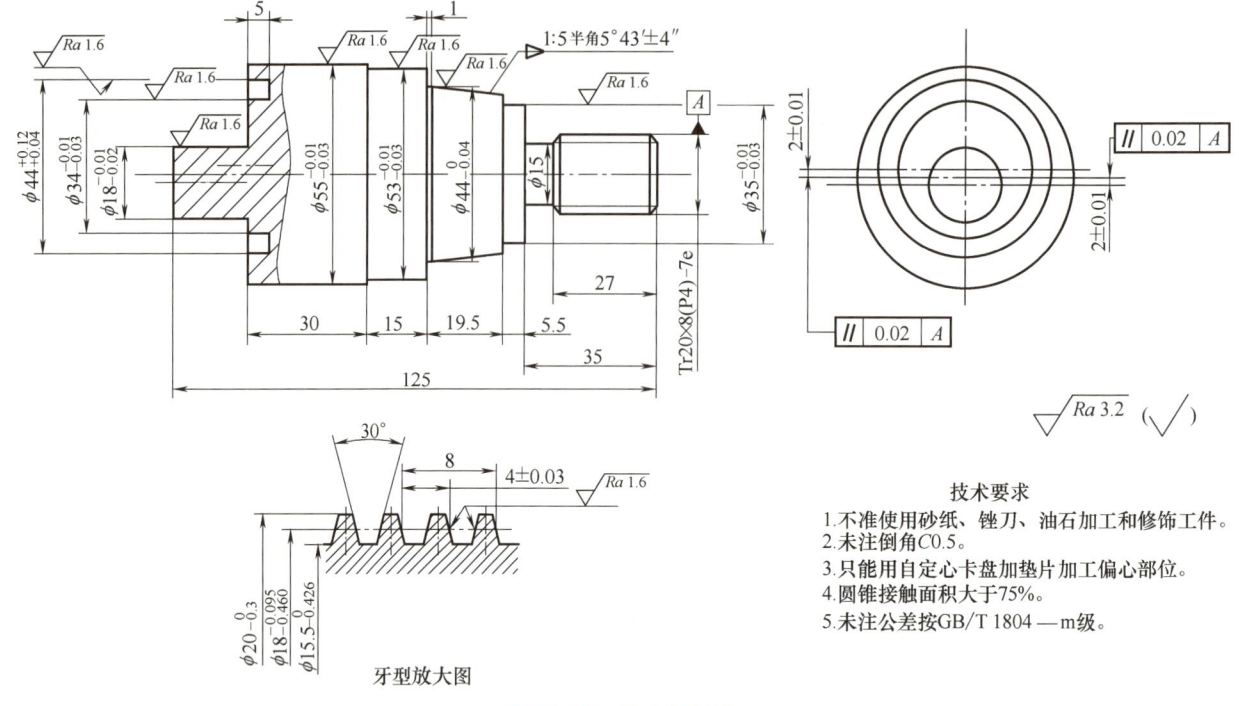

图 11-11 偏心螺杆轴

$$d_3 = d - 2h_3 = 15.5\text{mm}$$
$$h_3 = 0.5P + a_c = 2.25\text{mm}$$
牙顶宽：$f = f' = 0.366P = 1.464\text{mm}$
牙槽底宽：$W = W' = 0.366P - 0.536a_c = 1.33\text{mm}$

2）标准规定：梯形螺纹大径、小径的基本偏差（上极限偏差）为零：

大径公差 $T_d = 0.300\text{mm}$；大径 d 的公差带为 $\phi 20_{-0.300}^{0}\text{mm}$。

中径公差 $T_{d_2} = 0.265\text{mm}$；中径 d_2 的公差带为 $\phi 18_{-0.360}^{-0.095}\text{mm}$。

小径公差 $T_{d_3} = 0.426\text{mm}$；小径 d_3 的公差带为 $\phi 15.5_{-0.426}^{0}\text{mm}$。

查表，中径的基本偏差（上极限偏差）为 -0.095mm。

3）求 M 值。$d_D = 0.518P = 2.072\text{mm}$，所以

$$M = d_2 + 4.864d_D - 1.866P = 20.36\text{mm}$$

4）求 A 值。

$$A = \frac{M + d_D}{2} = \frac{20.36 + 2.072}{2} = 11.216\text{mm}$$

（3）要点提示

1）在单线螺纹的车削中，牙顶宽作为车削中的第一参照尺寸，应控制粗车预留余量，以达到最佳的车削效果。

2）双线螺纹的车削不具备以牙顶宽为参照尺寸的条件，为此，必须改为以螺纹牙的宽度为参照尺寸。

3）为了得到高效和优质的结果，最好采用乱扣盘分度来达到双线螺纹中一刀一线往返循环良性车削的效果。

4）分线精度的控制。多线螺纹的精车是保证分线度精度的最主要环节。而精车时的多次循环分线，一刀一线，多次循环到车好为止。此种加工方法可以最大限度地减小因粗车所产生的误差，同时可以消除因切削热产生的变形误差。

(4) 考核评价（表 11-15）

表 11-15 偏心螺杆轴检测评分表

序号	检测单元	分值	评分要求	测评结果	得分	备注
1	$\phi 55_{-0.03}^{-0.01}$mm	6	超差 0.01mm 扣 1 分			
2	$\phi 53_{-0.03}^{-0.01}$mm	6	超差 0.01mm 扣 1 分			
3	$\phi 44_{-0.04}^{0}$mm	6	超差 0.01mm 扣 1 分			
4	$\phi 35_{-0.03}^{-0.01}$mm	6	超差 0.01mm 扣 1 分			
5	$\phi 44_{+0.04}^{+0.12}$mm	6	超差 0.01mm 扣 1 分			
6	$\phi 34_{-0.03}^{-0.01}$mm	6	超差 0.01mm 扣 1 分			
7	$\phi 18_{-0.02}^{-0.01}$mm	6	超差 0.01mm 扣 1 分			
8	Tr20×8(P4)-7e	12	超差酌情扣分			
9	锥度 1∶5	5	超差酌情扣分			
10	偏心距(2±0.01)mm(2 处)	15	超差酌情扣分			
11	平行度 0.02mm(2 处)	15	超差酌情扣分			
12	$Ra1.6\mu m$	5	酌情扣分			
13	$Ra3.2\mu m$	2	酌情扣分			
14	C0.5	4	超差扣分			
	总分					

4. 螺母（图 11-12）加工

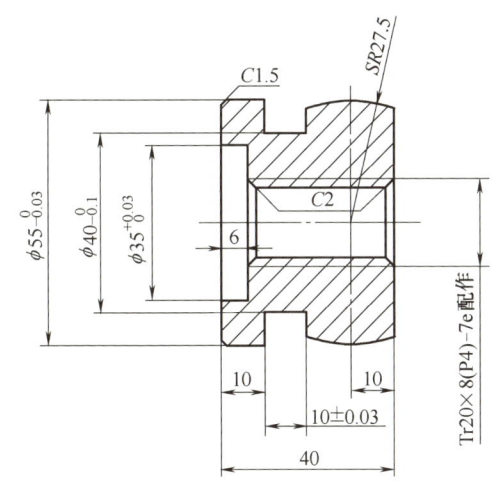

图 11-12 螺母

(1) 车削工艺

1) 夹持毛坯，伸出长度为 50mm。

2) 粗、精车 $\phi 55$mm 外圆，车端面，钻孔 $\phi 15$mm，切槽。

3) 切断工件。

4) 夹持 $\phi 55$mm 外圆，找正车内孔到 $\phi 15.5$mm。

5) 粗、精车梯形内螺纹 Tr20×8(P4)-7e。

6) 精车 $\phi 35_{0}^{+0.03}$mm 孔。

7) 用自定心卡盘垫铜皮以端面为支承面，精车 SR27.5mm。

(2) 相关知识

梯形内螺纹 Tr20×8(P4)-7e 相关尺寸计算。

大径　　　　　　　　　　　$D_4 = d + 2a_c = 20.5$mm

中径　　　　　　　　　　　$D_2 = d_2 = 18$mm

小径　　　　　　　　　　　$D_1 = d - P = 16$mm

牙型高度　　　　　　　　　$H_4 = h_3 = 2.25$mm

牙槽底宽 $W = W' = 0.366P - 0.536a_c = 1.33\text{mm}$

牙槽底宽是内螺纹车削刀具刃磨的指导性数据。

(3) 要点提示

1) SR27.5mm 要用 R 规进行检测，以保证表面质量要求。

2) 双线梯形内螺纹的加工困难，要选择合适的切削用量和切削刀具。

3) 径向跳动公差分析。在多个工件的配合中，为了达到一定的配合精度，一般依靠优良的部件质量来保证装配质量。如果组装后再加工会增大累积误差，造成部件的报废。

① 装配图左端以公差最小的尺寸 $\phi 18 \frac{H7}{g6}$ 为分析对象。

$\phi 18 \frac{H7}{g6}$ 的配合关系：基孔制间隙配合。孔 $\phi 18H7 = \phi 18^{+0.02}_{0}\text{mm}$，轴 $\phi 18g6 = \phi 18^{0}_{-0.02}\text{mm}$，上极限偏差为 0.04mm。

② 装配图中右端尺寸 $\phi 35 \frac{H7}{g6}$。$\phi 35 \frac{H7}{g6}$ 的配合关系：基孔制间隙配合。孔 $\phi 35H7 = \phi 35^{+0.03}_{0}\text{mm}$，轴 $\phi 35g6 = \phi 35^{-0.01}_{-0.03}\text{mm}$，上极限偏差为 0.06mm。

③ 以两端中心孔为基准测量径向跳动，测量时存在以下问题：左端两工件无紧固配合，配合中存在最大间隙 0.04mm，会出现重力下垂现象。右端的配合（锥度配合）靠端面摩擦力紧固，其定心效果很差，理论上出现误差的可能性达上极限偏差（0.06mm）。测量时由于孔类工件下垂和间隙影响，工件将出现偏心，偏心距最大可达到上极限尺寸。

④ 以中心孔为基准车削外圆时会出现下列问题：工件组合后再加工可获得理想的零跳动结果，但拆装后再组合，在 360° 范围内有无数个不同的测量结果，误差将增大并出现内孔和外圆的偏心，并造成单个工件的误差超差而报废。

⑤ 下列情况可以组合测量和组合车削：主体工件与配件属无间隙的锥体配合，适用于小锥度配合件。为此，四件偏心组合件标注几何公差是不对的，应及时纠正。

(4) 考核评价（表 11-16）

表 11-16 螺母检测评分表

序号	检测单元	分值	评分要求	测评结果	得分	备注
1	$\phi 55^{0}_{-0.03}\text{mm}$	15	超差 0.01mm 扣 2 分			
2	$\phi 40^{0}_{-0.1}\text{mm}$	10	超差 0.01mm 扣 1 分			
3	$\phi 35^{+0.03}_{0}\text{mm}$	15	超差 0.01mm 扣 2 分			
4	(10±0.03)mm	10	超差酌情扣分			
5	SR27.5mm	8	超差酌情扣分			
6	Tr20×8(P4)-7H	30	超差酌情扣分			
7	C2(2 处)	4	酌情扣分			
8	C1.5	2	酌情扣分			
9	Ra3.2μm	6	酌情扣分			
	总分					

模块十二

加工质量及工艺效率综合分析

【教学目标】

序号	教学目标	具 体 内 容
1	素养目标	1）培养学生分析问题、解决问题的能力 2）培养学生勤实践、多动手、爱动脑的好习惯 3）培养学生的团队协作能力，能团结互助完成教学任务
2	知识目标	1）熟悉切削用量的基本内容及选择方法 2）熟悉车工工艺常识 3）了解工艺路线拟定的要求及能进行简单的车工工艺路线拟定 4）熟悉车床维护保养的相关知识 5）分析车床故障的原因
3	技能目标	1）能熟练选择切削用量 2）会制订车工工艺路线 3）能熟练车工工艺常识并能运用所学知识进行工艺的探讨 4）能进行车床维护保养 5）能对车床故障产生的原因进行分析并排除故障

【任务要求】

1）注重集体协作，严格按照指导教师的安排进行机床操作训练。
2）以小组为单位，分组进行机床操作训练。

【任务实施】

以任务驱动法和基于工作过程导向贯穿整个单元的教学过程，在任务实施过程中灵活运用讲授、提问、讨论、演示、巡回指导等教学方法。

【任务耗材】

任务耗材根据实际情况而定。

【工时安排】

任务	内容	工时安排
一	切削用量的基本内容及选择	4
二	卧式车床精度对加工质量的影响	4
三	车工工艺常识	16
四	工艺路线的拟定	8
五	车床的维护保养	16

任务一 切削用量的基本内容及选择

一、切削用量的基本选择

切削用量的选择关系到能否合理使用刀具与机床，对保证加工质量、提高生产率和经济效益都有着重要的意义。

合理选择切削用量指在工件材料、刀具材料和几何角度及其他切削条件已经确定的情况下，选择切削用量三要素的最优化组合来进行切削加工。切削用量三要素图示如图 12-1 所示。

切削用量三要素包括：背吃刀量、进给量和切削速度。

1. 背吃刀量

背吃刀量 a_p 是已加工表面与待加工表面之间的垂直距离。

$$a_p = \frac{d_w - d_m}{2} \quad (12\text{-}1)$$

式中 a_p——背吃刀量，单位为 mm；
　　　d_w——待加工表面，单位为 mm；
　　　d_m——已加工表面，单位为 mm。

2. 进给量

进给量 f 又称进给速度，工件每转一圈，车刀沿进给方向移动的距离称为进给量。它是衡量进给运动大小的参数，单位是 mm/r。

3. 切削速度

切削速度 v_c 是切削刃选定点相对于工件主运动的瞬间速度，是衡量主运动大小的参数。

$$v_c = \frac{nd\pi}{1000} \quad (12\text{-}2)$$

式中 v_c——切削速度，单位为 r/min；
　　　d——工件待加工表面直径，单位为 mm；
　　　n——机床主轴转速，单位为 r/min。

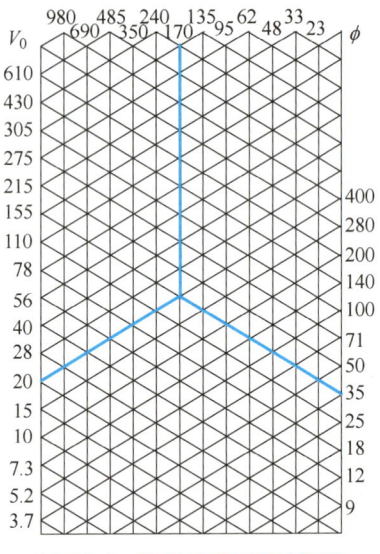

图 12-1 切削用量三要素图示

注：此表为 CA6140 车床前身 C620 车床切削用量参照图表，其用量数值定于 C6136D 车床，主要原因是机床质量比存在差异，刚性差距明显，如在此表选用转速的基础上将转速下调用量的 20% 左右，即可适用于 C6132D/C6136D 车床。

二、切削用量应用的一般规则

1）根据图样已知工件毛坯直径 d。
2）根据图样尺寸大小确定背吃刀量 a_p。
3）根据材料种类，确定进给量 f。
4）当背吃刀量 a_p 和进给量 f 确定后，在保证刀具寿命的前提下，选择一个相对大的切削速度，可通过查表或经验数据获得。
5）切削速度确定后，通过查表或计算得知机床转速

$$n = \frac{1000 v_c}{\pi d} \quad (12\text{-}3)$$

三、切削用量选择的一般原则

1. 粗车

粗车的基本特征是加工精度和表面质量要求不高，材料毛坯余量大小不均。为此，选择切削用量的

出发点是充分利用机床和刀具的性能，使单位工序的时间最短、加工成本最低、效率最大化。

2. 精车

精车时，应通过合理选用切削用量来最大限度地保证刀具寿命，提高生产率。在切削用量三要素中，切削速度对刀具寿命影响最大，背吃刀量影响最小。如果首选大的切削速度，刀具寿命会急剧下降，从而使换刀次数增加，辅助时间增加，生产率降低。

3. 粗加工切削用量选择的另一个原则

优先选择大的背吃刀量 a_p；其次选择较大的进给量 f；最后确定合理的切削速度 v_c（通过查表获得）。

4. 切削用量应用实例

【例 12-1】 工件如图 12-2 所示，工件材料为 45 钢，毛坯尺寸是 ϕ57mm，车削至尺寸 ϕ50mm×250mm，选用 C6136D 车床，试确定粗车切削用量。

解：粗车切削用量

$$a_p = (57-50)\text{mm}/2 = 3.5\text{mm}$$

查表得：$f = 0.45\text{mm/r}$

查附表 A-1 得 $v_c = 90 \sim 110\text{r/min}$。查附表 A-2 得 $v_c = 95\text{r/min}$。综合附录中的两表，取中间值 $v_c = 96\text{r/min}$。

根据式（10-3）计算机床主轴转速

$$n = \frac{1000v_c}{\pi d} = \frac{1000 \times 96}{3.14 \times 57}\text{r/min} = 536\text{r/min}$$

查表得

$$n = 530 \sim 660\text{r/min}$$

取中间值

$$n = 550\text{r/min}$$

图 12-2 例 12-1 图样

【例 12-2】 工件如图 12-3 所示，工件材料为 45 钢，毛坯尺寸是 ϕ40mm，车削尺寸为 ϕ36mm×125mm，选用 C6136D 车床，试确定粗车切削用量。

解：粗车切削用量为

$$a_p = (40-36)\text{mm}/2 = 2\text{mm}$$

查表得 $f = 0.45\text{mm/r}$，查附表 A-1 得 $v_c = 90 \sim 110\text{r/min}$，取 $v_c = 100\text{r/min}$。

根据式（10-3）计算机床主轴转速

$$n = \frac{1000v_c}{\pi d} = \frac{1000 \times 100}{3.14 \times 40}\text{r/min} = 796\text{r/min}$$

查表得 $n = 760 \sim 960\text{r/min}$。

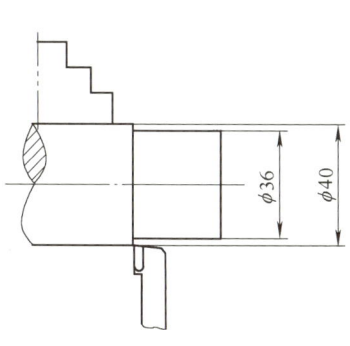

图 12-3 例 12-2 图样

注：上述例题的转速是在实际生产中计算得出的。受卡盘夹持部分过短、工件直径偏小、工件质量小、刚性差等诸多因素的影响，切削速度一般选择刀具寿命坐标峰值右方的数值，即查表数值或表中低数值。实际转速根据上述情况宜降低 10%~20%。

任务二 卧式车床精度对加工质量的影响

在车床上加工工件时，影响加工质量的因素很多。在正常条件下，车床本身的精度是其中关键因素。因为车床的切削运动是由主轴、床身、床鞍、中（小）滑板等主要部件完成的，如果这些部件本身的运动关系有误差，那么这些误差必然要反映到工件上。

一、车床精度

车床精度包括几何精度和工作精度两种。

1. 几何精度

几何精度指车床某些基础零部件本身的形状精度、相互位置精度和相对运动精度。车床的几何精度是决定加工质量的基本条件。

2. 工作精度

工作精度指车床在运动状态和切削力作用下的精度，可以在车床处于热平衡状态时，用车床加工出试件的精度来评定。同时，它综合反映了切削力、夹紧力等各种因素对加工精度的影响。

二、车床精度对加工质量的影响

卧式车床精度标准中规定的各项精度所对应的机床本身的误差，车削时都会反映到工件上。但是，每一项误差往往只对某些加工方式产生影响。车床精度对加工质量的影响见表 12-1。

表 12-1 车床精度对加工质量的影响

序号	机床误差	对加工质量的影响
1	床身导轨在垂直平面内的直线度（纵向）	车削内、外圆时，刀具纵向移动过程中高低位置发生变化，影响工件素线的直线度，但影响较小
2	床身导轨在同一平面内（横向）的直线度	车削内、外圆时，刀具纵向移动过程中前后摇摆，影响工件素线的直线度，影响较大
3	溜板移动在水平面内的直线度	车削内、外圆时，刀具纵向移动过程中前后位置发生变化，影响工件素线的直线度，影响很大
4	尾座移动对溜板移动的平行度	尾座移至床身导轨上不同纵向位置时，尾座套筒的锥孔轴线与主轴轴线会产生等高度误差，影响钻、扩、铰孔以及用两顶尖支承工件车削外圆时的加工精度
5	主轴的轴向窜动	车削端面时，影响工件的平面度。车削螺纹时，影响螺距精度。精车内、外圆时影响加工表面粗糙度值
6	主轴轴肩支承面的跳动	卡盘或其他夹具装在主轴上产生歪斜，影响被加工表面与基准面之间的相互位置精度，如内外圆同轴度、端面对圆柱面轴线的垂直度
7	主轴定心轴颈的径向跳动	用卡盘夹持工件车削内、外圆时，影响工件的圆度、加工表面与定位基面的同轴度、在多次装夹加工出的各个表面的同轴度；钻、扩、铰孔时引起孔径扩大及工件表面粗糙度值
8	主轴轴线的径向跳动	用两顶尖支承工件车削外圆时，影响工件的圆度和加工表面与中心孔的同轴度；多次装夹时，影响加工出的各表面的同轴度及工件的表面粗糙度值
9	主轴轴线对溜板移动的平行度	用卡盘或其他夹具夹持工件（不用后顶尖支承）车削内、外圆时，刀尖移动轨迹与工件回转轴线在水平面内的平行度误差，使工件产生锥度。在垂直平面内的平行度误差，影响工件素线的直线度
10	主轴顶尖的径向跳动	用两顶尖支承工件车削外圆时，影响工件的圆度、多次装夹时加工出的各表面的同轴度及工件表面粗糙度值
11	尾座套筒轴线对溜板移动的平行度	用装在尾座套筒锥孔中的刀具进行钻、扩、铰孔时，刀具轴线与工件回转轴线不重合，引起被加工孔径扩大和产生喇叭形。用两顶尖支承工件车削外圆时，影响工件素线的直线度
12	尾座套筒锥孔轴线对溜板移动的平行度	用装在尾座套筒锥孔中的刀具进行钻、扩、铰孔时，刀具轴线与工件回转轴线间产生同轴度误差，使加工孔的直径扩大，产生喇叭形
13	主轴和尾座两顶尖的等高度	用两顶尖支承工件车削外圆时，刀尖移动轨迹与工件回转轴线间产生平行度误差，影响工件素线的直线度。用装在尾座套筒锥孔中的孔加工刀具进行钻、扩、铰孔时，刀具轴线与工件回转轴线间产生同轴度误差，引起被加工孔径扩大
14	小滑板纵向移动对主轴轴线的平行度	用小滑板进给车削锥面时，影响工件素线的直线度
15	中滑板横向移动对主轴轴线的垂直度	用中滑板横向进给车削端面时，影响工件的平面度和垂直度
16	丝杠的轴向窜动	用车刀车削螺纹时，影响被加工螺纹的螺距精度
17	由丝杠所产生的螺距累积误差	主轴与车刀刀尖之间不能保持准确的运动关系，影响被加工螺纹的螺距精度

注：表中所列各项机床误差，凡对车内、外圆加工精度有影响的，对车螺纹的加工精度同样也有影响。

任务三　车工工艺常识

一、工艺流程思路描述

1）检查图样和技术要求。
2）看懂、看清图样并做出分析。
① 明确精度公差中具有否定性指标的部位。
② 明确零件加工基准。
③ 明确尺寸公差等级的基本范围。
3）拟定工艺规程，确定下料尺寸。
4）确定所需工具、量具、刃具及工艺工装。
5）审查图样标注是否执行了国家标准。
6）未注公差按 GB/T 1804—2000 执行。未注表面粗糙度可按 GB/T 1804—2000 执行。工艺路线按批量生产的条件执行，在批量生产中必须执行首件检查制度。

二、刀具安装标准

1）装夹刀具前必须清理干净刀柄、刀杆，特别要清理干净焊接点，使刀具底平面平整。
2）45°车刀的装夹必须做到刀尖与轴线等高，具体方法如下：
① 按理论中心高度对刀。
② 按后尾座顶尖高度对刀。端面车刀的高度必须经过试切削后调整到与工件中心等高，并用 300mm 的钢直尺测量记录。
3）外圆车刀的刀杆伸出的长度一般不超过刀柄厚度的 1.5 倍。
4）车刀刀杆的中心线应与进给方向垂直。
5）内孔车刀的刀杆应与机床导轨平行。
6）端面车刀中心高度确定时，在端面的车削中刀尖距轴线约 5mm 处必须停止自动进给，改为手动进刀且慢速。
7）造成端面车刀刀尖损坏的主要原因如下：
① 中心高不对，或高或低。
② 车刀刀尖接近轴线时进给速度过快。
8）粗车外圆的车刀刀尖一般应比工件轴线略高。
9）精车外圆的车刀刀尖一般应比工件轴线略低。
10）螺纹车刀的刀尖角平分线应与工件轴线垂直。
11）螺纹车刀对刀要采用投影原理。
12）装夹车刀刀杆下面的垫片要做到少而平。
13）切断与切断刀的装夹：
① 主切削刃宽度 $a \approx (0.5 \sim 0.6)\sqrt{d}$，$d$ 为工件待加工表面的直径。
② 切断刀前刀面卷屑槽的刃磨长度应超过切入深度 2~3mm。
③ 为防止切断时工件端面出现飞边，刀具主切削刃可倾斜约 3°。
④ 切断刀的中心线必须与工件轴线垂直，保证两副偏角对称。
⑤ 切断实心工件时，切断刀主切削刃必须与工件轴线等高。
⑥ 切断锻件及不规则毛坯工件时，最好先用外圆车刀将工件车圆。
⑦ 切断或切槽时应使用切削液。

⑧ 根部切断时，刀宽、刀具伸出长度参照图12-4所示的单拐曲轴切断刀伸出长度。

三、工件装夹守则

1）用自定心卡盘装夹工件进行车削时，工件伸出长度一般不超过直径的3倍。

2）利用单动卡盘、花盘装夹不规则工件时，须进行配重处理。

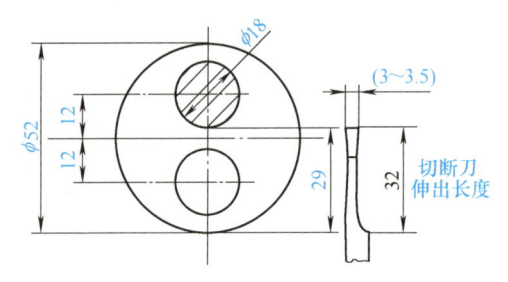

图12-4 单拐曲轴切断刀伸出长度

3）工件装夹前应首先将定位面、基准面擦拭干净。

4）使用回转顶尖加工轴类零件必须调整后尾座，尽可能做到与机床轴线重合。

5）粗车台阶轴时，可选用双基准车削，即中心孔与夹头外圆。

6）车削长径比大于25的长轴时，应使用跟刀架或中心架。

7）车削曲轴必须使用标准专用夹具（鸡心夹头）及标准前顶尖，确保刚性最大化。

四、轴类零件的加工守则

1）用两顶尖装夹车削轴类零件时，一般至少装夹三次，即粗车第一端，掉头再粗车和精车另一端，最后精车另一端。

2）车削短小工件时，一般先车一端面，这样便于确定长度方向尺寸。车削铸铁工件时最好先倒角再车削，这样刀尖就不易遇到外皮和型砂，避免损坏刀具。

3）工件车削后需磨削时，只需粗车和半精车，并注意留磨削余量。

4）在轴上切槽，一般安排在粗车和半精车之后、精车之前。如果工件刚性好或精度要求不高，也可在精车之后车槽。

5）车螺纹一般安排在半精车之后进行，待螺纹车好后再精车各外圆。这样可避免车螺纹时发生弯曲而影响轴的精度。

6）轴类零件的定位基准通常选用中心孔。加工中心孔时应先车端面，后钻中心孔，以保证中心孔的加工质量。

7）轴类零件一夹一顶车削通常需要用轴向限位支承，可有效避免因切削力作用而造成的工件轴向位移。

8）粗车台阶工件时，台阶长度余量一般只需要留0.5mm。

9）轴类零件线性尺寸的基准为端面和轴肩。

10）轴类零件几何公差标注一般为设计基准及国标规定的基准轴和基准孔。

11）车削台阶轴时为提高生产率，首先确定加工基准为中心孔与夹头外圆，为双向基准。

12）为保证零件车削过程中有良好的刚性，一般先车直径较大的部位，再车直径较小的部位。

13）当台阶轴车完一端后，另一端的车削基准不得选用外圆。

14）轴类零件的测量基准是中心孔。

15）轴类零件车削的工艺流程一般分为粗车和精车。先粗车第一端，再掉头粗车、精车另一端，最后精车第一端。

16）轴类零件的车削口诀：

①"齐头、打眼、车夹头"。

"齐头"指车端面；"打眼"指钻中心孔；"车夹头"指与车端面、钻中心孔一次装夹中车削完成的10~20mm长的工艺外圆表面。

②"一夹一顶"。

"一夹"指自定心卡盘夹持的夹头部分；"一顶"指用顶尖顶另一端的中心孔。用一夹一顶双基准粗车轴类零件是车削工艺的主要表现形式。

五、盘套类零件的加工守则

车削套类零件如齿轮、带轮时，虽然工艺方案各异，但其中的共性部分可共同遵循。

1）单件生产的短小套类零件加工最好在一次装夹中完成外圆、内孔、端面的车削，可有效保证同轴度等要求。

2）套类零件的内沟槽、油槽应在半精车之后、精车之前加工。

3）车削孔的流程：

① 小于 $\phi 20mm$ 的孔一般采用铰孔：粗车端面—钻中心孔—钻孔—扩孔—铰孔。

② 大于 $\phi 20mm$ 的孔一般采用刀杆车孔：粗车端面—钻孔—粗车孔—半精车孔—精车孔和端面。

4）工件以内孔为定位基准车削外圆，在内孔精车中要保证端面与内孔一次进给完成加工，即保证垂直度要求。

5）套类零件的车削以保证相互位置精度为该零件加工的主要工艺要求。

6）套类零件加工的粗基准是外圆表面。

7）套类零件的批量生产，精加工的基准是内孔。

8）套类零件内孔车削其进给速度一般情况下是外圆进给速度的 1/2。

9）车削孔时刀杆的直径应为加工孔径的 0.6~0.7 倍。

六、车削外圆锥面

1）用小刀架车削外圆锥面：

① 首先应根据图样要求计算出或查表获得小刀架应转动的圆锥半角 $\alpha/2$。

② 车削外锥面的刀具安装必须达到刀尖与轴线等高，可有效避免工件素线不直。

2）必须明确大端直径公称尺寸是车削的基准和进刀深度的零线。

3）外圆锥右端面是外锥面车削的轴向零位，即车削的起点。

4）外圆锥面粗车，a_p 的确定依据和计算为

$$由 \tan\frac{\alpha}{2} = \frac{D-d}{2L} 求得 d = D - 2L\tan\frac{\alpha}{2}$$

$$则 a_p = \frac{D-d}{2}$$

① 反复粗车至工件能塞进 1/2 检测圆锥角，到圆锥角找正为止，然后粗车圆锥面并留 0.5~1mm 的余量。

② 精车外圆锥面时，应按规定的计算方法，首先计算出背吃刀量

$$a_p = \tan\frac{\alpha}{2} L$$

③ 精车也可采用以大端外圆为基准、从左向右进给的方法完成。

5）锥度与锥角系列：

① 一般用途圆锥 GB/T 321—2005。

② 特殊用途圆锥遵循 GB/T 157—2001。

6）米氏锥度的大外圆是加工、测量和装配的基准。

七、螺纹车削相关标准及计算方法

1）GB/T 192—2003《普通螺纹　基本牙型》。

2）GB/T 193—2003《普通螺纹　直径与螺距系列》。

3）GB/T 196—2003《普通螺纹　基本尺寸》。

4）GB/T 2516—2003《普通螺纹　极限偏差》。

5）GB/T 197—2018《普通螺纹　公差》。

6）普通外螺纹切削深度

$$h_1 = 0.6495P$$

7）普通外螺纹车削进给格数

$$n = \frac{h_1}{0.02} \text{ 或 } n = \frac{h_1}{0.05}$$

8）普通内螺纹车削深度

$$h = 0.54P$$

9）普通内螺纹车削进给格数

$$n = \frac{h}{0.02} \text{ 或 } n = \frac{h}{0.05}$$

10）螺纹车削进给格数的计算起点是公称直径的零线、零公差位置。

11）三角形螺纹车刀刀尖圆头大小等于$0.2P$。

12）开有径向前角的螺纹车刀车出的螺纹牙型角大于车刀的刀尖角。为此，开有径向前角的车刀刃磨时必须修正刀尖角。

13）车削多线梯形螺纹应优先选用乱扣盘车削。

14）梯形螺纹、模数螺纹的精车应尽可能避免三面吃刀。

15）大模数多线螺纹半精车、精车应采用顺刀面单面车削完成。

16）精车螺纹车刀的安装应采用投影原理。

17）多线螺纹的大径公差和小径公差与单线螺纹相同。多线螺纹的中径公差是单线螺纹中径公差乘以余数。多线螺纹线数与余数的选择见表12-2。

表 12-2　多线螺纹线数与余数的选择

线数	2	3	4
余数	1.12	1.25	1.4

任务四　工艺路线的拟定

在机械行业现代化生产中，必须严格按照工艺规程（即规定产品或零部件制造工作过程和操作方法等的工艺文件）来组织、实施作业，而工艺路线的拟定是制订工艺规程的关键。

工艺路线指产品或零部件在生产过程中，由毛坯准备到成品包装入库，经过企业各有关部门或工序的先后顺序。拟定零件的加工工艺路线时，应着重考虑零件经过哪几个加工阶段，采用什么加工方法，如何穿插热处理工序，是采取工序集中还是工序分散的方法才合适等方面的问题，以便拟定最佳方案。

拟定零件加工工艺路线时必须满足以下要求：确保零件的全部技术要求；生产率高；生产成本低；劳动生产条件好。

一、生产类型

拟定零件加工工艺路线，首先要区分被加工零件的生产方式属于哪一种生产类型。企业生产专业化程度的分类称为生产类型，一般分为单件生产、成批生产和大量生产。生产类型的工艺特征见表12-3。

表 12-3　生产类型的工艺特征

生产要素	单件生产	成批生产	大量生产
机床设备	通用设备	通用和部分专用设备	高效率专用设备
夹具	很少用专用夹具	广泛使用专用夹具	高效率专用夹具
毛坯	木模砂型铸件和自由锻件	部分采用金属模铸件和模锻件	机器造型、压力铸造、模锻、滚锻等
对工人的技术要求	技术熟练	技术比较熟练	调整工技术熟练，操作工要求熟练程度较低

二、表面加工方法的选择

选择零件各表面的加工方法，是拟定零件加工工艺路线的主要任务之一。

对于零件的各种表面有不同的加工方法，而同一表面可以有几种不同的加工方法，不同的加工方法又具有不同的技术和经济效果。选择加工方法一般是根据经验或查表来确定。

在选择合适的加工方法时，要考虑下列因素：

1) 选择相应能获得经济精度和较低表面粗糙度值的方法。
2) 工件的结构形状和尺寸大小。
3) 工件材料的力学性能及热处理的影响。
4) 结合生产类型考虑生产率和经济性。
5) 考虑现有生产条件。

在实际的生产中，上述这些因素不是孤立的，而是相互影响的。因此，在具体选择加工方法时，应根据具体条件全面考虑，灵活运用，不要顾此失彼。只有这样，才能选择出优质、高产、低耗的加工方案。

三、划分加工阶段

拟定结构复杂、精度要求高的零件加工工艺路线时，应将零件的粗、精加工分开进行，即把机械加工工艺过程划分为几个阶段，以便更好地安排零件加工的顺序。

通常将机械加工工艺过程划分为四个加工阶段。

（1）粗加工阶段　这一阶段的主要任务是切除各加工表面上的大部分加工余量，主要解决如何获得高的生产率。

（2）半精加工阶段　这一阶段是介于粗加工和精加工之间的切削加工过程，主要为工件重要表面的精加工做准备，如达到必要的加工精度和留一定的加工余量等。

（3）精加工阶段　这一阶段使工件的各主要表面达到图样规定的质量要求。

（4）光整阶段　这是对要求特别高的工件采取的加工方法。

四、确定加工顺序

在拟定零件的工艺路线时，除选择零件各表面的加工方法、合理划分加工阶段外，还应确定正确的工序数目和每道工序的工作内容。

（1）工序概论　机械加工工艺过程由一个或若干个顺序排列的工序组成，毛坯依次通过这些工序逐渐变成机器零件，而每一个工序又可以细分若干个安装、工位、工步和进给环节。

（2）工序集中　工序集中就是将工件的加工集中在少数几道工序内完成，即在每道工序中，尽可能多地加工几个表面。工序集中到极限程度时，是一个工件的所有表面均在一道工序内完成。

工序集中的特点如下：

1) 在一次装夹中可以完成工件多个表面的加工，这样比较容易保证这些表面的相互位置精度，同时也减少了工件的装夹次数和辅助时间，减少了工件在机床间转运工作量，有利于缩短生产周期。
2) 易于采用多刀、多刃、多轴机床、组合机床、自动机床、数控机床和加工中心等高效工艺装备，从而缩短辅助时间。
3) 缩短了工艺路线，减少了对机床、夹具和操作工人及车间生产面积的需求，简化了生产计划和生产管理工作。
4) 由于采用专用设备和高效工艺设备，使投资增大，设备调整和维修复杂，生产加工准备量增大。
5) 由于一道工序加工表面较多，对机床的精度要求较全面，而且很难为每个加工表面都选择合适的切削用量。

6) 对工人的技术水平和应变能力要求较高。

(3) 工序分散　工序分散是将工件的加工分散在较多的工序中进行，使每道工序所包含的工作量尽量减少，工序分散到极限程度时，每道工序只包含一个工步。

工序分散的特点如下：

1) 机床设备及工艺装备简单，调整和维修方便，工人容易掌握，生产转变工作量少。
2) 有条件为每一道工步选择较合理的切削用量，减少基本时间。
3) 设备数量多，操作工人多，占用生产面积大，计划调度和生产管理工作较繁杂。
4) 操作过程简化，对工人的技术熟练程度和应变能力要求较低。

工序集中与分散是拟定工艺路线的两个不同原则，各有其利弊，具体选用哪个原则，应根据生产类型、零件的结构特征和技术要求、现有生产条件、企业能力等诸因素进行综合分析比较，择优选用。

任务五　车床的维护保养

一、车床润滑的作用

为了保证车床的正常运转，减少其磨损，延长其使用寿命，应对车床的所有摩擦部位进行润滑，并注意日常的维护保养。

二、常用的车床润滑方式

1. 浇油润滑

常用于外露的滑动表面，如床身导轨面和滑板导轨面等。

2. 溅油润滑

常用于密闭的箱体中，如车床主轴箱中的转动齿轮将箱底的润滑油溅射到箱体上部的油槽中，然后经槽内油孔流到各润滑点进行润滑。

3. 油绳导油润滑

常用于进给箱和溜板箱的油池中。利用毛线既吸油又易渗油的特性，通过毛线把油引入润滑点，间断地滴油润滑。

4. 弹子油杯注油润滑

常用于尾座、中滑板手柄及丝杠、光杠、操纵杆支架的轴承处。定期用油枪端头油嘴压下油杯上的弹子，将油注入。油嘴撤去，弹子又回复原位，封住注油口，以防尘屑入内。

5. 润滑脂杯润滑

常用于交换齿轮箱中交换齿轮轮架的中间轴或不便经常润滑处。事先在润滑脂杯中加满钙基润滑脂，需要润滑时，拧开油杯盖，则杯中的润滑脂就会被挤压到润滑点中去。

6. 油泵输油润滑

常用于转速高、需要大量润滑油连续强制润滑的机构，如主轴箱内的许多润滑点就是采用这种润滑方式。

三、车床日常保养的要求

为了保证车床的加工精度、延长其使用寿命、保证加工质量、提高生产率，车工除了要熟练地操作机床外，还必须学会对车床进行合理的维护与保养。

车床的日常维护与保养要求如下：

1) 每天工作后，切断电源，对车床各表面、各罩壳、导轨面、丝杠、光杠、各操纵手柄和操纵杆进行擦拭,做到无油污、无切屑、车床外表清洁。

2) 每周要求保养床身导轨面和中、小滑板导轨面及保持转动部位的清洁、润滑。要求油眼畅通、油标清晰,清洗油绳和保护油毛毡,保持车床外表清洁和工作场地整洁。

四、车床一级保养要求

通常当车床运行500h后,要进行一级保养。其保养工作以操作工人为主,在维修工人的配合下进行。保养时,必须先切断电源,然后按表12-4所列顺序和要求进行。

表 12-4　车床一级保养要求

序号	保养顺序	保养内容	备注
1	主轴箱的保养	1)清洗滤油器,使其无杂物 2)检查主轴锁紧螺母有无松动、紧定螺钉是否拧紧 3)调整制动器及离合器摩擦片间隙	
2	交换齿轮箱的保养	1)清洗齿轮、轴套,并在油杯中注入新油脂 2)调整齿轮啮合间隙 3)检查轴套有无晃动现象	
3	滑板和刀架的保养	拆洗刀架和中、小滑板,洗净擦干后重新组装,并调整中、小滑板与镶条的间隙	
4	尾座的保养	摇出尾座套筒,并擦净涂油,以保持内外清洁	
5	润滑系统的保养	1)清洗冷却泵、滤油器和盛液盘 2)保证油路畅通,油孔、油绳、油毡清洁无切屑 3)检查油质,保持油质良好、油杯齐全、油标清晰	
6	电气设备的保养	1)清扫电动机、电气箱上的尘屑 2)电气装置固定齐全	
7	外表的保养	1)清洗车床表面及各罩盖,保持其内外清洁,无锈蚀、无油污 2)清洗三杠 3)检查并补齐各螺钉、手柄球、手柄	

五、考核要求

按照一级保养的要求进行车床的保养。安排学生按照保养顺序进行保养,并进行检测。

附 录

附录 A 车削中常用数据

表 A-1 硬质合金外圆车刀切削速度参考值　　　　　　　　　　　　（单位：m/min）

工件材料	热处理状态	$a_p=0.3\sim2$mm $f=0.08\sim0.3$mm/r	$a_p=2\sim6$mm $f=0.3\sim0.6$mm/r	$a_p=6\sim10$mm $f=0.6\sim1$mm/r
低碳易切钢	热轧	140~180	100~200	70~90
中碳钢	热轧 调质 淬火	130~160 100~130 60~80	90~110 70~90 40~60	60~80 50~70 —
合金结构钢	热轧 调质	100~130 80~110	70~90 50~70	50~70 40~60
工具钢	退火	90~120	60~80	50~70
不锈钢		10~80	60~70	50~60
灰铸铁	<190HBW 190~225HBW	80~110 90~120	60~80 50~70	50~70 40~60
高锰钢($w_{Mn}=13\%$)	—	—	10~20	—
铜及铜合金	—	200~250	120~180	90~120
铝及铝合金	—	300~600	200~400	150~300
铸铝合金 ($w_{Si}=7\%\sim13\%$)	—	100~180	80~150	60~100

注：切削钢与铸铁时，$T=60\sim90$min。

表 A-2 车削中碳钢主轴转速的选用

车刀材料：YT15　主偏角为75° 粗车：$a_p=3\sim4$mm；$f=0.3\sim0.4$mm/r			车刀材料：YT15　主偏角为90° 精车：$a_p=0.1\sim0.2$mm；$f=0.08$mm/r		
零件直径 D/mm	计算转速 $n_{计}$/(r/min)	实际转速 $n_{实}$/(r/min)	零件直径 D/mm	计算转速 $n_{计}$/(r/min)	实际转速 $n_{实}$/(r/min)
≤15	2030~2530	1200	≤15	4000~5100	1200
20	1520~1900	1200	20	3000~3800	1200
25	1220~1520	1200	25	2400~3040	1200
30	1020~1270	960~1200	30	2000~2504	1200
35	870~1870	960	35	1730~2170	1200
40	760~950	760~950	40	1500~1900	1200
45	680~840	710~760	45	1360~1700	1200
50	610~760	610~760	50	1200~1540	1200
55	550~690	600~710	55	1020~1380	1200
60	510~630	480~610	60	1000~1270	960~1200

（续）

车刀材料:YT15 主偏角为75° 粗车:$a_p = 3 \sim 4$mm; $f = 0.3 \sim 0.4$mm/r			车刀材料:YT15 主偏角为90° 精车:$a_p = 0.1 \sim 0.2$mm; $f = 0.08$mm/r		
零件直径 D/mm	计算转速 $n_{计}$/(r/min)	实际转速 $n_{实}$/(r/min)	零件直径 D/mm	计算转速 $n_{计}$/(r/min)	实际转速 $n_{实}$/(r/min)
70	440~540	460~600	70	860~1080	960
80	360~480	380~480	80	750~950	760~960
90	340~420	370~460	90	670~840	760
100	305~380	305~380	100	600~760	600~760
110	280~340	305~360	110	545~690	600~760
120	250~320	230~305	120	500~630	480~600

注:当车刀、零件材料和切削条件一定时,不同的直径要选择不同的转速。

表 A-3 常用米制标准三角形螺纹及螺距

三角形螺纹	M1.6	M2	M2.5	M3	M4	M5	M6	M8	M10	M12
螺距/mm	0.35	0.4	0.45	0.5	0.7	0.8	1.0	1.25	1.5	1.75
三角形螺纹	M14	M16	M18	M20	M22	M24	M27	M30	M33	M36
螺距/mm	2.0	2.0	2.5	2.5	2.5	3.0	3.0	3.5	3.5	4.0

附录 B 一般公差、未注公差的线性和角度尺寸的公差

GB/T 1804—2000 规定了未注公差的线性和角度尺寸的一般公差的公差等级和极限偏差值。此标准适用于金属切削加工的尺寸,也适用于一般冲压加工的尺寸。

非金属材料和其他工艺方法加工的尺寸可参照采用线性尺寸的极限偏差数值。

1. 一般公差的公差等级和极限偏差数值

线性尺寸的极限偏差数值见表 B-1。

倒圆半径与倒角高度尺寸的极限偏差数值见表 B-2。

角度尺寸的极限偏差数值见表 B-3。

表 B-1 线性尺寸的极限偏差数值 （单位:mm）

公差等级	公称尺寸分段							
	0.5~3	>3~6	>6~30	>30~120	>120~400	>400~1000	>1000~2000	>2000~4000
精密 f	±0.05	±0.05	±0.15	±0.15	±0.2	±0.3	±0.5	—
中等 m	±0.1	±0.1	±0.2	±0.3	±0.5	±0.8	±1.2	±2
粗糙 c	±0.2	±0.3	±0.5	±0.8	±1.2	±2	±3	±4
最粗 v	—	±0.5	±1	±1.5	±2.5	±4	±6	±8

表 B-2 倒圆半径与倒角高度尺寸的极限偏差数值 （单位:mm）

公差等级	公称尺寸分段			
	0.5~3	>3~6	>6~30	>30
精密 f 中等 m	±0.2	±0.5	±1	±2
粗糙 c 最粗 v	±0.4	±1	±2	±4

表 B-3 角度尺寸的极限偏差数值

公差等级	长度分段/mm				
	≤10	>10~50	>50~120	>120~400	>400
精密 f 中等 m	±1°	±30′	±20′	±10′	±5′
粗糙 c	±1°30′	±1°	±30′	±15′	±10′
最粗 v	±3°	±2°	±1°	±30′	±20′

2. 一般公差的图样表示法

若采用 GB/T 1804—2000 规定的一般公差，应在图样标题栏附近或技术要求、技术文件（企业标准）中注出标准号及公差等级代号。例如选用中等级时，标注为 GB/T 1804—m。

3. 形状公差的未注公差值（摘自 GB/T 1184—1996）

1) 直线度和平面度的未注公差值见表 B-4。选择公差值时，对于直线度应按其相应线的长度选择；对于平面应按其表面的较长一侧或圆表面的直径选择。

2) 圆度的未注公差值等于标准的直径公差值，但不能大于表 B-7 中圆跳动的未注公差值。

表 B-4 直线度和平面度的未注公差值　　（单位：mm）

公差等级	基本长度范围					
	≤10	>10~30	>30~100	>100~300	>300~1000	>1000~3000
H	0.02	0.05	0.1	0.2	0.3	0.4
K	0.05	0.1	0.2	0.4	0.6	0.8
L	0.14	0.2	0.4	0.8	1.2	1.6

3) 圆柱度的未注公差值不做规定。圆柱度误差由三部分组成：圆度、直线度和相对素线的平行度误差，而其中每一项误差均由其注出公差或未注公差控制。如因功能要求，圆柱度应小于圆度、直线度和平行度的未注公差的综合结果，应在被测要素上按 GB/T 1182—2018 的规定注出圆柱度公差值，或采用包容要求。

4. 位置公差的未注公差值

1) 平行度的未注公差值等于给出的尺寸公差值，或直线度和平面度未注公差值中的相应公差值取较大者，应取两要素中的较长者为基准。若两要素的长度相等，则可选任一要素作为基准。

2) 垂直度的未注公差值见表 B-5。取形成直角的两边中较长的一边作为基准，较短的一边作为被测要素；若边的长度相等，则可取其中任意一边作为基准。

表 B-5 垂直度的未注公差值　　（单位：mm）

公差等级	基本长度范围			
	≤100	>100~300	>300~1000	>1000~3000
H	0.2	0.3	0.4	0.5
K	0.4	0.6	0.8	1
L	0.6	1	1.5	2

3) 对称度的未注公差值见表 B-6。应取两要素中较长者作为基准，较短者作为被测要素；若两要素长度相等，则可选任一要素作为基准。

表 B-6 对称度的未注公差值　　（单位：mm）

公差等级	基本长度范围			
	≤100	>100~300	>300~1000	>1000~3000
H	0.5			
K	0.6		0.8	1
L	0.6	1	1.5	2

4) 同轴度的未注公差未做规定。在极限状况下，同轴度的未注公差值与圆跳动的未注公差相等。

5) 圆跳动（径向、轴向、斜向）的未注公差值见表 B-7。对于圆跳动的未注公差值，应以设计和工艺给出的支承面作为基准，否则应取两要素中较长的一个作为基准；若两要素的长度相等，则可选任一要素作为基准。

表 B-7 圆跳动的未注公差值　　（单位：mm）

公差等级	圆跳动公差值
H	0.1
K	0.2
L	0.5

附录 C　梯形螺纹直径与螺距系列

表 C　梯形螺纹直径与螺距（摘自 GB/T 5796.2—2022）　　　　（单位：mm）

第一系列	第二系列	第三系列	螺距
8	—	—	1.5
—	9	—	2,1.5
10	—	—	2,1.5
—	11	—	3,2
12	—	—	3,2
—	14	—	3,2
16	—	—	4,2
—	18	—	4,2
20	—	—	4,2
—	22	—	8,5,3
24	—	—	8,5,3
—	26	—	8,5,3
28	—	—	8,5,3
—	30	—	10,6,3
32	—	—	10,6,3
—	34	—	10,6,3
36	—	—	10,6,3
—	38	—	10,7,3
40	—	—	10,7,3
—	42	—	10,7,3
44	—	—	12,7,3
—	46	—	12,8,3
48	—	—	12,8,3
—	50	—	12,8,3
52	—	—	12,8,3
—	55	—	14,9,3
60	—	—	14,9,3
—	65	—	16,10,4
70	—	—	16,10,4

附录 D　车工国家职业标准

一、简介

本职业共设五个等级，分别为：初级（国家职业资格五级）、中级（国家职业资格四级）、高级（国家职业资格三级）、技师（国家职业资格二级）、高级技师（国家职业资格一级）。因本书重点为中高职的中级工，所以摘录相关内容供参考。

职业资格（中级）的鉴定方式分为理论知识考试和技能操作考核。理论知识考试采用闭卷笔试方式，技能操作考核采用现场实际操作方式。理论知识考试和技能操作考核均实行百分制，成绩皆达 60 分以上者为合格。技师、高级技师鉴定还须进行综合评审。

理论知识考试考评人员与考生配比为 1∶15，每个标准教室不少于 2 名考评人员；技能操作考核考评人员与考生配比为 1∶5，且不少于 3 名考评员。

理论知识考试时间不少于120min；技能操作考核时间为：初级不少于240min，中级不少于300min，高级不少于360min，技师不少于420min，高级技师不少于240min；论文答辩时间不少于45min。

理论知识考试在标准教室里进行；技能操作考核在配备必要的车床、工具、夹具、刀具、量具、量仪以及机床附件的场所进行。

二、基本要求

1. 职业道德

（1）职业道德基本知识

（2）职业守则

1）遵守法律、法规和有关规定。

2）爱岗敬业、具有高度的责任心。

3）严格执行工作程序、工作规范、工艺文件和安全操作规程。

4）工作认真负责，团结合作。

5）爱护设备及工具、夹具、刀具、量具。

6）着装整洁，符合规定；保持工作环境清洁有序，文明生产。

2. 基础知识

（1）基础理论知识

1）识图知识。

2）公差与配合。

3）常用金属材料及热处理知识。

4）常用非金属材料知识。

（2）机械加工基础知识

1）机械传动知识。

2）机械加工常用设备知识（分类、用途）。

3）金属切削常用刀具知识。

4）典型零件（主轴、箱体、齿轮等）的加工工艺。

5）设备润滑及切削液的使用知识。

6）工具、夹具、量具的使用与维护知识。

（3）钳工基础知识

1）划线知识。

2）钳工操作知识（錾削、锉削、锯削、钻孔、铰孔、攻螺纹、套螺纹）。

（4）电工知识

1）通用设备常用电器的种类及用途。

2）电力拖动及控制原理基础知识。

3）安全用电知识。

（5）安全文明生产与环境保护知识

1）现场文明生产要求。

2）安全操作与劳动保护知识。

3）环境保护知识。

（6）质量管理知识

1）企业的质量方针。

2）岗位的质量要求。

3）岗位的质量保证措施与责任。

（7）相关法律、法规知识

1）劳动法相关知识。

2）合同法相关知识。

三、工作要求

职业功能	工作内容		技能要求	相关知识
工艺准备	读图与绘图		1. 能读懂主轴、蜗杆、丝杠、偏心轴、两拐曲轴、齿轮等中等复杂程度的零件工作图 2. 能绘制轴、套、螺钉、圆锥体等简单零件的工作图 3. 能读懂车床主轴、刀架、尾座等简单机构的装配图	1. 复杂零件的表达方法 2. 简单零件工作图的画法 3. 简单机构装配图的画法
	制订加工工艺	普通车床	1. 能读懂蜗杆、双线螺纹、偏心件、两拐曲轴、薄壁工件、细长轴、深孔件及大型回转体工件等较复杂零件的加工工艺规程 2. 能制订使用单动卡盘装夹的较复杂零件、双线螺纹、偏心件、两拐曲轴、细长轴、薄壁件、深孔件及大型回转体零件等的加工顺序	使用单动卡盘加工较复杂零件、双线螺纹、偏心件、两拐曲轴、细长轴、薄壁件、深孔件及大型回转体零件等的加工顺序
		数控车床	能编制台阶轴类和法兰盘类零件的车削工艺卡。主要内容有： （1）能正确选择加工零件的工艺基准 （2）能决定工步顺序、工步内容及切削参数	1. 数控车床的结构特点及其与普通车床的区别 2. 台阶轴类、法兰盘类零件的车削加工工艺知识 3. 数控车床工艺编制方法
	工件定位与夹紧		1. 能正确装夹薄壁、细长、偏心类工件 2. 能合理使用单动卡盘、花盘及弯板装夹外形较复杂的简单箱体工件	1. 定位夹紧的原理及方法 2. 车削时防止工件变形的方法 3. 复杂外形工件的装夹方法
	刀具准备	普通车床	1. 能根据工件材料、加工精度和工作效率的要求，正确选择刀具的形式、材料及几何参数 2. 能刃磨梯形螺纹车刀、圆弧车刀等较复杂的车削刀具	1. 车削刀具的种类、材料及几何参数的选择原则 2. 普通螺纹车刀、成形车刀的种类及刃磨知识
		数控车床	能正确选择和安装刀具，并确定切削参数	1. 数控车床刀具的种类、结构及特点 2. 数控车床对刀具的要求
	编制程序	数控车床	1. 能编制带有台阶、内外圆柱面、锥面、螺纹、沟槽等轴类、法兰盘类零件的加工程序 2. 能手工编制含直线插补、圆弧插补二维轮廓的加工程序	1. 几何图形中直线与直线、直线与圆弧、圆弧与圆弧的交点的计算方法 2. 机床坐标系及工件坐标系的概念 3. 直线插补与圆弧插补的意义及坐标尺寸的计算 4. 手工编程的各种功能代码及基本代码的使用方法 5. 主程序与子程序的意义及使用方法 6. 刀具补偿的作用及计算方法
	设备维护保养	普通车床	1. 能根据加工需要对机床进行调整 2. 能在加工前对普通车床进行常规检查 3. 能及时发现普通车床的一般故障	1. 普通车床的结构、传动原理及加工前的调整 2. 普通车床常见的故障现象
		数控车床	1. 能在加工前对车床的机、电、气、液开关进行常规检查 2. 能进行数控车床的日常保养	1. 数控车床的日常保养方法 2. 数控车床操作规程

(续)

职业功能	工作内容	技能要求	相关知识
工件加工	普通车床	轴类零件的加工	能车削细长轴并达到以下要求： (1) 长径比：$L/D \geq 25 \sim 60$ (2) 表面粗糙度值：$Ra3.2\mu m$ (3) 公差等级：IT9 (4) 直线度公差等级：IT9~IT12	细长轴的加工方法
		偏心件、曲轴的加工	能车削两个偏心的偏心件、两拐曲轴、非整圆孔工件，并达到以下要求： (1) 偏心距公差等级：IT9 (2) 轴颈公差等级：IT6 (3) 孔径公差等级：IT7 (4) 孔距公差等级：IT8 (5) 中心线平行度：0.02/100mm (6) 轴颈圆柱度：0.013mm (7) 表面粗糙度值：$Ra1.6\mu m$	1. 偏心件的车削方法 2. 两拐曲轴的车削方法 3. 非整圆孔工件的车削方法
		螺纹、蜗杆的加工	1. 能车削梯形螺纹、矩形螺纹、锯齿形螺纹等 2. 能车削双头蜗杆	1. 梯形螺纹、矩形螺纹及锯齿形螺纹的用途及加工方法 2. 蜗杆的种类、用途及加工方法
		大型回转表面的加工	能使用立车或大型卧式车床车削大型回转表面的内外圆锥面、球面及其他曲面工件	在立式车床或大型卧式车床上加工内外圆锥面、球面及其他曲面的方法
	数控车床	输入程序	1. 能手工输入程序 2. 能使用自动程序输入装置 3. 能进行程序的编辑与修改	1. 手工输入程序的方法及自动程序输入装置的使用方法 2. 程序的编辑与修改方法
		对刀	1. 能进行试切对刀 2. 能使用机内自动对刀仪器 3. 能正确修正刀具补偿参数	试切对刀方法及机内对刀仪器的使用方法
		试运行	能使用程序试运行、分段运行及自动运行等切削运行方式	程序的各种运行方式
		简单零件的加工	能在数控车床上加工外圆、孔、台阶、沟槽等	数控车床操作面板各功能键及开关的用途和使用方法
精度检验及误差分析		高精度轴向尺寸、理论交点尺寸及偏心件的测量	1. 能用量块和百分表测量公差等级IT9的轴向尺寸 2. 能间接测量一般理论交点尺寸 3. 能测量偏心距及两平行非整圆孔的孔距	1. 量块的用途及使用方法 2. 理论交点尺寸的测量与计算方法 3. 偏心距的检测方法 4. 两平行非整圆孔孔距的检测方法
		内、外圆锥检验	1. 能用正弦规检验锥度 2. 能用检验棒、钢球间接测量内、外锥体	1. 正弦规的使用方法及测量计算方法 2. 利用检验棒、钢球间接测量内、外锥体的方法与计算方法
		多线螺纹与蜗杆的检验	1. 能进行多线螺纹的检验 2. 能进行蜗杆的检验	1. 多线螺纹的检验方法 2. 蜗杆的检验方法

四、比重表

1. 理论知识

项目		初级(%)	中级(%)		高级(%)		技师(%)		高级技师(%)	
			普通车床	数控车床	普通车床	数控车床	普通车床	数控车床	普通车床	数控车床
基本要求	职业道德	5	5	5	5	5	5	5	5	5
	基础知识	25	25	25	20	20	15	15	15	15
相关知识	工艺准备	25	25	45	25	50	35	50	50	50
	工件加工	35	35	15	30	15	20	10	10	10
	精度检验及误差分析	10	10	10	20	10	15	10	10	10
	培训指导						5	5	5	5
	管理						5	5	5	5
合计		100	100	100	100	100	100	100	100	100

注：高级技师"管理"模块内容按技师标准考核。

2. 技能操作

项目		初级(%)	中级(%)		高级(%)		技师(%)		高级技师(%)	
			普通车床	数控车床	普通车床	数控车床	普通车床	数控车床	普通车床	数控车床
工作要求	工艺准备	20	20	35	15	35	10	25	20	30
	工件加工	70	70	60	75	60	70	60	60	50
	精度检验及误差分析	10	10	5	10	5	10	5	10	10
	培训指导						5	5	5	5
	管理						5	5	5	5
合计		100	100	100	100	100	100	100	100	100

附录 E 职业技能鉴定国家题库

附录 E-1 车工理论知识试卷一

注 意 事 项

考试时间：120min。

	一	二	总 分
得 分			

得 分	
评分人	

一、单项选择（第 1 题~第 160 题。选择一个正确的答案，将相应的字母填入题内的括号中。每题 0.5 分，满分 80 分。）

1. 职业道德基本规范不包括（　　）。

A. 爱岗敬业，忠于职守　　　　　B. 诚实守信，办事公道
C. 发展个人爱好　　　　　　　　D. 遵纪守法，廉洁奉公
2. 敬业就是以一种严肃认真的态度对待工作，下列不符合的是（　　）。
A. 工作勤奋努力　　　　　　　　B. 工作精益求精
C. 工作以自我为中心　　　　　　D. 工作尽心尽力
3. 遵守法律法规不要求（　　）。
A. 遵守国家法律和政策　　　　　B. 遵守安全操作规程
C. 加强劳动协作　　　　　　　　D. 遵守操作程序
4. 具有高度责任心应做到（　　）。
A. 责任心强，不辞辛苦，不怕麻烦　B. 不徇私情，不谋私利
C. 讲信誉，重形象　　　　　　　D. 光明磊落，表里如一
5. 违反安全操作规程的是（　　）。
A. 自己制订生产工艺　　　　　　B. 贯彻安全生产规章制度
C. 加强法制观念　　　　　　　　D. 执行国家安全生产的法令、规定
6. 不爱护工、夹、刀、量具的做法是（　　）。
A. 按规定维护工、夹、刀、量具　B. 工、夹、刀、量具要放在工作台上
C. 正确使用工、夹、刀、量具　　D. 工、夹、刀、量具要放在指定地点
7. 当平面平行于投影面时，平面的投影反映出正投影法的（　　）。
A. 真实性　　　B. 积聚性　　　C. 类似性　　　D. 收缩性
8. 线性尺寸一般公差规定的尺寸公差等级为粗糙级的是（　　）。
A. f 级　　　　B. m 级　　　　C. c 级　　　　D. v 级
9. 不属于几何公差代号的是（　　）。
A. 几何公差特征项目符号　　　　B. 几何公差框格和指引线
C. 几何公差数值　　　　　　　　D. 公称尺寸
10. 使钢产生冷脆性的元素是（　　）。
A. 锰　　　　　B. 硅　　　　　C. 磷　　　　　D. 硫
11. QT400-15 中的 400 表示（　　）。
A. 抗拉强度大于 400MPa　　　　B. 抗拉强度小于 400MPa
C. 屈服强度大于 400MPa　　　　D. 屈服强度小于 400MPa
12. （　　）是由链条和具有特殊齿形的链轮组成的传递运动和动力的传动。
A. 齿轮传动　　B. 链传动　　　C. 螺旋传动　　D. 带传动
13. 齿轮传动是由（　　）、从动齿轮和机架组成的。
A. 圆柱齿轮　　B. 锥齿轮　　　C. 主动齿轮　　D. 主动带轮
14. 按齿轮形状不同可将齿轮传动分为（　　）传动和锥齿轮传动两类。
A. 斜齿轮　　　B. 圆柱齿轮　　C. 直齿轮　　　D. 齿轮齿条
15. 刀具材料的工艺性包括刀具材料的热处理性能和（　　）。
A. 使用性能　　B. 耐热性　　　C. 足够的强度　D. 耐磨性
16. （　　）用于制造低速手用刀具。
A. 碳素工具钢　B. 碳素结构钢　C. 合金工具钢　D. 高速工具钢
17. 高速工具钢具有硬度高、（　　）高、热硬性高、热处理变形小等特点。
A. 塑性　　　　B. 耐磨性　　　C. 韧性　　　　D. 强度
18. 常用高速工具钢的牌号有（　　）。
A. YG8　　　　B. Q235　　　　C. W18Cr4V　　D. 20

19. （　　）是刀具在进给运动方向上相对于工件的位移量。
　A. 切削速度　　　　B. 进给量　　　　C. 切削深度　　　　D. 工作行程
20. 车削是工件旋转做主运动，（　　）做进给运动的切削加工方法。
　A. 工件旋转　　　　B. 刀具旋转　　　　C. 车刀　　　　D. 工件直线移动
21. 铣削主要用于加工工件的（　　）、沟槽、角度等。
　A. 螺纹　　　　B. 外圆　　　　C. 平面　　　　D. 内孔
22. （　　）上装有活动量爪，并装有游标和紧固螺钉的测量工具称为游标卡尺。
　A. 尺框　　　　B. 尺身　　　　C. 尺头　　　　D. 微动装置
23. 游标卡尺只适用于（　　）精度尺寸的测量和检验。
　A. 低　　　　B. 中　　　　C. 高　　　　D. 中、高
24. 下列哪种千分尺不存在（　　）。
　A. 深度千分尺　　　　B. 螺纹千分尺　　　　C. 蜗杆千分尺　　　　D. 公法线千分尺
25. 千分尺微分筒转动一周，测微螺杆移动（　　）mm。
　A. 0.1　　　　B. 0.01　　　　C. 1　　　　D. 0.5
26. 百分表的示值范围通常有0~3mm、0~5mm和（　　）三种。
　A. 0~8mm　　　　B. 0~10mm　　　　C. 0~12mm　　　　D. 0~15mm
27. 磨削加工的主运动是（　　）。
　A. 砂轮旋转　　　　B. 刀具旋转　　　　C. 工件旋转　　　　D. 工件进给
28. 下列选项不属于刨床部件的是（　　）。
　A. 滑枕　　　　B. 刀架　　　　C. 主轴箱　　　　D. 床身
29. 车床主轴材料为（　　）。
　A. T8A　　　　B. YG3　　　　C. 45钢　　　　D. Q235
30. 轴类零件加工顺序安排时应按照（　　）的原则。
　A. 先精车后粗车　　　　B. 基准后行　　　　C. 基准先行　　　　D. 先内后外
31. 减速器箱体为剖分式，工艺过程的制订原则与整体式箱体（　　）。
　A. 相似　　　　B. 不同　　　　C. 相同　　　　D. 相反
32. 车床主轴箱齿轮齿面加工顺序为滚齿—（　　）—剃齿等。
　A. 磨齿　　　　B. 插齿　　　　C. 珩齿　　　　D. 铣齿
33. 润滑剂的作用有润滑、冷却、防锈和（　　）等。
　A. 磨合　　　　B. 静压　　　　C. 稳定　　　　D. 密封
34. 常用润滑油有机械油及（　　）等。
　A. 齿轮油　　　　B. 石墨　　　　C. 二硫化钼　　　　D. 切削液
35. 常用固体润滑剂可以在（　　）下使用。
　A. 低温高压　　　　B. 高温低压　　　　C. 低温低压　　　　D. 高温高压
36. （　　）主要起润滑作用。
　A. 水溶液　　　　B. 乳化液　　　　C. 切削油　　　　D. 防锈剂
37. 划线基准一般可用以下三种类型：以两个相互垂直的平面（或线）为基准；以一个平面和一条中心线为基准；以（　　）为基准。
　A. 一条中心线　　　　B. 两条中心线　　　　C. 一条或两条中心线　　　　D. 三条中心线
38. 錾子的錾身多数呈（　　），以防錾削时錾子转动。
　A. 八棱形　　　　B. 六边形　　　　C. 四方形　　　　D. 圆锥形
39. 调整锯条松紧时，翼形螺母旋得太紧，锯条（　　）。
　A. 易折断　　　　B. 不会折断　　　　C. 锯削省力　　　　D. 锯削费力

40. 钻孔一般属于（   ）。
   A. 精加工   B. 半精加工   C. 粗加工   D. 半精加工和精加工
41. 关于主令电器叙述不正确的是（   ）。
   A. 行程开关分为按钮式、旋转式和微动式三种
   B. 按钮分为常开、常闭和复合按钮
   C. 按钮只允许通过小电流
   D. 按钮不能实现长距离电气控制
42. 使用钳型电流表应注意（   ）。
   A. 被测导线只要在钳口内即可   B. 测量时钳口不必闭合
   C. 测量完毕将量程开到最大位置   D. 测量时钳口不必闭合
43. 使用电动机前不必检查（   ）。
   A. 接线是否正确   B. 接地是否可靠
   C. 功率因数的高低   D. 绝缘是否良好
44. 下列选项不符合安全生产一般常识的是（   ）。
   A. 工具应放在专门地点   B. 不擅自使用不熟悉的机床和工具
   C. 夹具放在工作台上   D. 按规定穿戴好防护用品
45. 下列选项可能引起机械伤害的做法是（   ）。
   A. 正确使用防护设施   B. 转动部件停稳前不进行操作
   C. 转动部件上少放物品   D. 站位得当
46. 环境保护法的基本原则不包括（   ）。
   A. 环保和社会经济协调发展   B. 防治结合，综合治理
   C. 依靠群众环境保护   D. 开发者对环境质量负责
47. 工企对环境污染的防治不包括（   ）。
   A. 防治大气污染   B. 防治水体污染   C. 防治噪声污染   D. 防治运输污染
48. 环境保护不包括（   ）。
   A. 预防环境恶化   B. 控制环境污染
   C. 促进工农业同步发展   D. 促进人类与环境协调发展
49. 蜗杆的零件图采用一个主视图和（   ）的表达方法。
   A. 旋转剖视图   B. 局部齿形放大   C. 移出剖面图   D. 俯视图
50. 蜗杆的径向圆跳动公差一般为（   ）。
   A. 0.04mm   B. 0.01mm   C. 0.02mm   D. 0.05mm
51. 图样上符号⊥是（   ）公差，称为（   ）。
   A. 位置，垂直度   B. 形状，直线度   C. 尺寸，偏差   D. 形状，圆柱度
52. Tr30×6 表示（   ）螺纹，旋向为（   ）螺纹，螺距为（   ）mm。
   A. 矩形，右，12   B. 三角形，右，6
   C. 梯形，左，6   D. 梯形，右，6
53. 偏心轴的结构特点是两轴线平行而（   ）。
   A. 重合   B. 不重合   C. 倾斜30°   D. 不相交
54. 平行度、同轴度同属于（   ）公差。
   A. 尺寸   B. 形状   C. 位置   D. 垂直度
55. 齿轮零件的剖视图表示内花键的（   ）。
   A. 几何形状   B. 相互位置   C. 长度尺寸   D. 内部尺寸
56. 齿轮的花键宽度 $8^{+0.065}_{+0.035}$ mm，下极限尺寸为（   ）mm。

A. 7.935　　　　　B. 7.965　　　　　C. 8.035　　　　　D. 8.065
57. C630 型车床主轴部件的材料是（　　）。
A. 铝合金　　　　B. 不锈钢　　　　C. 高速工具钢　　D. 40Gr
58. CA6140 型车床尾座的主视图采用（　　），它同时反映了顶尖、丝杠、套筒等主要结构和尾座体、导板等大部分结构。
A. 全剖面　　　　B. 阶梯剖视　　　C. 局部剖视　　　D. 剖面图
59. 通过分析装配视图，掌握该部件的形体结构，彻底了解（　　）的组成情况，弄懂各零件的相互位置、传动关系及部件的工作原理，想象出各主要零件的结构形状。
A. 零部件　　　　B. 装配体　　　　C. 位置精度　　　D. 相互位置
60. 画装配图的步骤和画零件图不同的地方主要是：画装配图时要从整个装配体的结构特点、（　　）出发，确定恰当的表达方案，进而画出装配图。
A. 工作原理　　　B. 加工原理　　　C. 几何形状　　　D. 装配原理
61. 粗加工多头蜗杆时，一般使用（　　）卡盘。
A. 偏心　　　　　B. 自定心　　　　C. 单动　　　　　D. 专用
62. 有两条或两条以上在轴线（　　）的螺旋线所形成的螺纹，称为多线螺纹。
A. 等距分布　　　B. 平行分布　　　C. 对称分布　　　D. 等比分布
63. 通常将深度与直径之比大于（　　）的孔称为深孔。
A. 3　　　　　　　B. 5　　　　　　　C. 10　　　　　　D. 8
64. 增大装夹时的接触面积，可采用特制的软卡爪和（　　），这样可使夹紧力分布均匀，减小工件的变形。
A. 套筒　　　　　B. 夹具　　　　　C. 开缝套筒　　　D. 定位销
65. 编制数控车床加工工艺时，要进行以下工作：分析工件图样，确定工件（　　）方法，选择夹具和刀具，确定切削用量、加工路径并编制程序。
A. 装夹　　　　　B. 加工　　　　　C. 测量　　　　　D. 刀具
66. 刀具从何处切入工件，经过何处，又从何处（　　）等加工路径必须在程序编制前确定好。
A. 变速　　　　　B. 进给　　　　　C. 变向　　　　　D. 退刀
67. 空间直角坐标系中的自由体，共有（　　）个自由度。
A. 七　　　　　　B. 五　　　　　　C. 六　　　　　　D. 八
68. 工件的六个自由度全部被限制，使它在夹具中只有（　　）正确位置，称为完全定位。
A. 两个　　　　　B. 唯一　　　　　C. 三个　　　　　D. 五个
69. 当定位点（　　）工件应该限制的自由度，使工件不能正确定位时，称为欠定位。
A. 不能在　　　　B. 多于　　　　　C. 等于　　　　　D. 少于
70. 重复定位能提高工件的（　　），但对工件的定位精度有影响，一般是不允许的。
A. 塑性　　　　　B. 强度　　　　　C. 刚性　　　　　D. 韧性
71. 夹紧要牢固、可靠，并保证工件在加工中（　　）不变。
A. 尺寸　　　　　B. 定位　　　　　C. 位置　　　　　D. 间隙
72. 夹紧力的（　　）应与支承点相对，并尽量作用在工件刚性较好的部位，以减小工件变形。
A. 大小　　　　　B. 切点　　　　　C. 作用点　　　　D. 方向
73. 偏心夹紧装置中偏心轴的转动中心与几何中心（　　）。
A. 垂直　　　　　B. 不平行　　　　C. 平行　　　　　D. 不重合
74. 加工细长轴要使用（　　）和跟刀架，以增加工件的安装刚性。
A. 顶尖　　　　　B. 中心架　　　　C. 自定心卡盘　　D. 夹具
75. 偏心工件的主要装夹方法有（　　）装夹、单动卡盘装夹、自定心卡盘装夹、偏心卡盘装夹、双重卡盘装夹、专用偏心夹具装夹等。

A. 台虎钳　　　　　B. 一夹一顶　　　　C. 两顶尖　　　　　D. 分度头

76. 当定位心轴的位置确定后，可把心轴取下，在定位心轴上套上工件，然后以工件（　　）找正后夹紧，即可车削第二个孔。

A. 侧面　　　　　　B. 前面　　　　　　C. 正面　　　　　　D. 右面

77. 两个平面互相（　　）的角铁称为直角角铁。

A. 平行　　　　　　B. 垂直　　　　　　C. 重合　　　　　　D. 不相连

78. 直接计算法是依据零件图样上给定的尺寸，运用代数、三角、几何或（　　）几何的有关知识，直接计算出所求点的坐标。

A. 解析　　　　　　B. 立体　　　　　　C. 画法　　　　　　D. 平面

79. 数控车床以主轴轴线方向为（　　）轴方向，刀具远离工件的方向为 Z 轴的正方向。

A. Z　　　　　　　B. X　　　　　　　C. Y　　　　　　　D. 坐标

80. 参考点与机床原点的相对位置由 Z 向、X 向的（　　）挡块来确定。

A. 测量　　　　　　B. 电动　　　　　　C. 液压　　　　　　D. 机械

81. 机床坐标系是机床（　　）的坐标系。其坐标轴的方向、原点是设计和调试机床时已确定的，是不可变的。

A. 特定　　　　　　B. 固有　　　　　　C. 自身　　　　　　D. 使用

82. 工件原点设定的依据是：既要符合图样尺寸的标注习惯，又要便于（　　）。

A. 操作　　　　　　B. 计算　　　　　　C. 观察　　　　　　D. 编程

83. 如需数控车床采用半径编程，则要改变系统中的相关参数，使（　　）处于半径编程状态。

A. 系统　　　　　　B. 主轴　　　　　　C. 滑板　　　　　　D. 电动机

84. 插补过程可分为四个步骤：偏差判别、坐标（　　）、偏差计算和终点判别。

A. 进给　　　　　　B. 判别　　　　　　C. 设置　　　　　　D. 变换

85. 逐点比较法直线插补中，由偏差值就可以判断出当前刀具（　　）点与直线的相对位置。

A. 切削　　　　　　B. 交　　　　　　　C. 圆　　　　　　　D. 起始

86. 加工圆弧时，若当前刀具的切削点在圆弧上或其外侧，应向 $-X$ 方向发一个（　　），使刀具向圆弧内前进一步。

A. 脉冲　　　　　　B. 传真　　　　　　C. 指令　　　　　　D. 信息

87. G21 代码是米制输入功能，它是（　　）组非模态 G 代码。

A. 10　　　　　　　B. 04　　　　　　　C. 06　　　　　　　D. 05

88. G27 代码是参考点返回检验功能，它是 FANUC 6T 数控车床系统的（　　）功能。

A. 基本　　　　　　B. 特殊　　　　　　C. 区域　　　　　　D. 选择

89. G32 代码是螺纹切削功能，它是（　　）数控车床系统的基本功能。

A. FANUC 6T　　　　B. FANUC 0i　　　　C. SIMENS 802D　　 D. SIMENS 810E

90. G40 代码是（　　）刀尖半径补偿功能，它是数控系统通电后刀具起始状态。

A. 取消　　　　　　B. 检测　　　　　　C. 输入　　　　　　D. 计算

91. G50 代码在 FANUC 6T 数控车床系统中是（　　）设定和主轴最大速度限定功能。

A. 坐标系　　　　　B. 零点偏置　　　　C. 进给　　　　　　D. 参数

92. G73 代码是 FANUC 数控（　　）床系统中的固定形状粗加工复合循环功能。

A. 钻　　　　　　　B. 铣　　　　　　　C. 车　　　　　　　D. 磨

93. G76 代码是 FANUC 6T 数控车床系统中的（　　）螺纹复合循环功能。

A. 单线　　　　　　B. 多线　　　　　　C. 寸制　　　　　　D. 梯形

94. （　　）代码是 FANUCOTE—A 数控车床系统中的每转进给量功能。

A. G94　　　　　　B. G98　　　　　　C. G97　　　　　　D. G99

95. 在完成编有 M00 代码的程序段中的其他指令后，主轴停止、进给停止、（　　）关断、程序停止。

A. 刀具　　　　　　B. 面板　　　　　　C. 切削液　　　　　D. G 功能

96. M02 功能代码常用于程序（　　）及卷回纸带到"程序开始"字符。

A. 输入　　　　　　B. 复位　　　　　　C. 输出　　　　　　D. 存储

97. 辅助功能指令，由字母 M 和其后的（　　）位数字组成。

A. 一　　　　　　　B. 三　　　　　　　C. 若干　　　　　　D. 两

98. M98 指令功能代码是调用子程序，即将主程序转至（　　）程序。

A. 相应　　　　　　B. 段　　　　　　　C. 宏　　　　　　　D. 子

99. G98 指令"F20 36"表示进给速度为（　　）mm/min。

A. 20　　　　　　　B. 36　　　　　　　C. 20.36　　　　　　D. 20 或 36

100. 刀具功能是用字母 T 和其后的（　　）数字来表示。

A. 三位　　　　　　B. 二位　　　　　　C. 四位　　　　　　D. 任意

101. 主轴转速指令功能是由字母（　　）和其后的数字来表示。

A. U　　　　　　　B. W　　　　　　　C. D　　　　　　　D. S

102. G50 指令所建立的坐标系，X 方向的（　　）零点在主轴回转中心线上。

A. 机械　　　　　　B. 坐标　　　　　　C. 机床　　　　　　D. 编程

103. 在程序中，应用第一个 G01 指令时，一定要规定一个（　　）指令，在以后的程序段中，在没有新的 F 指令以前，进给量保持不变。

A. S　　　　　　　B. M　　　　　　　C. T　　　　　　　D. F

104. G02 指令格式为：G02　X(U)__Z(W)__I__K__(　　)__。

A. T　　　　　　　B. F　　　　　　　C. C　　　　　　　D. L

105. G02 及 G03 方向的判别方法：对于（　　）平面，从 Y 轴正方向看，顺时针方向为 G02，逆时针方向为 G03。

A. XZ　　　　　　　B. 水平　　　　　　C. 铅垂　　　　　　D. YZ

106. 圆弧插补（G02、G03）指令中 I、K 既是增量又是矢量，具有（　　）性，所以带有正负号。

A. 一致　　　　　　B. 规范　　　　　　C. 特殊　　　　　　D. 方向

107. 当用半径 R 指定圆心位置时，在同一半径 R 的情况下，从圆弧的起点到终点有（　　）圆弧的可能性。

A. 三个　　　　　　B. 两个　　　　　　C. 若干　　　　　　D. 许多

108. 对于锥螺纹当其半锥角 α<45°时，螺纹（　　）以 Z 轴方向的值指令；当 α>45°时，以 X 轴方向的值指令。

A. 螺距　　　　　　B. 导程　　　　　　C. 牙型　　　　　　D. 锥角

109. 螺纹加工时应注意在（　　）设置足够的升速进刀段和降速退刀段，其数值可由主轴转速和螺纹导程来确定。

A. 尾部　　　　　　B. 前端　　　　　　C. 两端　　　　　　D. 头部

110. 加工螺距为 2mm 的圆柱螺纹，牙型高度为 1.299mm，其第一次背吃刀量为（　　）mm。

A. 1.0　　　　　　　B. 0.9　　　　　　　C. 0.8　　　　　　　D. 0.7

111. 每英寸[①]18 牙的英制螺纹，第二次进刀的背吃刀量为（　　）mm。

A. 0.6　　　　　　　B. 0.5　　　　　　　C. 0.3　　　　　　　D. 0.4

---

① 1in＝2.54cm。

112. 变导程螺纹加工是通过增加或减少螺纹（　　）导程量的指令来实现可变导程的螺纹加工的。
　　A. 每条　　　　B. 每毫米　　　　C. 每扣　　　　D. 每转
113. G90 指令中的 R 值以（　　）值表示，其正负符号取决于锥端面位置。
　　A. 实际　　　　B. 增量　　　　C. 绝对　　　　D. 半径
114. 螺纹加工循环指令中 I 为锥螺纹始点与终点的半径（　　），I 值正负判断方法与 G90 指令中 R 值的判断方法相同。
　　A. 和　　　　B. 差　　　　C. 积　　　　D. 平方
115. 刀具位置补偿在编程时，一般以其中一个刀具为基准，并以该刀具的刀尖位置为依据建立（　　）坐标系。
　　A. 机床　　　　B. 机械　　　　C. 空间　　　　D. 工件
116. 具有刀具半径补偿功能的数控车床在编程时，不用计算刀尖半径中心轨迹，只要按工件（　　）轮廓尺寸编程即可。
　　A. 理论　　　　B. 实际　　　　C. 模拟　　　　D. 外形
117. 刀具补偿号可以是（　　）中的任意一个数，刀具补偿号为 00 时，表示取消刀具补偿。
　　A. 00～32　　　B. 01～20　　　C. 21～32　　　D. 10～40
118. 对应每个刀具补偿号，都有一组偏置量 X、Z，刀具半径补偿量 R 和刀尖（　　）号 T。
　　A. 方位　　　　B. 编　　　　C. 尺寸　　　　D. 补偿
119. 操作者必须严格按操作步骤操作车床，未经（　　）者同意，不允许其他人员私自开动。
　　A. 领导　　　　B. 主任　　　　C. 操作　　　　D. 厂长
120. 手工编程指从分析零件图样、确定加工（　　）过程、数值计算、编写零件加工程序单、制备控制介质到程序校验都由人工完成。
　　A. 路线　　　　B. 步骤　　　　C. 工艺　　　　D. 特点
121. 自动编程软件是（　　）的数控软件，只有在计算机内配备这种软件，才能进行自动编程。
　　A. 通用　　　　B. 集成　　　　C. 单独　　　　D. 专用
122. 语言式自动编程是由编程人员用一种专用的数控编程语言（　　）整个零件的加工过程，即编制出零件加工源程序。
　　A. 写出　　　　B. 描述　　　　C. 编辑　　　　D. 计算
123. 机内对刀多用于数控车床，根据其对刀原理，机内对刀又可分为试切法和（　　）法。
　　A. 自测　　　　B. 计算　　　　C. 测量　　　　D. 仪器测量
124. 当对刀仪在数控车床上固定后，（　　）点相对于车床坐标系原点的距离尺寸是固定不变的，该尺寸值由车床制造厂通过精确测量得到，并预置在车床参数内。
　　A. 对刀　　　　B. 参考　　　　C. 基准　　　　D. 设定
125. 在紧急状态下按急停按钮，车床即停止运动，NC 控制机系统（　　），如机床有回零要求和软件超程保护，在按急停按钮后，机床必须重新回零，否则刀架的超程保护将不起作用。
　　A. 复位　　　　B. 关闭　　　　C. 清零　　　　D. 断电
126. OPR ALARM 键的功能是（　　）显示。
　　A. 版本号　　　B. 报警　　　　C. 程序号　　　D. 顺序号
127. PRGRM 键的用途是在（　　）方式下，编辑和显示内存中的程序；在 MDI 方式下，输入和显示 MDI 数据。
　　A. 编辑　　　　B. 手动　　　　C. 自动　　　　D. 单段
128. 取消键 CAN 的用途是消除输入（　　）器中的文字或符号。
　　A. 缓冲　　　　B. 寄存　　　　C. 运算　　　　D. 处理
129. 输入程序操作步骤：①选择（　　）方式；②按"PRGRM"键；③输入地址 O 和四位数程

序号，按"INSRT"键将其存入存储器，并以此方式将程序内容依次输入。

   A. AUTO　　　　　B. JOG　　　　　C. EDIT　　　　　D. STEP

130. 自动状态操作步骤：①选择要（　　）的程序；②将状态开关置于"AUTO"位置；③按"循环启动"按钮，开始自动运转，循环启动灯亮。

   A. 编辑　　　　　B. 运行　　　　　C. 修改　　　　　D. 插入

131. 在 MDI 状态下，按（　　）功能的"PRGRM"键，屏幕上显示 MDI 方式。

   A. 辅助　　　　　B. 进给　　　　　C. 主　　　　　　D. 子

132. "ZRN"键可使数控系统处于（　　）状态。

   A. 自动　　　　　B. 编辑　　　　　C. 空运转　　　　D. 回零

133. 当机床刀架回到（　　）时，"点动"按钮指示灯亮，表示刀架已回到机床零点位置。

   A. 原点　　　　　B. 始点　　　　　C. 终点　　　　　D. 零点

134. 将"状态开关"选在"点动"位置，通过"步进选择"开关选择 0.001~1mm 的单步进给量，每按一次"点动"按钮，（　　）架将移动 0.001~1mm 的距离。

   A. 交换齿轮　　　B. 中心　　　　　C. 跟刀　　　　　D. 刀

135. 当"快移倍率开关"置于 F0 位置时，执行低速快移，设定 Z 轴低速快移的速度为（　　）m/min。

   A. 12　　　　　　B. 18　　　　　　C. 4　　　　　　　D. 20

136. 液压卡盘必须处于（　　）状态，才能起动主轴。

   A. 工作　　　　　B. 静止　　　　　C. 夹紧　　　　　D. JOG

137. 当在自动工作状态时，按（　　）按钮主轴停止转动。

   A. 选择停止　　　B. 主轴停止　　　C. 取消　　　　　D. 循环停止

138. 车床在自动循环工作中，当程序中有（　　）（选择停止）指令时，车床将停止工作。

   A. M03　　　　　 B. M05　　　　　 C. M04　　　　　 D. M01

139. 当第二次按下"程序段跳过"按钮，指示灯灭，表示取消"程序段跳过"功能。此时程序中的"/"标记无效，程序中所有程序段将被（　　）执行。

   A. 依次　　　　　B. 禁止　　　　　C. 同时　　　　　D. 选择

140. 按一下空运转选择按钮，指示灯亮，表示"空运转"功能有效，此时运行程序中所有（　　）代码均无效，车床的进给按"进给倍率选择开关"所选定的进给量来执行。

   A. G　　　　　　 B. F　　　　　　 C. L　　　　　　 D. M

141. "冷却按钮"的开、关，可在（　　）情况下，随时控制切削液的开关。

   A. 特殊　　　　　B. 一般　　　　　C. 任何　　　　　D. 单独

142. "程序保护开关"在有效位置时，（　　）程序将受到保护，即不能进行程序的输入、编辑和修改。

   A. 内存　　　　　B. 用户　　　　　C. 宏　　　　　　D. 应用

143. 当车床刀架移动到工作区极限时，压住（　　）开关，刀架运动停止，控制机构出现超程报警信息，机床不能工作。

   A. 控制　　　　　B. 状态　　　　　C. 限位　　　　　D. 超程

144. 自动注油是在自动循环操作中，每隔 20min 自动注油一次，间隔时间也可通过修改（　　）参数来调整。

   A. R　　　　　　 B. F　　　　　　 C. PC　　　　　　D. OC

145. 程序段"N0025G90　X60.0 Z-35.0　R-5.0　F3.0;"中，R 为工件被加工锥面大小端半径差，其值为（　　）mm，方向为（　　）。

   A. 5.0　负　　　 B. 5.0　正　　　 C. 5.0　向后　　 D. 2.5　负

146. 程序段"N0045G32 Z-36.0 F4.0;"表示圆柱螺纹加工，螺距为（　　）mm，进给距离为（　　）mm，方向为负。
　　A. 32　4　　　　　B. 4　32　　　　　C. 40　3.2　　　　D. 6　32

147. 当检验高精度轴向尺寸时量具应选择：检验（　　）、量块、百分表及活动表架等。
　　A. 弯板　　　　　B. 平板　　　　　C. 量规　　　　　D. 水平仪

148. 用（　　）的压力把两个量块的测量面相贴合，就可牢固地粘合成一体。
　　A. 一般　　　　　B. 较大　　　　　C. 很大　　　　　D. 较小

149. 量块使用后应擦净，（　　）装入盒中。
　　A. 涂油　　　　　B. 包好　　　　　C. 密封　　　　　D. 轻轻

150. 测量偏心距时，用顶尖顶住基准部分的中心孔，百分表测头与偏心部分外圆接触，用手转动工件，百分表读数最大值与最小值之差的（　　）就是偏心距的实际尺寸。
　　A. 一半　　　　　B. 二倍　　　　　C. 一倍　　　　　D. 尺寸

151. 测量两平行非完整孔的（　　）时应选用内径百分表、内径千分尺、千分尺等。
　　A. 位置　　　　　B. 长度　　　　　C. 偏心距　　　　D. 中心距

152. 测量两平行非完整孔的中心距时，用内径百分表或杆式内径千分尺直接测出两孔间的最大距离，然后减去两孔实际半径之（　　），所得的差即为两孔的中心距。
　　A. 积　　　　　　B. 差　　　　　　C. 和　　　　　　D. 商

153. 用正弦规检验锥度的方法：先从有关表中查出莫氏圆锥的圆锥角α，算出圆锥（　　）α/2。
　　A. 斜角　　　　　B. 全角　　　　　C. 补角　　　　　D. 半角

154. 正弦规由工作台、两个直径相同的精密圆柱、（　　）挡板和后挡板等零件组成。
　　A. 下　　　　　　B. 前　　　　　　C. 后　　　　　　D. 侧

155. 使用正弦规测量时，当用百分表检验工件圆锥上素线两端高度时，若两端高度不相等，说明工件的角度或锥度有（　　）。
　　A. 误差　　　　　B. 尺寸　　　　　C. 度数　　　　　D. 极限

156. 测量外圆锥体的量具有检验平板、两个直径相同的圆柱形检验棒、（　　）等。
　　A. 直角尺　　　　B. 深度尺　　　　C. 千分尺　　　　D. 钢直尺

157. 测量外圆锥体时，将工件的小端立在检验平板上，两量棒放在平板上紧靠工件，用千分尺测出两量棒之间的距离，通过（　　）即可间接测出工件小端直径。
　　A. 换算　　　　　B. 测量　　　　　C. 比较　　　　　D. 调整

158. 将工件圆锥套立在检验平板上，将直径为 D 的小钢球放入孔内，用深度千分尺测出钢球最高点距工件（　　）的距离。
　　A. 外圆　　　　　B. 心　　　　　　C. 端面　　　　　D. 孔壁

159. 多线螺纹的量具、辅具有游标卡尺、（　　）千分尺、量针、齿轮卡尺等。
　　A. 测微　　　　　B. 公法线　　　　C. 轴线　　　　　D. 厚度

160. 测量法向齿厚时，先把游标高度尺调整到齿顶高尺寸，同时使测量厚度游标卡尺的（　　）面与齿侧平行，这时游标高度尺测得的尺寸就是法向齿厚的实际尺寸。
　　A. 侧　　　　　　B. 基准　　　　　C. 背　　　　　　D. 测量

得　分	
评分人	

二、判断题（第161题~第200题。将判断结果填入括号中。正确的填"√"，错误的填"×"。每题0.5分，满分20分。）

161.（　　）职业道德是社会道德在职业行为和职业关系中的具体表现。

162.（　　）职业道德的实质内容是建立全新的社会主义劳动关系。

163. (   ) 工作场地保持清洁，有利于提高工作效率。
164. (   ) 整洁的工作环境可以振奋职工精神，提高工作效率。
165. (   ) 国标中规定，字体应写成仿宋体。
166. (   ) 球墨铸铁中的石墨常以团絮状形式存在。
167. (   ) 中温回火的温度一般为 150~250℃。
168. (   ) 带传动由齿轮和带组成。
169. (   ) 碳素工具钢和合金工具钢用于制造中、低速成形刀具。
170. (   ) 用百分表测量时，测量杆与工件表面应垂直。
171. (   ) CA6140 型普通车床主电动机必须进行电气调速。
172. (   ) 企业的质量方针是每个技术人员（一般工人除外）必须认真贯彻的质量准则。
173. (   ) 画零件图时，如果按照正投影画出它们的全部轮齿和牙型的真实图形，不仅非常复杂，也没有必要。
174. (   ) CA6140 型车床尾座压紧在床身上，扳动手柄带动偏心轴转动，可使拉杆带动杠杆和压板升降，这样就可以压紧或松开尾座。
175. (   ) 采用两顶尖偏心中心孔的方法加工曲轴时，应选用工件外圆为精基准。
176. (   ) 外圆与内孔的轴线不重合的工件称为偏心套。
177. (   ) 数控车床的进给系统与普通车床没有着根本的区别。
178. (   ) 数控机床的辅助装置包括液压、气动装置及冷却系统、润滑系统和排屑装置等。
179. (   ) 当工件以外圆定位时，常用螺母式夹紧装置，使用开口垫圈可使工件卸下更方便。
180. (   ) 目前，数控车床使用最普遍的是立方氮化硼刀具和高速工具钢刀具。
181. (   ) 数控车床保证刀片与刀柄的转位准确、装拆方便。
182. (   ) 在计算直线与圆弧交点时，要注意将小数点后面的位数留够，以保证足够的精度。
183. (   ) 以工件原点为坐标原点建立一个 Z 轴与 Y 轴的直角坐标系，称为工件坐标系。
184. (   ) 在数控系统中使用最多的插补方法是逐点比较法。
185. (   ) G99 功能代码表示每分钟进给量。
186. (   ) G04 指令中 P 后面的数字为整数，单位为 ms；X（U）后面的数字为带小数点的数，单位为 s。
187. (   ) 计算公式 $\delta_1 = 0.0015nP$ 中，n 表示主轴转速；P 表示螺纹导程。
188. (   ) 被主程序调用的子程序还可以再调用其他子程序，主程序也可重复调用子程序多次。
189. (   ) 接通电源后，检查操作面板上的各指示灯是否正常，各按钮、开关是否处于正确位置。
190. (   ) 车床运转中，主轴、滑板处是否有异常噪声不属于数控车床的日常保养。
191. (   ) 操作者可以超性能使用数控车床。
192. (   ) 图形交互式自动编程系统的图形显示能力很强。
193. (   ) 进给倍率选择开关在点动进给操作时，可以选择转速 1200r/min。
194. (   ) 在状态选择开关处于"手动数据输入""自动状态"的位置时"循环启动"按钮不起作用。
195. (   ) 测量高精度轴向尺寸时，注意将工件两端面擦净。
196. (   ) 锥齿轮的最大外径尺寸是 150 mm。
197. (   ) 锥齿轮的理论交点可以用量具直接测量。
198. (   ) 测量偏心距为 5mm 的偏心轴时，工件旋转一周，百分表指针应转动 5 圈。
199. (   ) Tr 36×12（6）表示公称直径为 ϕ36mm 的梯形双线螺纹，螺距为 6mm。
200. (   ) 蜗杆的大径不能直接用游标卡尺测量。

197

车工理论知识试卷一答案

一、单项选择（第 1 题~第 160 题。选择一个正确的答案，将相应的字母填入题内的括号中。每题 0.5 分，满分 80 分。）

1. C	2. C	3. C	4. A	5. A	6. B	7. A	8. C
9. D	10. C	11. A	12. B	13. C	14. B	15. D	16. A
17. B	18. C	19. B	20. C	21. C	22. B	23. B	24. C
25. D	26. B	27. A	28. C	29. C	30. C	31. C	32. B
33. D	34. A	35. D	36. C	37. B	38. A	39. A	40. C
41. D	42. C	43. C	44. C	45. C	46. D	47. D	48. C
49. B	50. C	51. A	52. D	53. C	54. C	55. A	56. C
57. D	58. B	59. B	60. A	61. D	62. A	63. B	64. C
65. A	66. D	67. C	68. B	69. D	70. C	71. C	72. C
73. D	74. B	75. C	76. A	77. B	78. A	79. C	80. D
81. B	82. D	83. A	84. A	85. A	86. A	87. C	88. D
89. A	90. D	91. A	92. C	93. B	94. D	95. C	96. B
97. D	98. D	99. C	100. C	101. D	102. B	103. D	104. B
105. A	106. D	107. B	108. B	109. C	110. D	111. A	112. C
113. B	114. B	115. D	116. B	117. A	118. A	119. C	120. C
121. D	122. B	123. C	124. C	125. C	126. B	127. A	128. A
129. B	130. B	131. C	132. D	133. D	134. D	135. C	136. C
137. B	138. D	139. A	140. B	141. C	142. A	143. C	144. C
145. A	146. B	147. B	148. D	149. A	150. A	151. D	152. C
153. D	154. D	155. A	156. C	157. A	158. C	159. B	160. D

二、判断题（第 161 题~第 200 题。将判断结果填入括号中。正确的填"√"，错误的填"×"。每题 0.5 分，满分 20 分。）

161. √	162. ×	163. √	164. √	165. ×	166. ×	167. ×	168. ×
169. √	170. √	171. ×	172. ×	173. √	174. √	175. ×	176. ×
177. ×	178. √	179. ×	180. √	181. √	182. √	183. ×	184. √
185. ×	186. √	187. √	188. √	189. √	190. ×	191. √	192. √
193. ×	194. ×	195. √	196. ×	197. ×	198. √	199. √	200. ×

附录 E-2 车工理论知识试卷二

一、选择题（第 1~80 题，每题 1.0 分，满分 80 分。）

1. 物体三视图的投影规律是：主、俯视图（　　　）。
   A. 长对正　　　　B. 高平齐　　　　C. 宽相等　　　　D. 上下对齐
2. 外螺纹的规定画法是牙顶（大径）及螺纹终止线用（　　）表示。
   A. 细实线　　　　B. 细点画线　　　C. 粗实线　　　　D. 波浪线
3. 退刀槽和越程槽的尺寸可标注成（　　　）。
   A. 槽深×直径　　B. 槽宽×槽深　　C. 槽深×槽宽　　D. 直径×槽深
4. 同一表面有不同粗糙度要求时，须用（　　）分出界线，分别标出相应的尺寸和代号。
   A. 点画线　　　　B. 细实线　　　　C. 粗实线　　　　D. 虚线
5. 绘制零件工作图一般分四步，第一步是（　　　）。

A. 选择比例和图框　　　B. 看标题栏　　　C. 布置图框　　　D. 绘制草图
6. 零件的加工精度包括（　　）。
A. 尺寸精度、几何形状精度和相互位置精度
B. 尺寸精度
C. 尺寸精度、形位精度和表面粗糙度
D. 几何形状精度和相互位置精度
7. 定位基准应从与（　　）有相对位置精度要求的表面中选择。
A. 加工表面　　　B. 被加工表面　　　C. 已加工表面　　　D. 切削表面
8. 为以后的工序提供定位基准的阶段是（　　）。
A. 粗加工表面　　　B. 半精加工阶段　　　C. 精加工阶段　　　D. 三阶段皆可
9. 某一表面在一道工序中所切除的金属层深度为（　　）。
A. 加工余量　　　B. 背吃刀量　　　C. 工序余量　　　D. 总余量
10. 把零件按误差大小分为几组，使每组的误差范围缩小的方法是（　　）。
A. 直接减小误差法　　　B. 误差转移法　　　C. 误差分组法　　　D. 误差平均法
11. 调质一般安排在（　　）进行。
A. 毛坯制造之后　　　　　　　　　B. 粗加工之前
C. 精加工之后、半精加工之前　　　D. 精加工之前
12. 梯形螺纹的（　　）是公称直径。
A. 外螺纹大径　　　B. 外螺纹小径　　　C. 内螺纹大径　　　D. 内螺纹小径
13. 精车梯形螺纹时，为了便于左右车削，精车刀的刀头宽度应（　　）牙槽底宽。
A. 小于　　　B. 等于　　　C. 大于　　　D. 超过
14. 车削右旋螺纹时，因受螺旋运动的影响，车刀左刃前角、右刃后角（　　）。
A. 不变　　　B. 增大　　　C. 减小　　　D. 相等
15. 高速车削螺纹时，硬质合金螺纹车刀的刀尖角应（　　）螺纹的牙型角。
A. 大于　　　B. 等于　　　C. 小于　　　D. 大于、小于或等于
16. 轴向直廓蜗杆在垂直于轴线的截面内齿形是（　　）。
A. 延长渐开线　　　B. 渐开线　　　C. 螺旋线　　　D. 阿基米德螺旋线
17. 车削外径为 100mm、模数为 10mm 的螺纹，其分度圆直径为（　　）mm。
A. 95　　　B. 56　　　C. 80　　　D. 90
18. 用齿轮卡尺测量蜗杆的（　　）齿厚时，应把齿高卡尺的读数调整到齿顶高尺寸。
A. 周向　　　B. 径向　　　C. 法向　　　D. 轴向
19. 沿两条或两条以上在（　　）等距分布的螺旋线所形成的螺纹称为多线螺纹。
A. 轴向　　　B. 法向　　　C. 径向　　　D. 圆周
20. 车削多线螺纹用分度盘分线时，仅与螺纹（　　）有关，与其他参数无关。
A. 中径　　　B. 模数　　　C. 线数　　　D. 小径
21. 在丝杠螺距为 6mm 的车床上，车削（　　）螺纹不会产生乱牙。
A. M8　　　B. M12　　　C. M16　　　D. M20
22. 在高温下能够保持刀具材料切削性能的是（　　）。
A. 硬度　　　B. 耐热性　　　C. 耐磨性　　　D. 强度
23. 硬质合金的耐热温度为（　　）℃。
A. 300~400　　　B. 500~600　　　C. 800~1000　　　D. 1100~1300
24. 车刀安装的高低对（　　）有影响。
A. 主偏角　　　B. 副偏角　　　C. 前角　　　D. 刀尖角

25. 成形车刀的前角取（　　）。
    A. 较大　　　　　　B. 较小　　　　　　C. 0°　　　　　　D. 20°
26. 切断刀的副后角应选（　　）。
    A. 6°~8°　　　　　B. 1°~2°　　　　　C. 12°　　　　　D. 5°
27. 控制切屑排屑方向的角度是（　　）。
    A. 主偏角　　　　　B. 前角　　　　　　C. 刃倾角　　　　D. 后角
28. 切削层的尺寸规定在刀具（　　）中测量。
    A. 切削平面　　　　B. 基面　　　　　　C. 正交平面　　　D. 副截面
29. 高速切削塑性金属材料时，若没有采用适当的断屑措施，则会形成（　　）切屑。
    A. 挤裂　　　　　　B. 崩碎　　　　　　C. 带状　　　　　D. 螺旋
30. 产生积屑瘤的最主要因素是（　　）。
    A. 工件材料　　　　B. 切削速度　　　　C. 刀具前角　　　D. 刀具后角
31. 刀尖圆弧半径增大，会使背向切削力 F_p（　　）。
    A. 无变化　　　　　B. 有所增加　　　　C. 增加较多　　　D. 增加很多
32. 一台 C620-1 车床，$P_E=7kW$，$\eta=0.8$，如果要在该车床上以 80m/min 的速度车削短轴，这时根据计算得到横向进给力 $F_C=4800N$，则这台车床（　　）。
    A. 不一定能切削　　B. 不能切削　　　　C. 可以切削　　　D. 一定可以切削
33. 在切削金属材料时，属于正常磨损中最常见的情况是（　　）磨损。
    A. 前刀面　　　　　B. 后刀面　　　　　C. 前、后刀面　　D. 切削平面
34. 下列因素中对刀具寿命影响最大的是（　　）。
    A. 背吃刀量　　　　B. 进给量　　　　　C. 切削速度　　　D. 车床转速
35. 使用（　　）可延长刀具寿命。
    A. 润滑液　　　　　B. 切削液　　　　　C. 清洗液　　　　D. 防锈油
36. 刃磨时对切削刃的要求是（　　）。
    A. 刃口表面粗糙度值小、锋利　　　　　B. 刃口平直、光洁
    C. 刃口平整、锋利　　　　　　　　　　D. 刃口平直、表面粗糙度值小
37. （　　）砂轮适于刃磨高速工具钢车刀。
    A. 碳化硼　　　　　B. 金刚石　　　　　C. 碳化硅　　　　D. 氧化铝
38. 被加工材料的（　　）和金相组织对其表面粗糙度影响最大。
    A. 强度　　　　　　B. 硬度　　　　　　C. 塑性　　　　　D. 韧性
39. 硬质合金可转位车刀的特点是（　　）。
    A. 节省装刀时间　　B. 不易打刀　　　　C. 夹紧力大　　　D. 刀片耐用
40. 使用硬质合金可转位刀具，必须选择（　　）。
    A. 合适的刀杆　　　　　　　　　　　　B. 合适的刀片
    C. 合理的刀具角度　　　　　　　　　　D. 合适的切削用量
41. 修磨麻花钻横刃的目的是（　　）。
    A. 缩短横刃，降低切削力　　　　　　　B. 减小横刃处前角
    C. 增大或减小横刃处前角　　　　　　　D. 增加横刃强度
42. 夹具中的（　　）装置能保证工件的正确位置。
    A. 平衡　　　　　　B. 辅助　　　　　　C. 夹紧　　　　　D. 定位
43. 应尽可能选择（　　）基准作为精基准。
    A. 定位　　　　　　B. 设计　　　　　　C. 测量　　　　　D. 工艺
44. 任何一个未被约束的物体，在空间都具有进行（　　）运动的可能性。

A. 六种　　　　　B. 五种　　　　　C. 四种　　　　　D. 三种

45. 工件以两孔一面定位，限制了（　　）自由度。

A. 六个　　　　　B. 五个　　　　　C. 四个　　　　　D. 三个

46. 轴类零件用双中心孔定位，能消除（　　）自由度。

A. 三个　　　　　B. 四个　　　　　C. 五个　　　　　D. 六个

47. 关于过定位，下列说法正确的是（　　）。

A. 过定位限制的自由度数目一定超过 6 个

B. 过定位绝对禁止使用

C. 如果限制的自由度数目小于 4 个就不会出现过定位

D. 过定位一定存在定位误差

48. 当以锥度心轴定位孔类工件时，锥度 C 值对定位精度的影响是（　　）。

A. C 值越大，定位精度越高　　　　　B. C 值越小，定位精度越高

C. 精度越高与 C 值无关系　　　　　D. C 值一定时定位精度最高

49. 在确定夹紧力方向时，夹紧力应垂直于工件的（　　）。

A. 主要定位基准　　B. 辅助基准　　C. 次要定位基准　　D. 装配基准面

50. 当斜楔与工件、夹具间的摩擦角分别为 ψ_1 和 ψ_2 时，要想使斜楔夹紧机构能自锁，那么斜楔升角 α 应满足（　　）。

A. $\alpha = \psi_1 + \psi_2$　　B. $\alpha > \psi_1 + \psi_2$　　C. $\alpha < \psi_1 + \psi_2$　　D. $\alpha = 30°$

51. 机床夹具的标准化要求是（　　）。

A. 夹具结构、夹具零部件全部标准化

B. 夹具结构标准化，夹具零部件不必标准化

C. 夹具结构和夹具零部件全部不标准化

D. 只有夹具零部件标准化，夹具结构不标准化

52. 一个尺寸链封闭环的数目（　　）。

A. 一定有两个　　B. 一定有三个　　C. 只有一个　　D. 可能有三个

53. 对零件图进行工艺分析时，除了对零件的结构和关键技术问题进行分析外，还应对零件的（　　）进行分析。

A. 基准　　　　　B. 精度　　　　　C. 技术要求　　　D. 精度和技术要求

54. 为了去除由于塑性变形、焊接等原因造成的缺陷和铸件内存在的残余应力而进行的热处理称为（　　）。

A. 完全退火　　　B. 球化退火　　　C. 去应力退火　　D. 正火

55. （　　）质轻而坚硬，其机械强度可与一般钢材相比。

A. 橡胶　　　　　B. 玻璃钢　　　　C. 有机玻璃　　　D. 夹布胶木

56. 有一长径比为 30、台阶较多且同轴度要求较高的细长轴，需多次以两端中心孔定位来保证同轴度，采用（　　）装夹方法比较适宜。

A. 两顶尖　　　　B. 一夹一顶　　　C. 一夹一拉　　　D. 一夹一搭

57. 因渗碳主轴工艺比较复杂，渗碳前最好绘制（　　）。

A. 工艺草图　　　　　　　　　　　B. 局部剖视图

C. 局部放大图　　　　　　　　　　D. 零件图

58. 中心孔的精度是保证主轴质量的一个关键因素。光整加工时，要求中心孔与顶尖的接触面积达到（　　）以上。

A. 50%　　　　　B. 60%　　　　　C. 70%　　　　　D. 80%

59. 薄壁工件刚性差时，车刀的前角和后角应选（　　）。

A. 大些　　　　　B. 小些　　　　　C. 负值　　　　　D. 零值

60. 加工重要的箱体零件，为提高加工精度的稳定性，在粗加工后还需要安排一次（　　）。

A. 自然时效　　　B. 人工时效　　　C. 调质　　　　　D. 正火

61. 车削（　　）螺纹时，车床在完成主轴转一转、车刀移动一个螺距的同时，还按工件要求利用凸轮机构传给刀架一个附加的进给运动，使车刀在工件上形成所需的螺纹。

A. 矩形　　　　　B. 锯齿形　　　　C. 平面　　　　　D. 不等距

62. 装夹复杂工件时，夹紧力作用位置应指向（　　）定位基准面，并尽可能与支承部分的接触面相对应。

A. 主要　　　　　B. 次要　　　　　C. 导向　　　　　D. 止推

63. 精密丝杠加工时的定位基准面是（　　），为保证精密丝杠的精度，必须在加工过程中保证定位基准的质量。

A. 外圆和端面　　B. 端面和中心孔　C. 中心孔和外圆　D. 外圆和轴肩

64. 选用负前角车刀加工丝杠螺纹，车刀装好后的实际工作前角为0，不会产生（　　）的误差。

A. 牙型角　　　　B. 螺距　　　　　C. 中径　　　　　D. 顶径

65. 用高速钢车刀车削精度较高的螺纹时，其纵向前角应为（　　），才能车出较正确的牙型。

A. 正值　　　　　B. 负值　　　　　C. 零值　　　　　D. 正负值均可

66. 能保证平均传动比准确的是（　　）。

A. 带传动　　　　B. 链传动　　　　C. 斜齿轮传动　　D. 蜗杆传动

67. 精车大模数蜗杆时，必须使车刀左右切削刃组成的平面处于水平状态，并与工件中心等高，以减少（　　）误差。

A. 齿距　　　　　B. 导程　　　　　C. 齿形　　　　　D. 齿厚

68. 加工成形面时，所加工的整个复杂形面无论分成多少个简单形面，其（　　）基准都应保持一致，并与整体形面的基准相重合。

A. 设计　　　　　B. 定位　　　　　C. 测量　　　　　D. 装配

69. （　　）成形刀主要用于加工较大直径零件和外成形表面。

A. 普通　　　　　B. 菱形　　　　　C. 圆形　　　　　D. 复杂

70. 用分形样板和整形样板测量成形面工件，应使样板基准面和工件基准面靠近，并注意透光，透光度越大，说明误差（　　）。

A. 越小　　　　　B. 越大　　　　　C. 为零　　　　　D. 不变

71. 深孔加工需要解决的关键技术可以归纳为深孔刀具（　　）的确定和切削时的冷却排屑问题。

A. 种类　　　　　B. 几何形状　　　C. 材料　　　　　D. 加工方法

72. 利用内排屑深孔钻加工深孔时，产生喇叭口的原因是（　　）。

A. 衬套尺寸超差　　　　　　　　　B. 进给量不正确
C. 切削刃太钝　　　　　　　　　　D. 切削液类型差

73. 通常情况下，偏心零件粗车时以（　　）类硬质合金为车刀切削部分材料。

A. P　　　　　　B. YG　　　　　　C. M　　　　　　D. YT

74. 精密偏心工件偏心距较小时，可直接采用（　　）检测。

A. 百分表　　　　B. 千分表　　　　C. 游标卡尺　　　D. 外径千分尺

75. 曲轴的直径较大或曲轴颈偏心距较小时，可以直接用（　　）。

A. 两顶尖　　　　B. 偏心卡盘　　　C. 专用偏心夹具　D. 偏心夹板

76. 加工曲轴时，中心孔钻得不正确，会增大曲柄颈和主轴颈间的（　　）误差。

A. 圆度　　　　　B. 平行度　　　　C. 直线度　　　　D. 对称度

77. 使用双面游标卡尺测量孔径，读数值应加上两爪的（　　）。

A. 长度　　　　　B. 宽度　　　　　C. 厚度　　　　　D. 高度

78. 杠杆卡规是属于（　　）量仪的一种测量仪器。

A. 光学　　　　　B. 气动　　　　　C. 电动　　　　　D. 机械

79. 钟面式百分表是属于（　　）量仪的一种测量仪器。

A. 平面度　　　　B. 直线度　　　　C. 垂直度　　　　D. 圆度

80. （　　）按结构可分为转台式和转轴式两大类。

A. 测微仪　　　　B. 比较仪　　　　C. 垂直度　　　　D. 圆度

二、判断题（第81～100题。每题1.0分，满分20分。正确的填"√"，错误的填"×"）

（　）81. 与已知圆外切的圆，其圆心在已知圆的同心圆上，半径为两圆半径之和。

（　）82. 由于本身尺寸增大导致封闭尺寸增大的组成环为增环。

（　）83. 左右切削法和斜进法不易产生"扎刀"现象。

（　）84. Tr40×6（P3）的螺纹升角计算公式为：$\tan\psi = 3/(\pi d_2)$。

（　）85. 车削多线蜗杆，用三针测量时，其中两针应放在相邻的两槽中。

（　）86. 多线螺纹在计算交换齿轮时，应以线数进行计算。

（　）87. 加工硬化能提高已经加工表面的硬度、强度和耐磨性，在某些零件中可以改变使用性能。

（　）88. 背向切削力是产生振动的主要因素。

（　）89. 粗车时的切削用量，一般是以提高生产率为主，但也应考虑经济性和加工成本。

（　）90. 砂轮的自励性可补偿其磨削性能，而不能修正其外形失真。

（　）91. 定位方法所产生的误差称为定位误差。

（　）92. 组合夹具是由一套预先制造好的具有不同几何形状、不同尺寸规格的高精度标准件和组合件组成的。

（　）93. 外圆与外圆或内孔与外圆的轴线平行而不重合的零件称为偏心工件。

（　）94. 车削细长轴工件时，跟刀架的支承爪压得过紧，会使工件产生"竹节形"。

（　）95. 由于枪孔钻的刀尖偏向一边，刀头刚进入工件时，刀杆会产生扭动，因此必须使用导向套。

（　）96. 两顶尖装夹长400mm的外圆，车至300mm时，测得尾座端直径小于0.03mm，若不考虑刀具磨损因素，当尾座向远离操作者方向偏离0.02mm时，能够消除锥度。

（　）97. 立式车床适于加工径向尺寸小、轴向尺寸大的大型、重型零件。

（　）98. 车床主轴前后轴承间隙较大，或主轴轴颈的圆度超差，车削时工件会产生圆度超差的缺陷。

（　）99. 单件和小批量生产时，辅助时间往往消耗单件工时的一半以上。

（　）100. 生产计划是企业生产管理的依据。

车工理论知识试卷二答案

一、选择题

1. A　　2. C　　3. B　　4. B　　5. A　　6. A　　7. B　　8. A
9. C　　10. C　　11. D　　12. A　　13. A　　14. B　　15. C　　16. D
17. C　　18. C　　19. A　　20. C　　21. C　　22. B　　23. C　　24. C
25. C　　26. B　　27. C　　28. B　　29. C　　30. B　　31. B　　32. B
33. B　　34. C　　35. B　　36. B　　37. D　　38. C　　39. A　　40. D
41. A　　42. D　　43. D　　44. A　　45. A　　46. C　　47. D　　48. B
49. A　　50. C　　51. A　　52. C　　53. D　　54. C　　55. B　　56. A

57. A	58. D	59. A	60. B	61. D	62. A	63. C	64. A
65. C	66. B	67. C	68. C	69. B	70. B	71. B	72. A
73. B	74. A	75. A	76. B	77. C	78. D	79. B	80. D

二、判断题

81. √	82. √	83. √	84. ×	85. ×	86. ×	87. √	88. √
89. √	90. √	91. √	92. √	93. √	94. √	95. √	96. √
97. ×	98. √	99. √	100. √				

附录 F　一体化教学常用工作页

附录 F-1　教师工作页

专业　　　　　班级　　　　　项目负责人　　　　　日期

学习领域		
项目(课题)		
工作任务	1	(面向教师的工作任务)
	2	
	3	
	4	
工作要求	理论要求	
	技能要求	
工作重点		
工作难点		
关键技能		
操作要点		
注意事项		
新课学习条件	理论基础	
	技能基础	
课前导入		
新课内容	1. 新课导入	
	2. 工作步骤及要求	(实践知识和实践中必备的理论知识)
	3. 注意事项	
	4. 工作任务	(面向学生的工作任务)
	5. 评价小结	

附录 F-2　学生工作页

专业　　　　班级　　　　项目同组人　　　　日期

学习领域		
项目（课题）		
工作任务	（面向项目的工作任务）	
工作要求	理论要求	
	技能要求	
工作重点		
工作难点		
关键技能		
操作要点		
注意事项		
新课学习条件	理论储备	
	技能准备	
新课内容	1. 新课导入	（可以编写填空题）
	2. 工作步骤及要求	（实践知识和实践中必备的理论知识） （可以编写填空题）
	3. 注意事项	（可以编写填空题）
	4. 工作任务	（面向项目和子项目的工作任务）

附录 F-3　教学评价页

专业　　　　　班级　　　　　项目负责人　　　　　日期

学习领域	
项目(课题)	

组长姓名		同组人		
项次	内容	分值	学生自评	老师评价
1				
2				
3				
4				
5				
…				

参 考 文 献

［1］薛翰. 车工工艺与技能训练（高级）［M］. 上海：上海交通大学出版社，2017.
［2］崔兆华. 机械制造工艺学［M］. 3版. 北京：中国劳动社会保障出版社，2021.
［3］王希波. 极限配合与技术测量［M］. 5版. 北京：中国劳动社会保障出版社，2018.
［4］果连成. 机械制图［M］. 7版. 北京：中国劳动社会保障出版社，2018.
［5］孙喜兵. 机械基础［M］. 2版. 北京：中国劳动社会保障出版社，2020.